STUDIEN ÜBER AUFGABEN DER FERNSPRECHTECHNIK

Von Max Langer

Abteilungs=Direktor der Siemens & Halske AG

Berlin=Siemensstadt

Ergänzungsband des ersten Teils „Ortsverkehr" der
„Studien über Aufgaben der Fernsprechtechnik"

MÜNCHEN UND BERLIN 1941

VERLAG VON R. OLDENBOURG

Druck von R. Oldenbourg, München

Printed in Germany

Vorwort.

Die „Studien über Aufgaben der Fernsprechtechnik" erscheinen in den künftigen Auflagen in zwei Teilen: 1. Teil „Ortsverkehr", 2. Teil „Fernverkehr".

Die zweite Auflage des 2. Teiles ist wegen der großen Wichtigkeit dieser Fragen schon erschienen. Bevor der 1. Teil in zweiter Auflage herausgegeben wird, soll erst die Erweiterung dieses Teiles als Ergänzungsband veröffentlicht werden. Der Ergänzungsband liegt jetzt in diesem Buch vor und behandelt die heute für den Ortsverkehr im Vordergrund des Interesses stehenden besonderen Fragen. Dazu gehören: Die Vervollkommnung der Bauelemente, der Schaltungen und der Übertragungsmittel, die volkstümlichere Ausgestaltung und Ausbreitung sowie die Steigerung der Ausnutzung des Fernsprechers und weitere wichtige Fragen der Wählertechnik für Aufbau und Beurteilung der Ämter, wozu noch Vorschläge für Vereinheitlichung der Betriebsbedingungen gemacht werden. Untersuchungen wurden angestellt über den Einfluß der Gruppenzuschläge, über Verkehrs- und Wählerleistungsschwankungen, die zur Entwicklung der verschiedenen Schwankungskurven aus den Kurven der Verkehrszuschläge geführt haben. Besondere Erfahrungen eines 30 jährigen Betriebes werden mitgeteilt.

Berlin, August 1940.

Der Verfasser.

Inhaltsverzeichnis.

Einleitung.

Die Einführung der Wählertechnik in den Ortsverkehr ist infolge ihrer allgemein anerkannten technischen, wirtschaftlichen und betrieblichen Vorzüge weit fortgeschritten. Bei verschiedenen Fernsprechverwaltungen sind schon teilweise bis 98% aller Teilnehmer zum Selbstanschlußbetrieb umgeschaltet, wobei wohl alle großen und wichtigen Anlagen schon geändert und nur noch kleine, auf dem Lande verstreute Anlagen zu ändern sind. Von den etwa 14,7 Millionen Sprechstellen in Europa haben etwa 11,5 Millionen selbsttätigen Betrieb, das sind 78%, von denen etwa 9 Millionen oder ebenfalls 78% mit Schrittschaltsystemen verbunden werden. Man kann annehmen, daß in diesen Systemen mehr als 3 Millionen Nummernempfänger, mehr als 36 Millionen Relais mit etwa 250 Millionen Relaiskontakten arbeiten. Die Schrittschaltsysteme haben demnach in Europa eine große Ausbreitung und Bedeutung erlangt, woraus sich das besondere Interesse für diese Systeme erklärt. Die gewöhnlichen Aufgaben der Wählertechnik sind daher längst als gelöst zu betrachten, so daß heute die besonderen Aufgaben, die der in fortgeschrittenem Zustand befindliche selbsttätige Betrieb bei Ausschöpfung aller Möglichkeiten für die Ausbreitung des Fernsprechers und Verbesserung des Verkehrs bietet, von großem Interesse sind. Zu diesen wichtigen Fragen sind viele neue Studien gemacht worden, die in den folgenden Abschnitten behandelt werden.

1. Die Leistung unvollkommener Leitungsbündel.

Die Leistung der Leitungen oder Wähler in vollkommenen Leitungsbündeln ist bekannt und allgemein anerkannt. Es gibt dafür viele Berechnungen, die alle auf der Wahrscheinlichkeitsrechnung beruhen und die die Leistung der Leitungen in verschieden großen Bündeln abhängig von Wahrscheinlichkeiten angeben. In Bündeln mit x Leitungen führt jede Leitung in der Hauptverkehrsstunde (HVSt) mit einer bestimmten Wahrscheinlichkeit einen Verkehr von y VE/60. Es liegen ferner die Ergebnisse vieler Messungen vor, aus denen die Leistung der Leitungen abhängig von den beobachteten tatsächlichen Verlusten an Rufen abgeleitet wurde. In Bündeln mit x Leitungen führt jede Leitung einen Verkehr von y VE/60 bei einem Verlust an Rufen von 1 auf 100 oder 1 auf 1000 usw.

Für die Leistung der Leitungen oder Wähler in unvollkommenen Bündeln liegen keinerlei rein theoretische Berechnungen wie bei vollkommenen

Bündeln vor, sondern nur Messungen, obwohl in den Ämtern unvollkommene Bündel vielfach zahlreicher verwendet werden als vollkommene Bündel. Aus den Messungen wurden wieder Kurven abgeleitet, die ebenfalls die Leistung der Leitungen abhängig von den beobachteten Verlusten an Rufen auf derselben Grundlage wie bei vollkommenen Bündeln erkennen lassen. Abb. 1 zeigt neben den Kurven für vollkommene Bündel die abgeleiteten Kurven, die die Leistung der Leitungen in verschieden großen unvollkommenen Leitungsbündeln, gebildet aus gemischten und gestaffelten 10er-Bündeln, bei $1\,^0/_{00}$, $1\,^0/_0$ und $5\,^0/_0$ Verlust in der HVSt angeben.

Welche leistungsverbessernde Wirkung die Misch- und Staffelschaltungen haben, geht aus Abb. 1 hervor, aus der für $1\,^0/_{00}$ Verlust auch die Leistung der Leitungen bei Verwendung reiner 10er-Bündel ohne jede Mischung und Staffelung in großen Gruppen zu ersehen ist. In Gruppen von 100 Leitungen leisten diese bei reinen 10er-Bündeln nur je 15/60 VE, während die Leistung bei Verwendung von Misch- und Staffelschaltungen auf 30/60 VE steigt. Es ist also durch die Misch- und Staffelschaltung eine Leistungssteigerung von $100\,^0/_0$ in großen Gruppen erzielt worden.

Die gute Wirkung der Misch- und Staffelschaltungen bei der Bildung großer unvollkommener Leitungsbündel wurde früher vielfach angezweifelt. Die Schaltungen haben sich aber längst in der Praxis mit Erfolg durchgesetzt und werden heute in großem Umfang an allen möglichen Stellen verwendet. Sie werden benutzt in den Vorwahlstufen bei Vorwählern (VW), in den verschiedenen Gruppenwahlstufen, im Netzgruppenverkehr bei Umsteuer- und Mischwählern, im Fernverkehr, in den Fernämtern und an vielen anderen Stellen mehr. Die Vielseitigkeit der Anwendung derartiger Schaltungen in den jeweiligen besonderen Anordnungen hat jedoch mitunter noch gewisse Zweifel über deren Wirksamkeit aufkommen lassen, so daß eine ausführlichere Behandlung dieser Frage zweckmäßig erscheint.

Bei der Bildung von großen vollkommenen Leitungsbündeln ist für die Vergrößerung der erforderlichen Wählerkontaktzahl Kapital aufzuwenden. Entweder müssen die großen Wähler, die Nummernempfänger, selbst eine noch größere Zahl von Kontakten erhalten, um aus einem großen Bündel eine freie Leitung auszusuchen, oder es müssen kleine Mischwähler (MW) mit einer entsprechenden Kontaktzahl eingefügt werden, um die großen Bündel durch doppelte Wahl zu erreichen.

Für die Bildung von großen unvollkommenen Leitungsbündeln wird keinerlei Kapital benötigt, weil die Leistungssteigerung allein durch zweckmäßige Vielfachschaltung der vorhandenen Wählerkontakte erreicht wird. Im Gegenteil, man erspart Kapital, weil durch die bessere Ausnutzung in der nachfolgenden Stufe an Wählern gespart wird. Unvollkommene Leitungsbündel haben gerade wegen ihrer Wirtschaftlichkeit allgemein in der Technik die schon erwähnte erhebliche Bedeutung erlangt, wenn sie auch nicht den Höchstwert der möglichen Ausnutzung erreichen lassen.

Große unvollkommene Leitungsbündel werden bekanntlich gebildet durch Staffelung und Mischung bei der Vielfachschaltung der Wählerkontakte.

Bei der Staffelung nimmt die Vielfachschaltung der Kontakte mit der Schrittzahl der Wähler zu. Die ersten Wählerkontakte werden sehr wenig, die letzten Kontakte sehr häufig vielfachgeschaltet. Bei der Mischung wird die

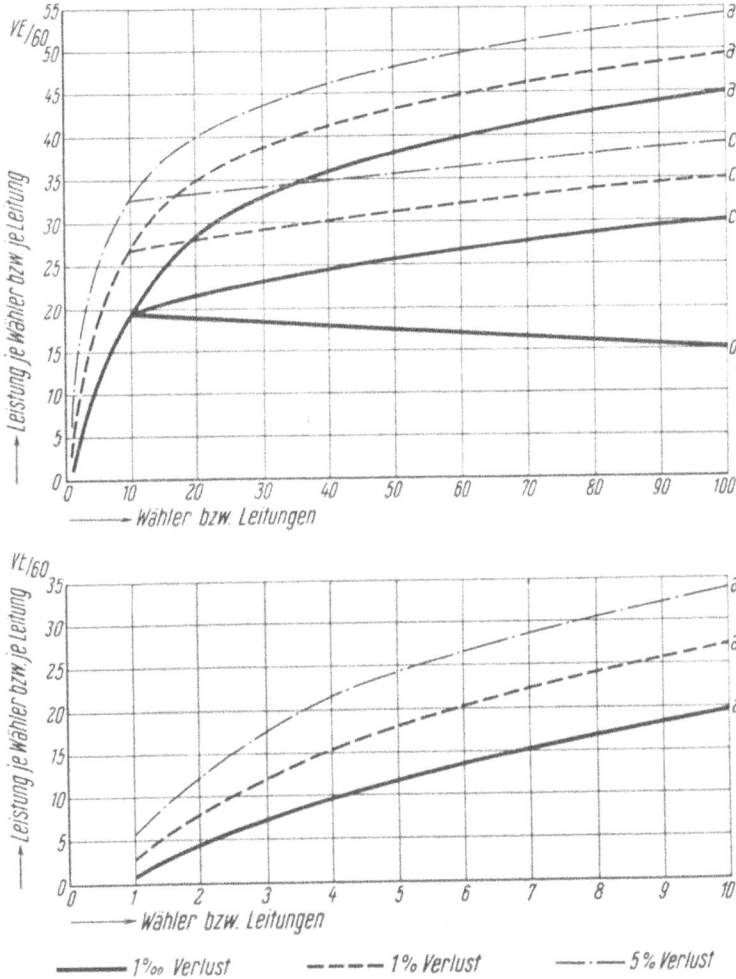

Abb. 1. Leistung je Wähler bzw. je Leitung in vollkommenen bzw. unvollkommenen Bündeln bei $1^0/_{00}$, $1^0/_0$ und $5^0/_0$ Verlust.

a = vollkommene Leitungsbündel,
c = unvollkommene Leitungsbündel (Mischung und Staffelung von 10er-Bündeln),
d = 10er-Bündel.

Vielfachschaltung der Wählerkontakte in den einzelnen Staffeln, worunter man eine Gruppe von Kontakten versteht, die durch eine gleiche Art von Vielfachschaltung zusammengefaßt sind, ständig verändert, so daß stets Kontakte anderer Rahmen vielfachgeschaltet werden. Durch die Art der Staffelung und Mischung ist ein möglichst vollkommener Verkehrsausgleich

9

zwischen den verschiedenen Wählerrahmen anzustreben, damit die Wählerrahmen sich gegenseitig bei Belastungschwankungen aushelfen können.

In Abb. 2 ist die Entwicklung von der einfachen Vielfachschaltung über eine Verschränkung zur reinen Staffelung und zur Misch- und Staffelschaltung gezeigt. Unter jeder Art der Vielfachschaltung sind die damit erzielten Leistungen in großen Bündeln angegeben. Es sind 12 Rahmen mit je 10 Wählern dargestellt, deren Kontakte je Rahmen in jeder der 10 Dekaden unmittelbar vielfachgeschaltet sind. In den Anfängen der Wählertechnik wurden die Kontakte mehrerer Rahmen unmittelbar vielfachgeschaltet, wie es bei der

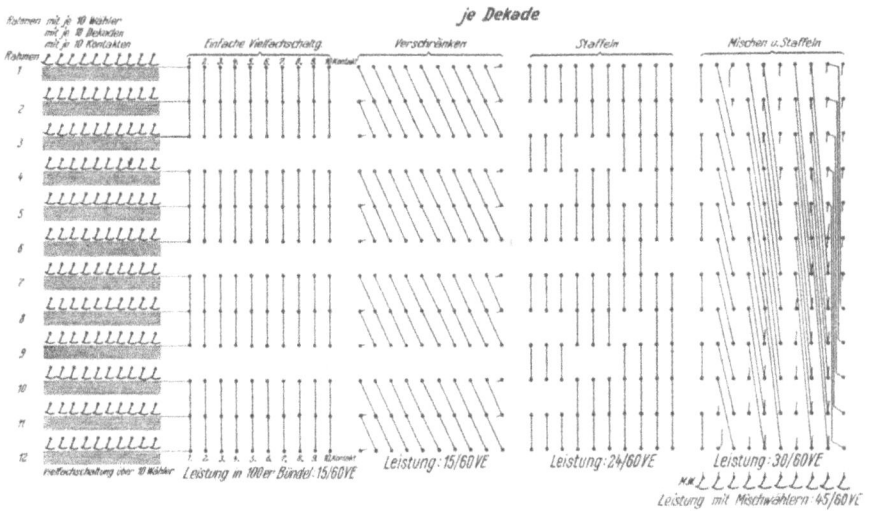

Abb. 2. Verschiedene Arten der Vielfachschaltung von Wählerkontakten.

einfachen Vielfachschaltung dargestellt ist. Ein Verkehrsausgleich zwischen den Rahmen war nur innerhalb jeder vielfachgeschalteten Gruppe möglich. Die Zahl der vielfachgeschalteten Rahmen richtet sich nach dem Verkehr. In Abb. 2 sind je 3 Rahmen vielfachgeschaltet, daher 4 Gruppen gebildet worden. Die mittlere Leistung bei 100 nachfolgenden Leitungen oder Wählern in dieser einfachen Vielfachschaltung beträgt bei $1\,^0/_{00}$ Verlust 15/60 VE. Man kann nun die Vielfachschaltung derart ausführen, daß man nicht alle 1., alle 2. und alle 3. Kontakte der vielfachgeschalteten Rahmen verbindet, sondern den 1. Kontakt des ersten Rahmens mit dem 2. Kontakt des zweiten Rahmens und mit dem 3. Kontakt des dritten Rahmens. Eine derartige Vielfachschaltung nennt man Verschränkung; sie ist in Abb. 2 an zweiter Stelle dargestellt. Eine Verschränkung hat keine leistungssteigernde Wirkung zur Folge, wie es früher vielfach geglaubt wurde, sondern ergibt nur eine gleichmäßige Belastung innerhalb der Gruppe. Es beträgt daher die mittlere Leistung bei 100 nachfolgenden Wählern auch nur 15/60 VE. In der dritten Art der Vielfachschaltung ist das Staffeln gezeigt, eine mit der Schrittzahl zunehmende Vielfachschaltung, bei der ein Verkehrsausgleich vieler Rahmen unterein-

ander möglich ist. Die mittlere Leistung steigt in 100er-Bündeln auf 24/60 VE.
Verbessert man den Verkehrsausgleich zwischen den Rahmen noch weiter
dadurch, daß man nicht nur die Kontakte der benachbarten, sondern stets
die Kontakte anderer Rahmen zur Vielfachschaltung innerhalb der Staffelung
heranzieht, wie es in der letzten Art der Vielfachschaltung gezeigt ist, so
steigt in dieser Misch- und Staffelschaltung die Leistung auf 30/60 VE. Führt
man vor den nachfolgenden Wählern noch Mischwähler ein, so erreicht man
damit vollkommene Bündel, bei denen die Leistung in 100er-Bündeln auf
45/60 VE bei $1^0/_{00}$ Verlust steigt. Die Verschränkung bei der Mischung in
den einzelnen Staffeln ergibt, wie schon erwähnt, keine Leistungssteigerung
und könnte daher ohne Schaden weggelassen werden, sie ergibt aber ein
übersichtlicheres Bild.

Derartige Misch- und Staffelschaltungen sind dadurch möglich, daß die
Leitungen eines 10er-Bündels bei einer Nullstellung des Wählers von Natur
aus ungleichmäßig belastet sind und daß
die ersten Leitungen viel, die letzten Leitungen sehr wenig Verkehr führen. Abb. 3*)
zeigt die ungleichartige Verkehrsverteilung
eines 10er-Bündels und die Leistung der
einzelnen Leitungen bei verschiedener Belastung. Die erste Leitung leistet bei
einer Belastung von 3,25 VE nahezu
50/60 VE, bei nur 2 VE noch 42/60 VE;
die Leistung der folgenden Leitungen fällt
sehr schnell ab. Aus diesem Grunde ist
eine Vielfachschaltung der letzten Leitungen und ein Verkehrsausgleich der
verschiedenen Rahmen darüber ohne wei-

Abb. 3. Leistung der einzelnen Leitungen eines verschieden belasteten
unverschränkten 10er-Bündels.

teres gegeben. Es kommt aber sehr auf die richtige Art der Verkehrsverteilung an.

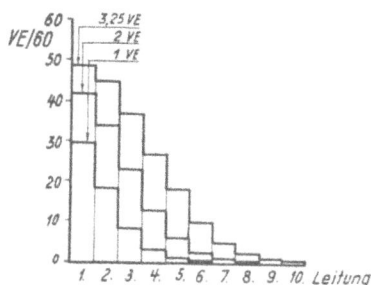

Misch- und Staffelschaltungen können zweckmäßig und unzweckmäßig
entworfen sein. Je zweckmäßiger sie entwickelt sind, um so größer wird die
Leistung der nachfolgenden Wähler sein, wobei aber noch vorausgesetzt
werden muß, daß der Verkehrszufluß in den einzelnen Rahmen keine großen
Unterschiede aufweisen darf, sondern möglichst gleichmäßig erfolgen soll.
Ist das nicht der Fall, so müßte die Misch- und Staffelschaltung die groben
Verkehrsunregelmäßigkeiten des Zuflusses in der Art ihres Aufbaues berück-
sichtigen, wodurch der Aufbau unregelmäßig und damit schwierig wird, was
zweckmäßig zu vermeiden ist. Es ist vielmehr ein regelmäßiger Aufbau der
Misch- und Staffelschaltungen einem unregelmäßigen vorzuziehen und dafür
auf einen gleichmäßigen Verkehrszufluß von den Wählerrahmen zu achten.
Da also die Wirksamkeit der Misch- und Staffelschaltungen auch von dem
Verkehrszufluß abhängig ist, muß das Bestreben dahin gehen, alle Wähler-

*) F. Lubberger, „Die Wirtschaftlichkeit der Fernsprechanlagen für Ortsverkehr."
Verlag Oldenbourg.

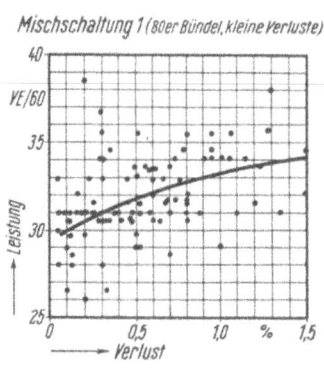

Mischschaltung 1 (80er Bündel, kleine Verluste)

VE/60 — Leistung — Verlust

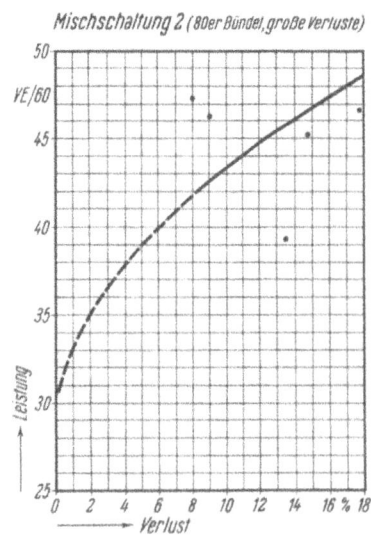

Mischschaltung 2 (80er Bündel, große Verluste)

VE/60 — Leistung — Verlust

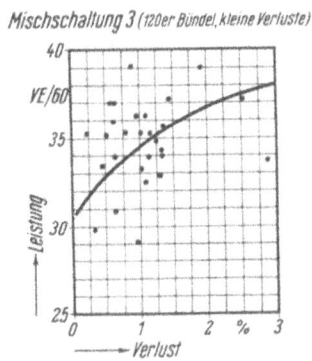

Mischschaltung 3 (120er Bündel, kleine Verluste)

VE/60 — Leistung — Verlust

Abb. 4.
Gemessene Wählerleistungen
in gemischten und gestaffelten
10er-Bündeln.

rahmen möglichst gleichmäßig mit Verkehr zu belasten. Das scheint zunächst gewisse Schwierigkeiten zu machen, weil wegen der Nullstellung der Wähler und des stets von vorn erfolgenden Absuchens der Kontakte die Leitungen schon von vornherein erheblich ungleichmäßig belastet sind. Werden z. B. die vorn liegenden Kontakte der Wähler, die stark belastet sind, zu bestimmten Wählerrahmen geführt und die hinten liegenden Kontakte der Wähler, die schwach belastet sind, zu anderen Wählerrahmen, so werden natürlich die ersten Rahmen stark überlastet, während die letzten Rahmen wenig Verkehr führen. Um die Ungleichheit in der Belastung der Rahmen zu vermeiden, müssen die Zuführungen zu den Wählern in den Rahmen immer so gewählt werden, daß starkbelastete neben schwachbelasteten Wählern liegen, so daß alle Rahmen möglichst gleichmäßigen Verkehrszufluß erhalten. Die Wähler in den Rahmen selbst werden natürlich je nach ihrer Lage im Felde verschieden stark belastet; das hat aber keinen Einfluß auf den gleichmäßigen Zufluß der nachfolgenden Wählerrahmen, wenn nur die Gesamtsumme des Verkehrs der Rahmen untereinander möglichst gleich ist.

In Abb. 4 sind der Verkehr und die Leistung der nachfolgenden Wähler in verschieden großen Misch- und Staffelschaltungen, die richtig aufgebaut waren und ausgeglichenen Verkehr führten, gemessen und aus den Meßpunkten Schwerlinien abgeleitet worden. Die Mischschaltungen 1 und 2 zeigen Messungen von 80er-Bündeln für kleine und große Verluste, Mischschaltung 3 von 120er-Bündeln für kleine Verluste. Aus derartigen Schwerlinien wurden die in Abb. 1 durch die Kurven angegebenen Leistungen unvollkommener Bündel entwickelt, und zwar gelten die Leistungen für gute, leicht ausführbare Misch- und Staffelschaltungen von 10er-Bündeln.

Bei richtig entwickelter Misch- und Staffelschaltung führt die letzte Staffel so wenig Verkehr wie nur irgend möglich. Je größer der Verkehr der letzten Staffel, um so größer die Verluste. Abb. 5 zeigt die Verkehrsverteilung in den einzelnen Staffeln verschiedener Misch- und Staffelschaltungen. Die zu einer Gruppe zusammengefaßten Kontakte gehören immer einer Staffel an und führen die gleiche Belastung, weil sie gegenseitig verschränkt sind. Der Prozentsatz des Verkehrs kann für jeden Kontakt abgelesen werden. Man ersieht, daß die Belastung mit der Schrittzahl stets abnimmt, daß aber die Belastung der letzten Staffel in den verschiedenen Schaltungen verschieden ist. Daraus ist der Schluß zulässig, daß bei der Mischschaltung 2 wahrscheinlich größere Verluste aufgetreten sind als bei Mischschaltung 3. Das trifft auch tatsächlich zu, denn Mischschaltung 2 in Abb. 5 entspricht den Meßwerten der Mischschaltung 2 in Abb. 4, und Mischschaltung 3 in Abb. 5 entspricht den Meßwerten der Mischschaltung 3 in Abb. 4.

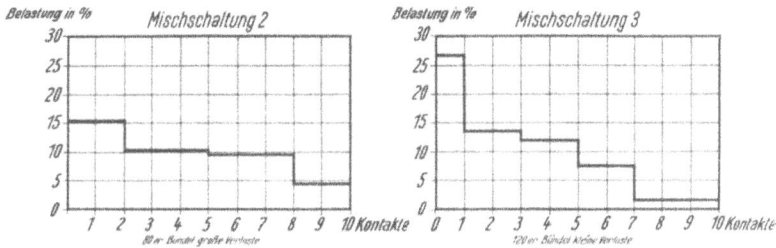

Abb. 5. Belastung der einzelnen Staffeln in Mischschaltungen.

Die Misch- und Staffelschaltungen werden an den Vielfachfeldern der Wähler ausgeführt und steigern die Leistung der an diese Felder angeschlossenen Leitungen oder Wähler. Die Art der Vielfachschaltung bestimmt demnach die Ausnutzung der nachfolgenden Wähler, oder auch die Ausnutzung der Wähler richtet sich nach der Art der Vielfachschaltung an den Kontaktfeldern der vorhergehenden Wählerstufe. Keineswegs wirkt die Art der Vielfachschaltung der Wählerkontakte auf die Ausnutzung der eigenen Wähler zurück, d. h. die Art der Misch- und Staffelschaltung an den Vielfachfeldern der I. Gruppenwähler (I. GW) wirkt auf die Ausnutzung der II. GW, nicht aber auf die Ausnutzung der I. GW zurück. Die Ausnutzung der Leitungswähler (LW) hängt demnach von der Vielfachschaltung der Kontaktfelder der vorhergehenden GW ab, nicht aber etwa von der Art der Schaltung in den eigenen Kontaktfeldern. Wenn also die Felder der LW in irgendeiner Art vielfachgeschaltet oder gestaffelt werden, so hat das auf die Ausnutzung der LW selbst nicht den geringsten Einfluß. Eine Steigerung in der Ausnutzung der LW kann nur durch eine verbesserte Vielfachschaltung in den Kontaktfeldern der vorliegenden GW erzielt werden. Was hier für LW gesagt wurde, gilt auch für die anderen Wählerstufen. Auch wenn man vollkommene Bündel mit MW oder größerer Kontaktzahl an den Hauptwählern bildet, wird dadurch nur die Leistung der Wähler in der nachfolgenden Stufe, keinesfalls aber die Leistung der eigenen Wähler erhöht.

Die in Abb. 2 gezeigte Misch- und Staffelschaltung wird angewendet in allen Fällen der Vorwärtswahl, also in der Vorwahlstufe mit VW und in allen Gruppenwahlstufen bis zum LW. Auch wenn MW für die Bildung vollkommener Bündel in irgendeine dieser Stufen eingeführt werden, wird die Misch- und Staffelschaltung vor den MW verwendet. Im neuzeitlichen Amts- und Netzgruppenaufbau gibt es keine Stelle mehr, in der nicht von der guten Wirkung der Misch- und Staffelschaltungen ein allgemeiner Gebrauch gemacht wird.

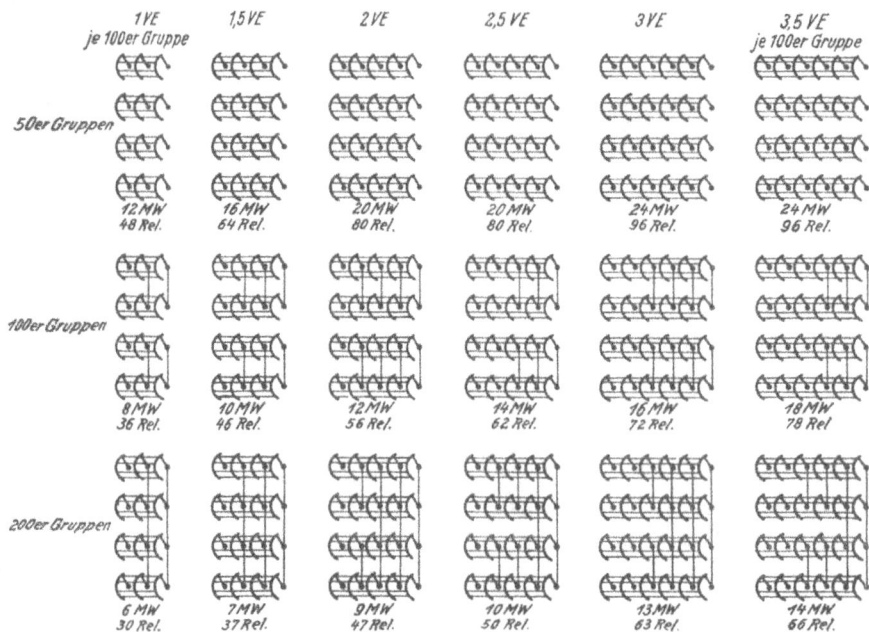

Abb. 6. Staffelung 50teiliger Anrufsucher bei verschiedenen Verkehrswerten in 50er-, 100er- und 200er-Gruppen.

Auch bei der Rückwärtswahl, besonders bei der Verwendung von Anrufsuchern (AS), kann die Staffelung verwendet werden, um an nachfolgenden Wählern zu sparen. Abb. 6 zeigt verschiedene Staffelungen von 50kontaktigen AS, die in Gruppen von 50 bis 200 Teilnehmern zusammengefaßt sind. Es sind 6 verschiedene Verkehrswerte angenommen und für jede 50er-AS-Untergruppe soviel AS vorgesehen, wie für den zugrunde gelegten Verkehr erforderlich sind. Wenn man die Belegung der AS so vorsieht, daß sie immer nur in einer bestimmten Richtung, z. B. von links nach rechts der Reihe nach erfolgt, so ist die Einführung der Staffelung ohne weiteres in der Weise möglich, wie Abb. 6 erkennen läßt. Die obere Abteilung zeigt reine 50er-Gruppen, die mittlere Abteilung zu 100er-Gruppen durch Staffelung zusammengefaßte 50er-Gruppen und die untere Abteilung zu 200er-Gruppen zusammengefaßte 50er-Gruppen. Die Staffelung der AS läßt sich beliebig weiter fortsetzen, und die Vielfachschaltung der AS von links nach rechts nimmt, wie bei jeder Staffelung der Vorwärtswahl, zu, je weniger die AS belastet sind.

Durch die Staffelung der AS kann man mit kleinen Wählern beliebig große Gruppen bilden; man erspart nachfolgende Wähler und Relais, wie es in Abb. 6 für verschieden große Gruppen und verschiedenen Verkehr angegeben ist und ersehen werden kann. Unter jeder Gruppe ist die Zahl der nachfolgenden Wähler — hier MW — und die Zahl der erforderlichen Relais angegeben. Man erspart bei 200er-Gruppen gegenüber 50er-Gruppen etwa bis 50% an nachfolgenden Wählern und bis 40% an Relais. Große teure Wähler sind demnach zur Bildung von großen AS-Gruppen nicht erforderlich.

Die Güte von Misch- und Staffelschaltungen wird auf Grund von Verkehrsmessungen und Beobachtungen der auftretenden Verluste beurteilt. Bei der Messung muß der Gesamtverkehr aller Wähler dieser Gruppe mit den Verlusten, die in der vorhergehenden Wählerstufe in der betreffenden Dekade auftreten und die auf die Rufe bezogen werden müssen, erfaßt werden. Die mittlere Leistung der Wähler erhält man, indem man die Gesamtleistung aller Wähler in der HVSt durch die Zahl der Wähler dividiert. Stimmen die mittlere Wählerleistung und die dabei beobachteten Verluste, die auf die Rufe bezogen werden müssen, mit den Wählerleistungen in Abb. 1 überein, so ist die Misch- und Staffelschaltung brauchbar. Ist die gemessene Leistung kleiner oder sind die Verluste größer, so ist die Schaltung noch verbesserungsfähig, oder aber es können auch grobe Unregelmäßigkeiten im Verkehrszufluß vorliegen, die dann zu beseitigen sind. Der Beurteilung müssen aber die Messungen von mehreren HVSt zugrunde gelegt werden, weil die in den Kurven festgelegten Werte Mittelwerte angeben.

Bei Misch- und Staffelschaltungen muß demnach auf einen möglichst guten Verkehrsausgleich innerhalb der Schaltung und auf einen möglichst gleichmäßigen Verkehrszufluß der einzelnen Rahmen geachtet werden. Aber auch der abgehende Verkehr soll die nachfolgenden Wählerrahmen möglichst gleichmäßig belasten, damit nicht dort der Verkehrszufluß ungleichmäßig wird. Früher wurden zur Beurteilung der Misch- und Staffelschaltungen Verkehrsbeobachtungen gemacht und die in einem bestimmten Augenblick in Betrieb befindlichen Wähler besonders bezeichnet. Derartige Übersichten ließen eine Beurteilung zu, wie aus Abb. 7 zu erkennen ist. Es ist zunächst links die beobachtete Staffelschaltung dargestellt, dann sind daneben in einem Felde die Nummern der nachfolgenden Wähler mit ihren Rahmen entsprechend der Schaltung eingetragen; ferner sind zwei weitere Felder mit den in einem bestimmten Augenblick in Betrieb befindlichen Wählern gezeigt. Die jedesmalige Belegung der Wählerzahlen in abgehender Richtung ist darunter angegeben. Die Belegungszahl je Rahmen schwankt, der Verkehrsabfluß ist aber als ausgeglichen anzusehen. Dagegen läßt der Verkehrszufluß zu wünschen übrig, denn die mittleren Rahmen (ankommend) zeigen stärkeren Verkehr als die Rahmen 19 und 20.

Heute wird zur Beurteilung der Leistung der Misch- und Staffelschaltung der Verkehr grundsätzlich gemessen. Zur Beurteilung des Verkehrsabflusses wird der Verkehr in den einzelnen Wählerrahmen in abgehender Richtung ebenfalls gemessen; zur Beurteilung des Verkehrszuflusses und der Betriebsgüte werden die Verluste des ankommenden Verkehrs in den einzelnen Rahmen der vorhergehenden Wählerstufe aufgezeichnet. Haben alle Rahmen ungefähr gleich große Verluste, so ist der Verkehr als ausgeglichen anzusehen. Treten einzelne Rahmen aber mit besonders vielen Verlusten hervor, so sind sie überlastet, und es muß nach einem Ausgleich in den vorhergehenden Wählerstufen gesucht werden.

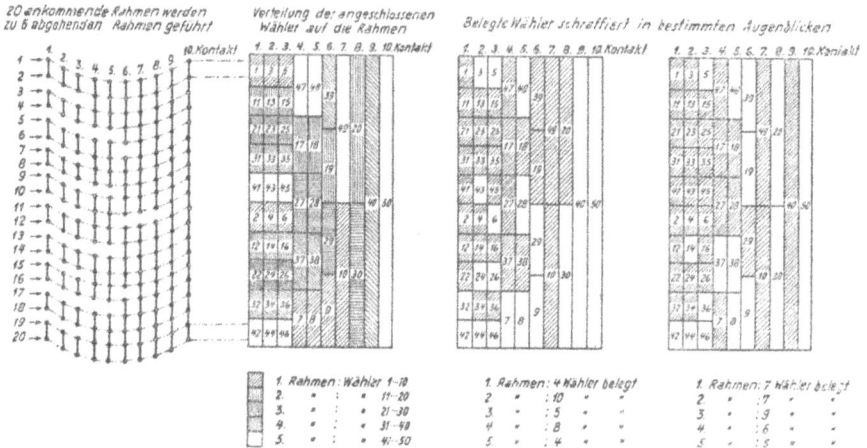

Abb. 7. Staffelschaltung mit Verteilung der angeschlossenen Wähler.

Misch- und Staffelschaltungen haben sich im Betriebe seit 30 Jahren bestens bewährt. Sie stellen das wirtschaftlichste Verfahren dar, große unvollkommene Bündel mit guter Ausnutzung zu bilden, sind leicht erweiterungsund dadurch anpassungsfähig und deshalb für alle Zwecke in der Wählertechnik besonders geeignet. Die Grundsätze für den Aufbau richtiger Mischund Staffelschaltungen sind bekannt, ebenso ihre Leistungen.

2. Die Schwankungen des Fernsprechverkehrs.

Der Fernsprechverkehr mit allen seinen Faktoren c, t und k unterliegt bekanntlich, wie alle anderen Verkehrsmittel, erheblichen Schwankungen, die zunächst leicht, z. B. durch schreibende Geräte, zu messen und gut darzustellen sind, weil es sich um eine einzige Art von Schwankungen handelt. Diese allgemeinen Verkehrsschwankungen sind abhängig von der Zeit, z. B. von der Stunde, dem Tag oder Monat, von ruhigen und bewegten Zeiten usw. Schwierig werden Messung, Darstellung und Beurteilung der Schwankungen erst, wenn die ermittelten Verkehrswerte mit den dafür erforderlichen Betriebsmitteln in den Wählerämtern in Verbindung gebracht werden sollen, weil dann zu den Verkehrsschwankungen noch Schwankungen besonderer

16

Art hinzukommen. In den Wählerämtern schwankt nicht nur der Verkehr, sondern es schwanken auch die Leistung der Betriebsmittel, die Gefahrzeit und die Verluste, wodurch das Verständnis der Schwankungen erheblich erschwert wird. Erst das Zusammenwirken der Schwankungen, das nicht einfach darzustellen ist, bringt die Schwierigkeit. Auf die Schwankungen des Verkehrs und der Leistung der Betriebsmittel hat ferner die Größe der Gruppen und damit die Größe des Verkehrs einen Einfluß, wie später nachgewiesen werden wird. Da aber in den weitaus meisten Fällen der Verkehr mit der Größe der Gruppen wächst, spricht man gewöhnlich von dem Einfluß der Gruppengröße, meint dabei aber strenggenommen den Einfluß des der Gruppengröße entsprechenden Verkehrs.

Bei der Beurteilung der Schwankungen muß man besondere Einflüsse ausschalten, wie z. B. den Verkehr von Münzfernsprechern oder sonstigen überlasteten Anschlüssen; denn dieser Verkehr unterliegt nicht mehr dem reinen Zufall, da Wartezeiten der Sprechgäste von mitunter erheblicher Dauer einen Ausgleich des Verkehrs herbeiführen. Es ist sehr interessant und nützlich, die Verkehrsschwankungen und die Schwankung der Leistung der Betriebsmittel in den einzelnen Gruppen getrennt und gemeinsam zu untersuchen, weil sie in der hier angewendeten Betrachtungsweise noch nicht so bekannt sind; gleichzeitig werden dadurch Beweise für bestehende Erkenntnisse erbracht.

Abb. 8 zeigt zunächst die einfache Schwankung des Gesamtverkehrs einer Fernsprech-Wähleranlage über einen Monat in Belegungsstunden je

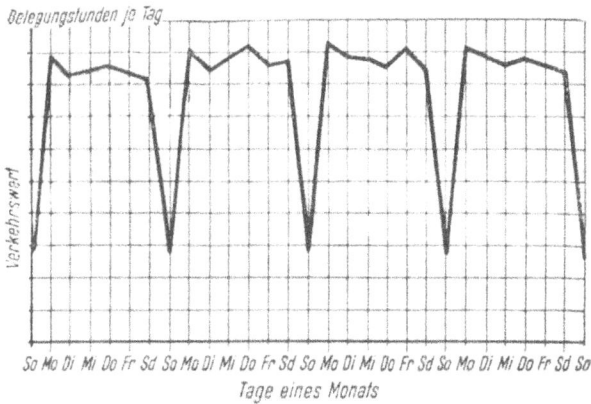

Abb. 8. Schwankungen des Verkehrs einer Fernsprech-Wähleranlage
im Verlauf eines Monats.

Tag. Aus der Schaulinie kann man deutlich den Einfluß der verschiedenen Tage auf die Größe des Verkehrs ersehen. Gewöhnlich tritt sonntags der kleinste und montags der größte Verkehr auf. Zur Wochenmitte fällt der Verkehr ab und steigt mitunter am Ende der Woche wieder an. Abb. 9 zeigt den Verkehr einer Fernsprech-Wähleranlage während eines Tages in Belegungsstunden je Stunde. Aus der Kurve können wieder die Schwankungen des Verkehrs in den einzelnen Stunden ersehen werden. Am Vormittag ist der Verkehr am stärksten, über Mittag fällt er stark ab, am Nachmittag

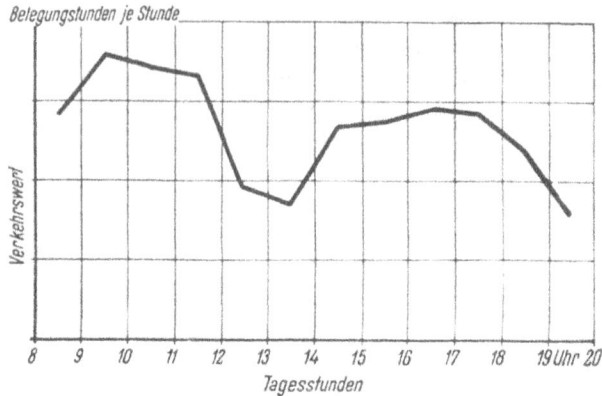

Abb. 9. Schwankungen des Verkehrs einer Fernsprech-Wähleranlage im Verlauf eines Tages.

steigt er wieder an, ohne aber den Vormittagswert zu erreichen. Das sind allgemeine Merkmale des Tages- und Stundenverkehrs, die sich stets wiederholen. Abb. 10 zeigt die Schwankungen des Verkehrs innerhalb einer HVSt in Belegungsstunden je Minute. Die HVSt ist dadurch bestimmt, daß sie den

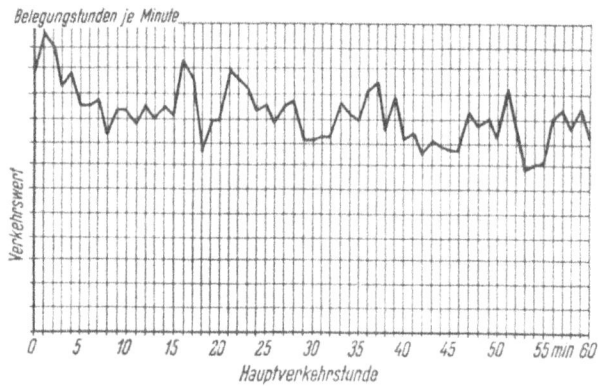

Abb. 10. Schwankungen des Verkehrs einer Fernsprech-Wähleranlage in einer Hauptverkehrsstunde.

größten Verkehrswert von 60 hintereinander liegenden Verkehrsminuten umfaßt. Der Verkehr der HVSt ist schon sehr ausgeglichen und zeigt sonst keine weiteren Merkmale.

Da sich die erforderlichen Betriebsmittel stets nach dem Verkehr in der stärksten Stunde richten müssen, wird ganz allgemein der Verkehr der HVSt

18

allen Untersuchungen und Berechnungen zugrunde gelegt. Es beziehen sich daher alle nachfolgenden Untersuchungen auf HVSt. Die Messung und Beurteilung aller dieser Schwankungen sind, wie schon erwähnt, verhältnismäßig einfach, weil es sich nur um eine Art von Schwankungen handelt, die leicht in Kurven darzustellen ist, wie aus den bisherigen Schaubildern ersehen werden kann.

Ist der Gesamtverkehr einer Anlage in der HVSt bekannt, so muß daraus der Verkehr der einzelnen Gruppen ermittelt werden; denn eine Fernsprechanlage ist in viele Gruppen unterteilt. Ein Amt mit 10000 Teilnehmern umfaßt etwa 250 Gruppen, die aber teilweise gleichartig sind. Die Schwankungen des Verkehrs und der Leistung der Betriebsmittel richten sich nach dem Verkehr je Gruppe. Man muß daher den Verkehr und die jeweilige Wählerleistung je Gruppe untersuchen. Zunächst sollen kleine, dann große Gruppen, in allen Fällen aber soll die Leistung der Betriebsmittel nur in vollkommenen Bündeln untersucht werden.

In Tafel 1 ist der Verkehr von 10 verschiedenen 100er-Gruppen in 12 HVSt angegeben. Aus diesen vielen Werten, die ganz unregelmäßig und willkürlich verteilt sind, ist zunächst keine Gesetzmäßigkeit zu erkennen.

HVSt	Verkehrswerte in VE in den Gruppen										Summe
	1	2	3	4	5	6	7	8	9	10	
1.	1,27	1,67	1,60	2,07	2,32	2,54	1,54	1,98	2,13	2,60	19,72
2.	1,87	1,75	1,86	1,94	2,00	2,44	1,52	1,88	1,88	2,57	19,71
3.	1,72	1,30	2,18	2,31	1,46	1,86	2,50	1,99	1,85	2,02	19,19
4.	2,12	1,37	3,01	1,63	1,38	2,43	1,94	1,17	1,58	1,81	18,44
5.	1,05	1,35	2,23	1,75	1,19	1,51	2,85	2,36	2,83	3,65	20,77
6.	1,02	1,67	1,40	3,42	1,01	2,00	2,11	2,34	2,84	2,51	20,32
7.	2,93	1,90	1,79	2,14	1,96	2,25	2,05	1,92	1,92	2,45	21,31
8.	1,19	1,75	2,24	2,08	1,60	2,55	2,18	2,70	2,36	2,77	21,42
9.	2,31	1,39	2,60	1,59	1,43	2,25	1,30	3,10	1,29	1,47	18,73
10.	1,46	1,36	2,11	3,14	1,61	2,31	1,99	1,50	2,35	1,79	19,62
11.	1,58	2,20	1,66	2,85	1,77	2,13	1,82	1,71	1,46	1,58	18,76
12.	1,29	2,49	1,64	2,89	1,39	2,45	1,82	1,96	1,48	1,53	18,94
Mittelwerte	1,65	1,68	2,02	2,32	1,59	2,22	1,97	2,05	2,00	2,22	19,72

Tafel 1.

Verkehrswerte einer Gruppe mit 10 Untergruppen in 12 Hauptverkehrsstunden in VE.

Zur Beurteilung muß man die einzelnen Werte der Größe nach ordnen und zu Kurven zusammensetzen. Durch Ordnen von vielen HVSt erhält man eine regelmäßige Schwankungslinie, zu deren Beurteilung und zum Vergleich mit anderen Schwankungskurven der Begriff „wahrscheinliche Abweichung" eingeführt ist, deren Ableitung Abb. 11 erkennen läßt. Die wahrscheinliche

Abweichung wird gebildet aus dem halben Unterschied der Werte bei 75%
und 25% der Beobachtungen. In allen dafür in Betracht kommenden Schaubildern sind zu diesem Zweck die Linien bei 25% und 75% durchgezogen,

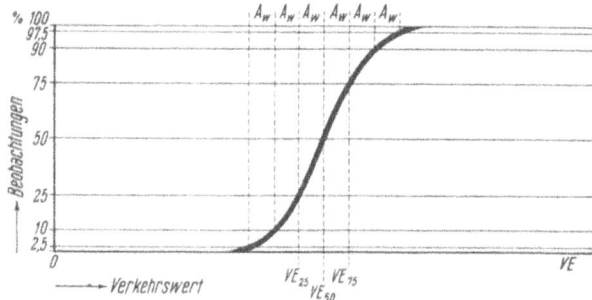

Abb. 11. Schwankungsuntersuchungen.
A_w = wahrscheinliche Abweichung.

wodurch die Werte leicht ablesbar sind. Man erhält daher die wahrscheinliche Abweichung A_w aus:

$$A_w = \frac{VE_{75} - VE_{25}}{2} \quad \text{in VE}.$$

Da nun diese Werte für verschieden große Mittelwerte von VE verschieden sind, muß man, um Vergleichsgrundlagen zu schaffen, „Bezugsabweichungen" zu den Mittelwerten bilden. Die Bezugsabweichung B_a
ergibt sich aus:

$$B_a = \frac{A_w}{VE_{50}} \cdot 100 \quad \text{in } \%;$$

sie stellt also den %-Satz der Schwankungen, bezogen auf den Mittelwert,
dar. Diese Bezugsabweichungen sind unmittelbar miteinander vergleichbar.
Zur Beurteilung der Schwankungen gehören aber sehr viele Messungen, wenn
das Ergebnis Anspruch auf allgemeine Bedeutung haben soll. Den nachstehenden Untersuchungen liegen mehrere 1000 Messungen von HVSt vieler Gruppen zugrunde, bei denen keine Verkehrsverluste, die die Ergebnisse beeinflussen könnten, auftraten. Trotz der vorliegenden zahlreichen Messungen
würden manche der nachfolgenden Kurven noch ausgeglichener sein, wenn
weitere Beobachtungen zur Verfügung gestanden hätten.

In Abb. 12 sind zunächst die Schwankungen der Verkehrswerte in den
HVSt von fünf verschiedenen 100er-Gruppen, d. s. Gruppen mit je 100 Teilnehmern, aus einer großen Zahl von Beobachtungen der Größe nach geordnet
und in Kurven aufgezeichnet. Man ersieht daraus, daß die zunächst scheinbar
ganz willkürlichen Schwankungen doch bestimmten Gesetzen folgen und daß
sie bei den verschiedenen Gruppen überraschend gleichmäßig sind. Es geht
daraus weiter hervor, daß der Verkehr um einen bestimmten Mittelwert bei
50% der Beobachtungen regelmäßig schwankt. Die aus den Messungen
errechneten Mittelwerte sind in Abb. 12 für die verschiedenen Kurven be-

20

sonders angegeben. Aus den Kurven ergibt sich unter anderem: In der ersten
Gruppe haben bis 25% der Beobachtungen einen Verkehrswert von etwa
0,95 Verkehrseinheiten (VE) bzw. Belegungsstunden je Hauptverkehrsstunde
und weniger, in der fünften Gruppe bis 75% der Beobachtungen einen solchen
von etwa 2,95 VE und weniger.

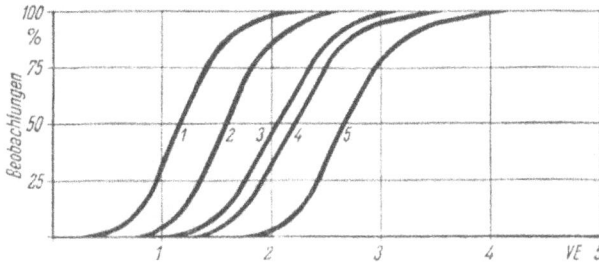

Abb. 12. Schwankungen des Verkehrswertes von 100er-Gruppen in den Hauptverkehrsstunden.

Gemessener Verkehrswert bei 50% der Beobachtungen in Gruppe 1 = 1,22 VE,
 ,,   ,,   ,, 50% ,,   ,,   ,, ,, 2 = 1,63 VE,
 ,,   ,,   ,, 50% ,,   ,,   ,, ,, 3 = 2,12 VE,
 ,,   ,,   ,, 50% ,,   ,,   ,, ,, 4 = 2,28 VE,
 ,,   ,,   ,, 50% ,,   ,,   ,, ,, 5 = 2,73 VE.

Die wahrscheinlichen Abweichungen der Kurven 1 bis 5 schwanken
zwischen 0,22 und 0,28 VE.

Die Bezugsabweichungen haben für die Kurven den Wert $B_n = 19\%$,
15%, 14%, 12% und 10%, d. h. die wahrscheinlichen Abweichungen betragen
demnach etwa 19...10% des jeweiligen Mittelwertes. Mit zunehmender Größe
des Verkehrs werden die Bezugsabweichungen und damit die Schwankungen
kleiner.

Neben diesen Schwankungen des Verkehrs treten aber noch andere
Schwankungen auf, wenn zu den Verkehrswerten die erforderlichen Betriebsmittel, also die Zahl der Wähler oder Leitungen, betrachtet werden sollen; denn
für einen bestimmten Verkehrswert werden nicht immer die gleichen Wählerzahlen benötigt. Die erforderliche Wählerzahl für einen bestimmten Verkehr
schwankt also ebenfalls, wodurch erst die erheblichen Schwierigkeiten für
die Erkenntnis auftreten.

Die Schwankungen der Wählerzahl bei gleichem Verkehrswert kann man
in Schwankungen der Wählerleistung ausdrücken. In Abb. 13 sind die
Schwankungen der Wählerleistung bei gleicher Wählerzahl für 5, 7 und 9
Wähler angegeben. Man ersieht, daß die Wählerleistung etwa schwankt:

bei 5 Wählern von 0,8 bis 3 VE mit einem Mittelwert von 1,85 VE bei
    50% der Beobachtungen,
bei 7 Wählern von 1,5 bis 4 VE mit einem Mittelwert von 2,75 VE bei
    50% der Beobachtungen,
bei 9 Wählern von 2,5 bis 5,2 VE mit einem Mittelwert von 3,67 VE bei
    50% der Beobachtungen.

Die wahrscheinlichen Abweichungen der Kurven schwanken zwischen $A_w = 0{,}38$ VE und $A_w = 0{,}42$ VE. Ermittelt man die Bezugsabweichungen, also den %-Satz der Schwankungen, bezogen auf den Mittelwert, so liegen diese bei den Kurven 5, 7, 9 bei $B_n = 22\%$, 13% und 11%. Die Schwankungen der Wählerleistung bei kleinen Verkehrswerten sind also im Durchschnitt

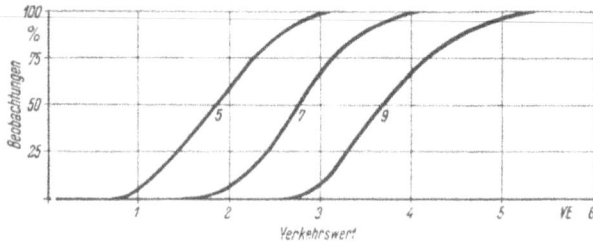

Abb. 13. Schwankungen der Wählerleistung kleiner Gruppen in den Hauptverkehrsstunden bei gleicher Wählerzahl.

5 = Schwankungen der Wählerleistung bei 5 Wählern,
7 = „ „ „ „ „ 7 „ ,
9 = „ „ „ „ „ 9 „ .

ein wenig größer als diejenigen des Verkehrswertes und nehmen mit wachsendem Verkehr ab. In jeder Gruppe schwankt demnach sowohl der Verkehr als auch die Wählerleistung.

Um weiter die Beziehungen zwischen Verkehrswerten und erforderlichen Wählerzahlen zu untersuchen, müssen auch die zusammengesetzten Schwankungen, also die Schwankungen der Verkehrswerte bei schwankenden Wähler-

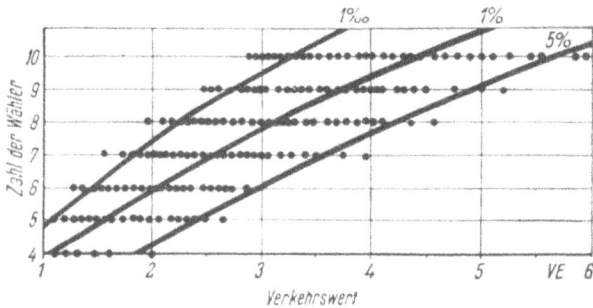

Abb. 14. Schwankungen des Verkehrswertes und der Wählerleistung kleiner Gruppen in den Hauptverkehrsstunden mit Wählerbestimmungskurven für $1^0/_{00}$, $1^0/_0$ und $5^0/_0$ Verlust.

leistungen, aufgezeichnet werden. Da hier zwei Schwankungen zusammentreffen, kann keine einfache Kurve entstehen.

In Abb. 14 sind die beobachteten HVSt als Punkte eingetragen, und zwar die jeweils in den HVSt erforderliche Wählerzahl der 100er-Gruppen in Abhängigkeit von dem gemessenen Verkehrswert der betreffenden HVSt. Es ergibt sich auf jeder Wählerlinie ein großes Streufeld von HVSt, mit dem

zunächst nichts anzufangen ist. Ferner ist die Häufigkeit der HVSt je Meß-
punkt aus diesem Schaubild nicht zu ersehen, weil zum Teil viele Punkte
aufeinander oder dicht nebeneinander liegen, so daß sie zeichnerisch nicht
darzustellen sind; sie kann aus Abb. 13 ersehen werden. Würde man aus den
Meßpunkten eine Schwerlinie bilden, so sagt diese Schwerlinie in bezug auf
die Betriebsgüte ebenfalls nichts aus. Man muß eine Linie, um sie für die
Wählerberechnung verwerten zu können, als Begrenzung der Wählerzahl
so legen, daß auf die Gesamtbeobachtungen bezogen ein bestimmter Verlust
an Belegungen ablesbar ist. In dieser Weise sind zunächst die bekannten
Wählerbestimmungskurven ermittelt worden, die später dann durch zahlreiche Beobachtungen der wirklichen Verluste bestätigt wurden. In Abb. 14
sind diese Wählerbestimmungskurven für $1^0/_{00}$, $1^0/_0$ und $5^0/_0$ Verlust in das
Streufeld eingezeichnet, und es ist zunächst ohne weiteres ersichtlich, daß sie
wahrscheinlich diesen Bedingungen entsprechen werden.

Eine überschlägige Prüfung ergibt folgendes: Jede HVSt von 2 bis 5 VE
umfaßt etwa 100 bis 200 Belegungen, so daß bei $1^0/_{00}$ Verlust jede 5. bis
10. HVSt, bei $1^0/_0$ Verlust jede HVSt mit kleinen Verlusten, bei $5^0/_0$ Verlust
dagegen jede HVSt mit verhältnismäßig großen Verlusten behaftet ist;
dabei soll noch darauf hingewiesen werden, daß im Durchschnitt in diesen
Gruppen in jeder 18. bis 36. Sekunde eine neue Belegung vorkommt. Man kann
nun die Frage aufwerfen, welche Verluste auftreten, wenn z. B. 3 VE $\pm$ 5%
mit einer begrenzten Wählerzahl von 7, 8 oder 9 Wählern geleistet werden
sollen. Angenähert kann die Rechnung in folgender Weise durchgeführt
werden: Begrenzt man die Wählerzahl auf 9 Wähler, so bringen in dem Bereich von 3 VE $\pm$ 5% nach den zugrunde liegenden Messungen 5 HVSt, die
je 10 Wähler erfordert haben, Verluste, und zwar geht je Stunde mindestens
1 Belegung, zusammen gehen also mindestens 5 Belegungen verloren. Da dies
aber die Mindestzahl der Verluste ist, muß mit einem Zuschlag von vielleicht
150% gerechnet werden, also mit einem Verlust von 12 Belegungen. In dem
Bereich von 3 VE $\pm$ 5% sind aber angenähert folgende HVSt gemessen
worden, die nicht alle in Abb. 14 eingezeichnet wurden:

5 HVSt benötigten 10 Wähler,
15 „ „ 9 „
25 „ „ 8 „
15 „ „ 7 „

im ganzen also 60 HVSt, die je etwa 120 Belegungen, zusammen also 7200 Belegungen, umfassen. Da 12 Belegungen verlorengehen sollen, wäre das ein
Verlust von etwa $1,7^0/_{00}$. Begrenzt man die Wählerzahl auf 8 Wähler, so
treten Verluste ein bei den HVSt, die 9 und 10 Wähler erfordert haben, und
zwar mindestens je 1 Belegung bei 9 und mindestens je 2 Belegungen bei
10 Wählern; das sind mindestens $5 \cdot 2 + 15 \cdot 1 = 25$ Belegungen, bei einem
Zuschlag von 150% also 62 Belegungen; dies ergibt, auf 7200 bezogen, einen
Verlust von etwa 0,9%. Begrenzt man die Wählerzahl auf 7 Wähler, so kommen Verluste in den HVSt vor, die 8, 9 und 10 Wähler benötigen, und zwar

mindestens je 1 Belegung bei 8 Wählern, mindestens je 2 Belegungen bei 9 Wählern und mindestens je 3 Belegungen bei 10 Wählern; $5 \cdot 3 + 15 \cdot 2 + 25 \cdot 1$ = 70 Belegungen bei 150% Zuschlag ergeben 175 Belegungen und, auf 7200 bezogen, etwa 2,5% Verlust.

Für einen anderen Verkehr läßt sich die Rechnung in gleicher Weise durchführen.

Die Lage der Wählerbestimmungskurven mit ihren zugrunde gelegten Verlusten erscheint demnach richtig.

Das Streufeld läßt die Schwankung der Wählerleistung deutlich ersehen; denn dieselbe Wählerzahl leistet ganz verschiedene VE. Man kann daraus bis zu einem gewissen Grade die Ableitung der Kurven in Abb. 13 erkennen. Abgesehen von sehr wenigen Streupunkten, liegt die weitaus größte Zahl der HVSt-Werte zwischen den Wählerbestimmungskurven von $1^0/_{00}$ und $5^0/_0$; man kann sagen, daß die Wählerbestimmungskurven von $1^0/_{00}$ und $5^0/_0$ die Hauptschwankung der jeweiligen Wählerleistung angeben, wie ebenfalls ein Vergleich mit Abb. 14 bestätigt. Die Wählerbestimmungskurven umfassen also die Schwankungen der Wählerleistung.

Um in der Praxis den Verkehr, die Wählerleistung und die Betriebsgüte einer Wähleranlage genau beurteilen zu können, muß der Verkehr in vielen HVSt gemessen, die jeweils dafür erforderliche Wählerzahl ermittelt und ferner müssen die unter Umständen aufgetretenen Verluste zu der in Betracht kommenden Zeit beobachtet werden.

Der Einfluß der Gruppengröße soll jetzt auf derselben Grundlage bei größeren Gruppen, also stärkerem Verkehr, im Vergleich zu kleineren Gruppen untersucht werden.

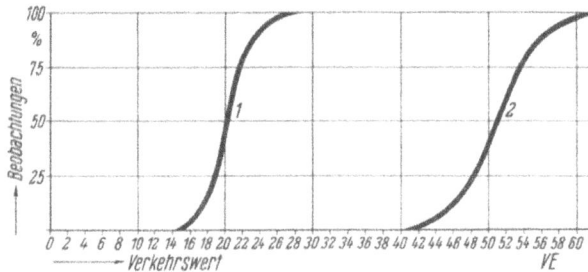

Abb. 15. Schwankungen des Verkehrswertes großer Gruppen in den Hauptverkehrsstunden.

1   1000er-Gruppe; gemessener Verkehrswert bei 50% der Beobachtungen = 20 VE,
2   2000er-Gruppe; gemessener Verkehrswert bei 50% der Beobachtungen = 51 VE.

Abb. 15 zeigt die Schwankungen des Verkehrswertes großer Gruppen; Kurve 1 stellt die Schwankungen für eine 1000er-Gruppe und Kurve 2 die Schwankungen für eine 2000er-Gruppe dar. Auch hierbei fällt die Regelmäßigkeit der Abweichungen auf.

Die wahrscheinliche Abweichung der Kurve 1 beträgt etwa $A_w = 1,1$ VE, die der Kurve 2 etwa $A_w = 2,3$ VE. Die Bezugsabweichung der Kurve 1 beträgt etwa $B_a = 5\%$, die der Kurve 2 etwa $B_a = 4\%$. Man findet also bestätigt, daß die Bezugsabweichungen mit zunehmender Größe des Verkehrs kleiner werden. Eine Gegenüberstellung der Kurven kleiner Gruppen in Abb. 12 mit denen der Kurven großer Gruppen in Abb. 15 wird dies besonders zeigen:

Abb. 11, Kurve 1: Mittelwert der Messungen = 1,22 VE, Bezugsabweichung $B_a = 19\%$,

Abb. 11, Kurve 2: Mittelwert der Messungen = 1,63 VE, Bezugsabweichung $B_a = 15\%$,

Abb. 11, Kurve 3: Mittelwert der Messungen = 2,12 VE, Bezugsabweichung $B_a = 14\%$,

Abb. 11, Kurve 4: Mittelwert der Messungen = 2,28 VE, Bezugsabweichung $B_a = 12\%$,

Abb. 11, Kurve 5: Mittelwert der Messungen = 2,73 VE, Bezugsabweichung $B_a = 10\%$,

Abb. 15, Kurve 1: Mittelwert der Messungen = 20,0 VE, Bezugsabweichung $B_a = 5\%$,

Abb. 15, Kurve 2: Mittelwert der Messungen = 51,0 VE, Bezugsabweichung $B_a = 4\%$.

Mit zunehmender Größe des Verkehrs werden demnach die Schwankungen, bezogen auf den Mittelwert bei 50% der Beobachtungen, kleiner. Je größer daher der Verkehr wird, desto ausgeglichener ist er, was wohl bisher bekannt, aber in dieser Form nicht nachgewiesen worden war.

Die Schwankung der Wählerzahl bei einem bestimmten Verkehr großer Gruppen, ausgedrückt in Schwankungen der Wählerleistung bei gleicher

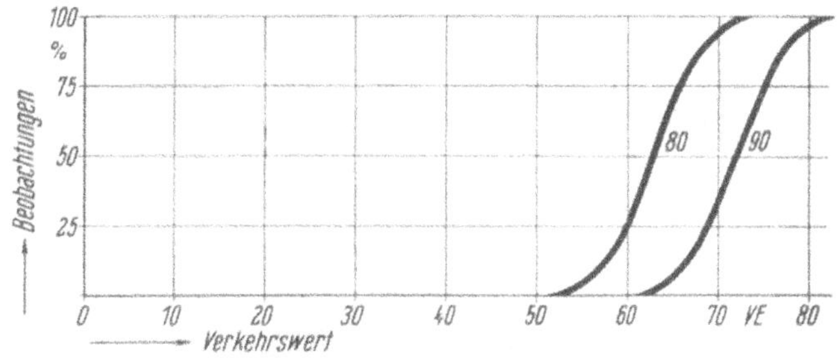

Abb. 16. Schwankungen der Wählerleistung großer Gruppen in den Hauptverkehrsstunden bei gleicher Wählerzahl.
80 = Schwankungen der Wählerleistung bei 80 Wählern,
90 = „ „ „ „ 90 „ .

Wählerzahl, zeigt Abb. 16. Es sind dort die Schwankungen bei 80 und 90 Wählern in Kurven dargestellt. Die Wählerleistung schwankt etwa:

bei 80 Wählern von 54 bis 72 VE mit einem Mittelwert von 63 VE bei 50% der Beobachtungen,

bei 90 Wählern von 62 bis 82 VE mit einem Mittelwert von 72 VE bei 50% der Beobachtungen.

Die wahrscheinliche Abweichung bei 80 Wählern beträgt etwa $A_w = 2{,}5$ VE, bei 90 Wählern etwa $A_w = 3$ VE. Die Bezugsabweichung bei 80 Wählern beträgt etwa $B_u = 4\%$, bei 90 Wählern ebenfalls etwa $B_u = 4\%$.

Im Vergleich mit den Kurven kleiner Gruppen in Bild 5 findet man folgende Bezugsabweichungen:

Bezugsabweichung bei 5 Wählern $B_u = 22\%$ (Abb. 13),

,,   ,,   7   ,, $B_u = 13\%$ (Abb. 13),

,,   ,,   9   ,, $B_u = 11\%$ (Abb. 13),

,,   ,,   80 und 90 Wählern $B_u = 4\%$ (Abb. 16).

Mit zunehmender Größe des Verkehrs werden daher die Bezugsabweichungen kleiner, und die Schwankungen der Wählerleistung verringern sich

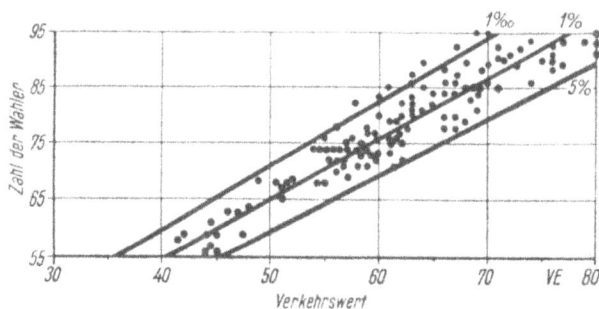

Abb. 17. Schwankungen des Verkehrswertes und der Wählerleistung großer Gruppen in den Hauptverkehrsstunden mit Wählerbestimmungskurven für $1^0/_{00}$, $1^0/_0$ und $5^0/_0$ Verlust.

ebenfalls ganz erheblich. Dabei ist die Schwankungsabnahme der Wählerleistung größer als die Schwankungsabnahme des Verkehrs, d. h. große Gruppen haben, oder besser großer Verkehr hat einen günstigen Einfluß auf die Verkehrschwankungen, einen noch günstigeren aber auf die Schwankungen der Wählerleistung. Auch dieser bereits bekannte Einfluß wird hier bestätigt und bewiesen.

Die zusammengesetzten Schwankungen, bestehend aus Verkehrs- und Wählerleistungschwankungen, sind für starken Verkehr in Abb. 17 gezeichnet. Es sind die HVSt als Punkte eingetragen, und zwar die benötigte Wählerzahl in Abhängigkeit vom Verkehrswert. Man erhält wieder ein Streufeld, dessen Schwerlinie in bezug auf die Betriebsgüte nichts aussagen würde. Man muß vielmehr Schaulinien derart eintragen, daß bei entsprechender Begrenzung der Wählerzahl bestimmte Verluste, bezogen auf die gesamten Beobachtungen, eintreten würden. Es sind wieder die Wählerbestimmungskurven für $1^0/_{00}$, $1^0/_0$ und $5^0/_0$ Verlust eingetragen, deren Lage dem Augenschein nach richtig ist. Es sei noch darauf hingewiesen, daß jede HVSt etwa 1500 bis 3000 Belegungen umfaßt und daß im Durchschnitt alle 1 bis 2,5 s eine neue Belegung vorkommt.

26

Eine Überschlagsrechnung der Verluste, wie sie für Abb. 14 aufgestellt wurde, kann hier ebenfalls durchgeführt werden. Es soll festgestellt werden, welche Verluste bei 60 VE $\approx$ 5% eintreten, wenn eine Begrenzung der Wählerzahl auf 80, 75 und 70 Wähler vorgenommen wird. Bei Begrenzung auf 80 Wähler kommen nach den zugrunde liegenden Messungen Verluste in 10 HVSt vor, bei Begrenzung auf 75 Wähler in 40 HVSt und bei 70 Wählern in 60 HVSt. 60 HVSt umfassen im Mittel bei 60 VE etwa 144000 Belegungen. Bei 80 Wählern haben die 10 mit Verlusten behafteten HVSt mindestens je 4 verlorene Belegungen, also insgesamt 40 Belegungen. Der Zuschlag muß mehr als dreimal so groß sein wie derjenige bei den kleinen Gruppen, weil die Schwankungen bei so großen Gruppen, wie bisher ermittelt wurde, auf weniger als den dritten Teil herabgegangen sind. Der Zuschlag wird daher zu 500% angenommen, so daß sich insgesamt 240 verlorene Belegungen oder, bezogen auf 144000 Belegungen, ein Verlust von etwa $1,7^0/_{00}$ ergeben. Bei 75 Wählern treten in 40 HVSt Verluste auf, und zwar mindestens 7 verlorene Belegungen

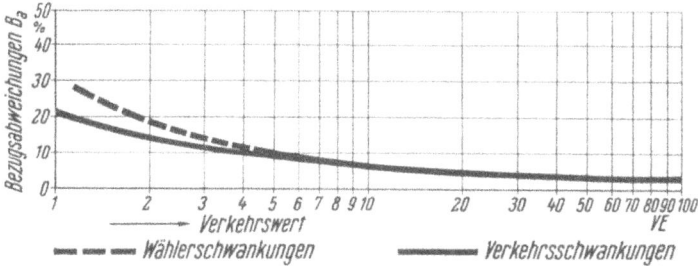

Abb. 18. Bezugsabweichungen der Verkehrs- und Wählerschwankungen.

je HVSt; das ergibt 280 verlorene Belegungen und bei einem Zuschlag von 500% etwa 1680 verlorene Belegungen oder 1,2% Verlust. Bei 70 Wählern zeigen 60 HVSt Verluste mit je 10 verlorenen Belegungen, also insgesamt 600 verlorene Belegungen; bei einem Zuschlag von 500% ergibt dies etwa 3600 verlorene Belegungen oder 2,5% Verlust. Diese Ergebnisse sind nur sehr angenähert, weil nur eine sehr begrenzte Zahl von HVSt verwendet wurde. Die Wählerbestimmungskurven umfassen bei diesem Verkehr ebenfalls die Schwankungen der Wählerleistung, die auch hier, wie der Augenschein zeigt, zwischen den Wählerbestimmungskurven für $1^0/_{00}$ und 5% Verlust liegen.

In Abb. 18 sind die Bezugsabweichungen der Verkehrsschwankungen und Wählerleistungsschwankungen in Kurven für verschiedene Verkehrswerte aufgetragen. Man ersieht deutlich bei kleinen Verkehrswerten die größeren Schwankungen der Wählerleistung, die mit wachsenden Verkehrswerten stark abnehmen und sich den Verkehrsschwankungen angleichen.

Die zunehmende Leistung der Betriebsmittel mit zunehmender Bündelgröße wird als sogenanntes Bündelungsgesetz bezeichnet.

Es kann weiter die Frage aufgeworfen werden, ob sich die Schwankungen des Verkehrswertes in den verschiedenen Wählerstufen eines Amtes, also

27

an den I. GW, II. und III. GW sowie an den LW, voneinander unterscheiden. Zur Untersuchung dieser Frage sind in Abb. 19 Verkehrskurven verschiedener Wählerstufen bei angenähert gleichem Verkehr einander gegenübergestellt.

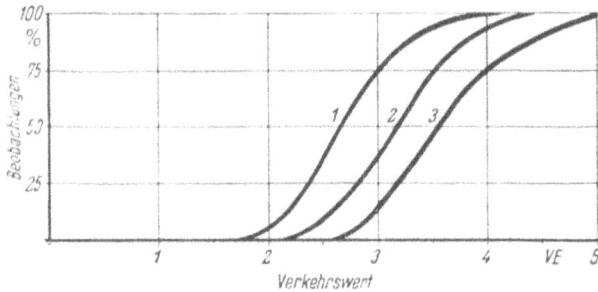

Abb. 19. Schwankungen des Verkehrswertes in den Hauptverkehrsstunden in I. GW-, II. III. GW- und LW-Stufen.

1 = LW-Stufe; gemessener Verkehrswert bei 50% der Beobachtungen = 2,7 VE,
2 = II./III. GW-Stufe; gemessener Verkehrswert bei 50% der Beobachtungen = 3,2 VE,
3 = I. GW-Stufe; gemessener Verkehrswert bei 50% der Beobachtungen = 3,6 VE.

Kurve 1 zeigt die Verkehrsschwankungen an den LW, Kurve 2 an den II./III. GW, Kurve 3 an den I. GW. Die wahrscheinlichen Abweichungen betragen für Kurve 1 etwa $A_w = 0,30$ VE, für Kurve 2 etwa 0,36 VE, für Kurve 3 etwa 0,40 VE, die Bezugsabweichungen für Kurve 1 etwa 12%, für Kurve 2 etwa 11,5%, für Kurve 3 etwa 11%. Die Schwankungen liegen daher vollkommen in dem Rahmen des Üblichen, so daß man sagen kann, daß die Verkehrsschwankungen in den verschiedenen Wählerstufen bei etwa gleicher Verkehrsgröße praktisch keine Unterschiede zeigen.

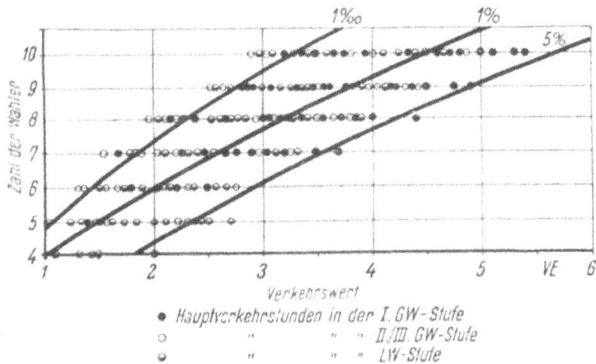

• Hauptverkehrsstunden in der I. GW-Stufe
○ " " " " II./III. GW-Stufe
◦ " " " " LW-Stufe

Abb. 20. Schwankungen des Verkehrswertes und der Wählerleistung in den Hauptverkehrsstunden in I. GW-, II. III. GW- und LW-Stufen mit Wählerbestimmungskurven für $1^0/_{00}$, $1^0/_0$ und $5^0/_0$ Verlust.

Daß die Schwankungen der Wählerleistung in den verschiedenen Wähler-stufen ebenfalls keine Unterschiede zeigen, läßt Abb. 20 erkennen, in dem die HVSt der verschiedenen Wählerstufen unterschiedlich dargestellt sind. Die

28

Schwankungen in allen Wählerstufen erstrecken sich über den ganzen Streubereich, so daß irgendein Unterschied nicht feststellbar ist. Die Wählerbestimmungskurven sind zum Vergleich ebenfalls miteingezeichnet.

Abb. 21 zeigt, daß Verkehrsschwankungen nicht von der Gruppengröße, sondern nur von der Stärke des Verkehrs abhängen. Es ist der Verkehr von 10000 Teilnehmern nach einer besonderen Dienststelle veranschaulicht. Die Verkehrsgröße entspricht etwa derjenigen einer gewöhnlichen 100er-Gruppe. Abb. 21 zeigt die Verkehrsschwankungen in zwei ausgezogenen Kurven, deren Werte zu verschiedenen Zeiten aufgenommen wurden. Die Mittelwerte bei 50% Beobachtungen betragen etwa 1,16 VE und 1,32 VE, die wahrscheinlichen Abweichungen A_w etwa 0,22 und 0,24 VE, die Bezugsabweichungen B_u etwa 18% und 17%. Die Werte liegen also vollkommen in dem Rahmen der

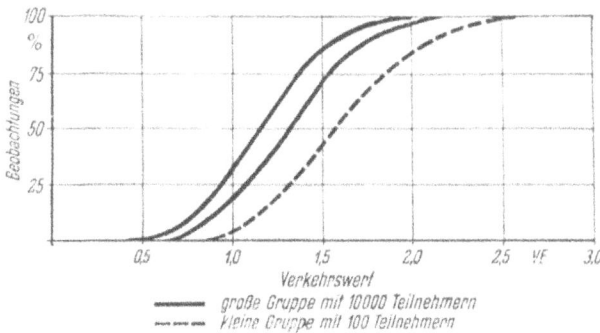

Abb. 21. Schwankungen des Verkehrswertes großer und kleiner Gruppen in den Hauptverkehrsstunden.

Werte des entsprechenden Verkehrs, so daß also die Verkehrsschwankungen unabhängig davon sind, ob der Verkehr von 100 oder 10000 Teilnehmern herrührt. Zum Vergleich ist noch die Kurve einer 100er-Gruppe gestrichelt miteingezeichnet, woraus die Gleichartigkeit der Schwankungen ohne weiteres zu erkennen ist.

Außer den bisher erörterten Schwankungen gibt es aber auch eine Schwankung der sogenannten Konzentration k, d. i. das Verhältnis des Verkehrs der HVSt zum gesamten Tagesverkehr:

$$k = \frac{c \cdot t \text{ je HVSt}}{C \cdot T \text{ je Tag}}.$$

In Abb. 22 ist die Schwankung der Konzentration einer 2000er-Gruppe und einer 100er-Gruppe eingetragen; diese Schwankungen sind ebenfalls regelmäßig. Man ersieht, daß die Konzentration kleiner Gruppen größer ist als die großer Gruppen und daß die Schwankung der Konzentration kleiner Gruppen ebenfalls größer ist als diejenige großer Gruppen. Bei 50% der Beobachtungen beträgt die Konzentration im Mittel bei der großen Gruppe etwa 12,9%, bei der kleinen Gruppe etwa 13,6%. Die Bezugsabweichungen betragen bei der großen Gruppe nur etwa $B_a = 5\%$, bei der kleinen Gruppe dagegen etwa $B_a = 11\%$.

Interesse beanspruchen noch die Faktoren des Verkehrswertes, nämlich c und t. Die Anzahl der Belegungen c kann proportional dem Verkehrswert in den Abb. 8 bis 10 angesehen werden, weil allgemein mit einer mittleren Be-

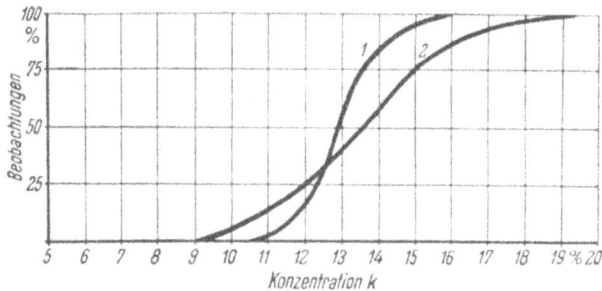

Abb. 22. Schwankungen der Konzentration k einer kleinen und einer großen Gruppe.
1 = 2000er-Gruppe, 2 = 100er-Gruppe.

legungsdauer t_m gerechnet wird. Die wirklichen Werte der Belegungsdauer t sind aber bei den verschiedenen Belegungen sehr verschieden. In Abb. 23 sind die wirkliche Belegungsdauer t und die Häufigkeit ihres Vorkommens eingetragen. Man kann erkennen, daß die Häufigkeit mit wachsender Dauer stark sinkt und daß einzelne Belegungen eine erhebliche Länge haben. Es wurden Belegungen mit einer Dauer von $t = 30$ min und mehr beobachtet;

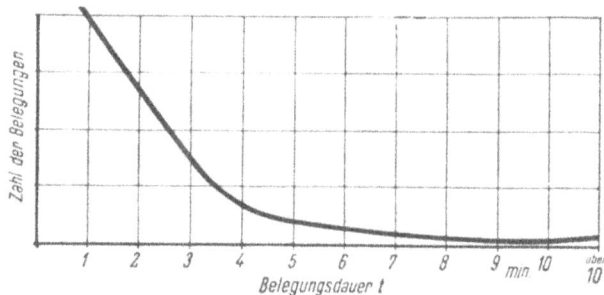

Abb. 23. Schwankungen der Belegungsdauer t.
Mittlere Belegungsdauer $t_m = 1,8$ min, längste Belegungsdauer $t = 30$ min.

die mittlere Belegungsdauer betrug $t_m = 1,8$ min. Im allgemeinen schwankt die mittlere Belegungsdauer im Ortsverkehr zwischen 1,5 und 2 min, im Fernverkehr zwischen 3 und 4 min, in Betriebsfernsprechanlagen zwischen 0,8 und 1 min.

Man könnte schließlich alle bisher untersuchten Kurven mit ihren Schwankungen auf eine einheitliche Grundlage beziehen, wodurch der Vergleich nach einer gewissen Richtung noch deutlicher ermöglicht würde. Setzt man z. B. alle Mittelwerte bei 50% der Beobachtungen gleich 100% und trägt die

30

entsprechenden Kurven (Verkehrswerte, Wählerleistung, Konzentration) entsprechend ein, so liegen alle Kurven bei 100% der Abszisse aufeinander, und die Abweichungen können einfach miteinander verglichen und klar ersehen werden. In Abb. 24 sind drei der früher gezeigten Kurven mit Bezugsabweichungen von 20%, 10% und 5% dargestellt. Die Möglichkeit einer einfachen Beurteilung und die Bedeutung von 20%, 10% und 5% Bezugsabweichungen kommen darin deutlich zum Ausdruck. Da aber diese Art von Kurven über die Größe des eigentlichen Mittelwertes, der aber zur Beurteilung sehr wichtig ist, gar nichts aussagt, ist bisher die Darstellung mit fester Angabe des Mittelwertes bevorzugt worden.

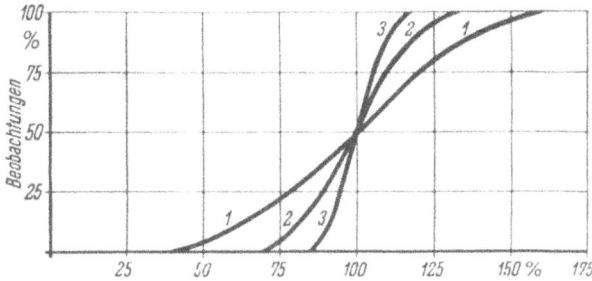

Abb. 24. Schwankungskurven, bezogen auf den Verkehrswert bei 50°/₀ der Beobachtungen.
1 = Bezugsabweichung von 20%,
2 =   ,,   ,, 10%,
3 =   ,,   ,,   5%.

Ein weiteres Interesse beansprucht noch die Gefahrzeit, das ist diejenige Zeit, in der alle Leitungen eines Bündels besetzt sind, bei der daher Verluste auftreten, wenn neue Rufe in diese Zeit fallen, und der Zusammenhang zwischen Verlusten und Gefahrzeit. In Abb. 25 sind die gemessenen Gefahrzeiten von 10er-Bündeln, abhängig von der jeweiligen Leistung der Bündel in VE aufgetragen. Es ergibt sich ein Streufeld, aus dem eine Schwerlinie, die die mittlere Gefahrzeit, abhängig von der Leistung angibt, entwickelt wurde. Die Linie zeigt, daß z. B. bei einer Leistung eines 10er-Bündels von 4 VE die mittlere Gefahrzeit 18 s, bei 5 VE 50 s beträgt. Aus dieser Linie für die Gefahrzeit ist eine weitere Linie in Abb. 26 abgeleitet worden, die den Zusammenhang von Gefahrzeit und Verlusten eines 10er-Bündels ersehen läßt. Die Linie gibt an, daß z. B. 1% Verlust 32 s und 5% Verlust 80 s Gefahrzeit entspricht.

Bisher sind die Schwankungen des Verkehrs und die Leistung der Betriebsmittel in einzelnen, ungeteilten Gruppen verschiedener Größe untersucht worden, jetzt sollen die Verkehrsschwankungen bei Teilung und Zusammenfluß des Verkehrs und der Verkehrswert behandelt werden, der zur Bestimmung der Betriebsmittel in den Wählerämtern mit einer beabsichtigten Betriebsgüte zweckmäßig zugrunde zu legen ist. Das Teilungsproblem, das in der Wählertechnik sehr wichtig ist, weil der Verkehr sich überall teilt und wieder zusammenfließt, ist schon seit Jahrzehnten behandelt worden. Es

31

wurden dafür frühzeitig die bekannten Verkehrszuschlagskurven entwickelt, die aber mitunter angegriffen worden sind. Es soll daher auch untersucht werden, welchen Einfluß verschiedene Zuschläge auf die Betriebsgüte einer Fernsprechanlage haben.

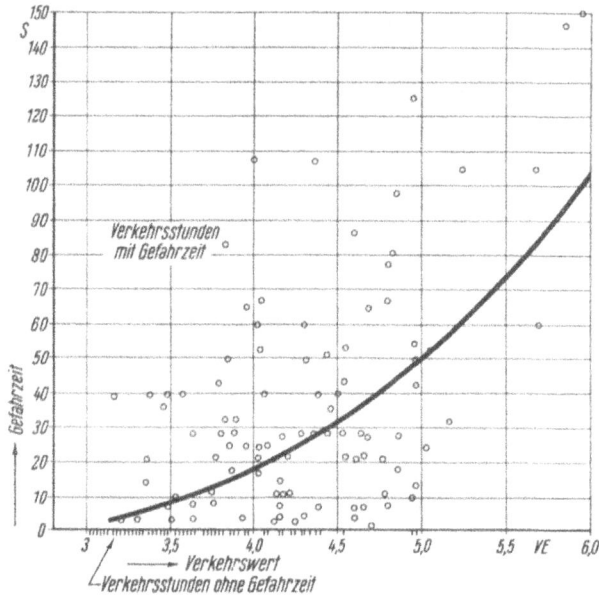

Abb. 25. Gemessene Gefahrzeit eines 10er-Bündels, abhängig von der Leistung.

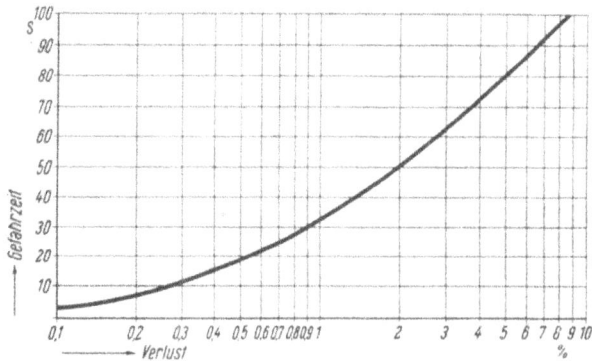

Abb. 26. Gefahrzeit, abhängig von den Verlusten eines 10er-Bündels.

In der Tafel 1 ist der Verkehr einer großen Gruppe, der eine gewisse Schwankung aufweist, in 10 Untergruppen aufgeteilt. Die Verkehrswerte dieser Untergruppen zeigen ebenfalls wieder Schwankungen, und zwar sind die Schwankungen in jeder einzelnen Untergruppe erheblich größer als die in der großen Gruppe. Zur besseren Übersicht ist der in der Tafel 1 angegebene Verkehr einer großen Gruppe mit 10 Untergruppen in Abb. 27 in einer besonderen Art dargestellt. In der großen Gruppe und jeder der Untergruppen sind der kleinste beobachtete Verkehrswert, der Mittelwert und der größte Wert in VE angegeben. Um nun die Schwankungen vergleichen zu können, müßten in der früher angegebenen Art wieder die wahrscheinlichen Abweichungen und die Bezugsabweichungen ermittelt werden. Das ist aber etwas umständlich, weil erst für alle Gruppen die Abweichungskurven aufgestellt werden müßten; es wird hier daher eine etwas einfachere, aber auch ungenauere und nur bei großen Unterschieden und groben Vergleichen zu-

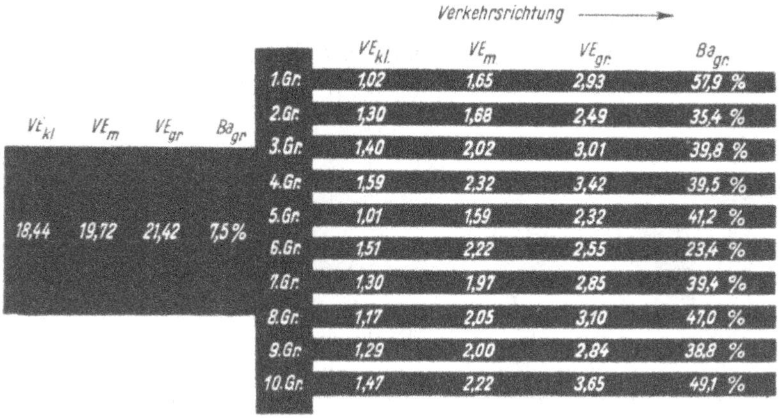

Verkehrsrichtung ⟶

		$VE_{kl.}$	VE_m	$VE_{gr.}$	$Ba_{gr.}$
	1.Gr.	1,02	1,65	2,93	57,9 %
	2.Gr.	1,30	1,68	2,49	35,4 %
VE_{kl} VE_m VE_{gr} Ba_{gr}	3.Gr.	1,40	2,02	3,01	39,8 %
	4.Gr.	1,59	2,32	3,42	39,5 %
18,44 19,72 21,42 7,5%	5.Gr.	1,01	1,59	2,32	41,2 %
	6.Gr.	1,51	2,22	2,55	23,4 %
	7.Gr.	1,30	1,97	2,85	39,4 %
	8.Gr.	1,17	2,05	3,10	47,0 %
	9.Gr.	1,29	2,00	2,84	38,8 %
	10.Gr.	1,47	2,22	3,65	49,1 %

Abb. 27. Teilung einer Gruppe in 10 Untergruppen. Angabe der kleinsten, mittleren und größten Verkehrswerte sowie der „größten Bezugsabweichung" für 12 Hauptverkehrsstunden.

lässige, größtmögliche Bezugsabweichung gebildet. Man erhält diese „größte Bezugsabweichung" Ba_{gr} aus dem größten, mittleren und kleinsten Verkehrswert durch:

$$Ba_{gr} = \frac{1}{2} \cdot \frac{\text{Höchstwert---Mindestwert}}{\text{Mittelwert}} \cdot 100 \text{ in } \%.$$

Dies ist eine besondere Art von Bezugsabweichung, die man mit den früher besprochenen Bezugsabweichungen nicht vergleichen kann, die aber für den vorliegenden Fall als grober Vergleich der Abweichungen untereinander vollkommen ausreicht.

Bei dem Verkehr der großen Gruppe findet man auf dieser Grundlage in Abb. 27 eine „größte Bezugsabweichung" von $Ba_{gr} = 7,5\%$, bei dem Verkehr der Untergruppen schwankt diese „größte Bezugsabweichung" Ba_{gr} von 23,4 bis 57,9%. Die Schwankungen des Verkehrs der Untergruppen sind daher erheblich — etwa drei- bis siebenmal — größer als die des Verkehrs der großen Gruppe.

Bei Betrachtung dieser großen und unterschiedlichen Verkehrsschwankungen erhebt sich die Frage, welcher Verkehrswert der Untergruppen nun eigentlich zur Bestimmung der Betriebsmittel in den Wählerämtern zugrunde gelegt werden soll. Dabei ist zu beachten, daß die bekannten Wählerbestimmungskurven mit ihrer Betriebsgüte nur die Schwankungen der Leistung der Betriebsmittel bei einem bestimmten Verkehr erfassen; denn die Betriebsgüte ergibt sich bei dem zugrunde gelegten Verkehrswert als Mittelwert aus einer großen Zahl von beobachteten HVSt. Die Schwankungen der Verkehrswerte selbst müssen deshalb außerhalb der Wählerbestimmungskurven und der Betriebsgüte berücksichtigt werden.

Für den der Rechnung zugrunde zu legenden Verkehrswert gibt es die verschiedensten Möglichkeiten, die auf Grund der Verkehrsschwankungen der Tafel I hier nacheinander auf ihren Einfluß auf die Betriebsgüte untersucht werden sollen.

Zunächst erscheint es naheliegend, einen Mittelwert aus allen Beobachtungen zu bilden und mit diesem mittleren Verkehrswert die Betriebsmittel der Untergruppen zu bestimmen.

Es wird dabei vielfach angenommen, daß trotz der großen Verkehrsschwankungen um den Mittelwert die der Rechnung zugrunde gelegte Betriebsgüte bei Beobachtung einer genügenden Zahl von HVSt im Mittel erreicht wird. Das ist aber nicht der Fall; denn bei Zunahme des Verkehrswertes steigt der Verlust, bei gleicher Abnahme des Verkehrswertes kann der gleiche Verlust aber nicht eingespart werden, so daß der mittlere Verlust immer größer sein muß als der der Rechnung zugrunde gelegte Wert. Dies zeigen schon ganz grobe Beispiele. Für einen mittleren Verkehrswert von 1 VE braucht man bei $1^0/_{00}$ Verlust fünf Wähler. Schwankt der Verkehr beispielsweise um $\pm 45^0/_0$, wie es nach Abb. 27 möglich ist, so hat man HVSt mit 1,45 VE, die $10^0/_{00}$ Verlust verursachen, und HVSt mit 0,55 VE, die keine Verluste verursachen. Der Mittelwert ist also $5^0/_{00}$ Verlust. Für einen Mittelwert von 1,85 VE benötigt man sieben Wähler. Schwankt der Verkehr wieder um $\pm 45^0/_0$, so erhält man bei 2,68 VE wieder $10^0/_{00}$ Verlust und bei 1,02 VE keine Verluste. Der Mittelwert beträgt also wieder $5^0/_{00}$ Verlust. Schwankt der Verkehr von 1,85 VE nur um $\pm 20^0/_0$, so erhält man bei 2,22 VE etwa $5^0/_{00}$ Verlust und bei 1,48 VE etwa $0,5^0/_{00}$ Verlust, im Mittel also $2,75^0/_{00}$ Verlust.

Die Beispiele können beliebig fortgesetzt werden, das Ergebnis wird immer etwa das gleiche bleiben. Wenn man daher mit Mittelwerten rechnet, wird man immer einen zu großen Verlust erhalten, wie noch eingehender bewiesen werden wird.

In der Tafel I beträgt der mittlere Verkehrswert aller 12 HVSt der großen Gruppe 19,72 VE. Rechnet man abgerundet mit 20 VE, so ergibt sich nach der oben angegebenen Rechnungsart für den Verkehrswert der Untergruppen $\frac{20}{10} = 2$ VE.

Wenn nun mit diesem Verkehrswert die Anzahl der Betriebsmittel bestimmt wird, z. B. für eine Betriebsgüte von $1^0/_{00}$ Verlust, und wenn man nach der Ermittlung noch einmal überprüft, welche Verluste eintreten würden, wenn sich der Verkehr nach den in Tafel I angegebenen Verkehrswerten ent-

HVSt	Verluste in ⁰/₀₀ in den Gruppen										Mittelwerte
	1	2	3	4	5	6	7	8	9	10	
1.	0,1	0,6	0,6	1,0	3,0	6,0	0,3	1,0	1,5	8,0	2,21
2.	0,9	0,7	0,9	1,0	1,0	5,0	0,3	0,9	0,9	8,0	1,96
3.	0,7	0,1	2,0	3,0	0,3	0,9	6,0	1,0	0,9	1,0	1,59
4.	1,5	0,2	14,0	0,6	0,2	5,0	1,0	0,0	0,5	0,8	2,38
5.	0,0	0,2	2,0	0,7	0,0	0,3	12,0	3,0	12,0	40,0	7,02
6.	0,0	0,6	0,2	30,0	0,0	1,0	1,5	3,0	12,0	6,0	5,43
7.	12,0	0,9	0,8	1,5	1,0	2,0	1,0	0,9	0,9	5,0	2,60
8.	0,0	0,7	2,0	1,0	0,6	6,0	2,0	9,0	4,0	10,0	3,53
9.	3,0	0,2	7,0	0,6	0,2	2,0	0,1	18,0	0,1	0,3	3,15
10.	0,3	0,2	1,5	18,0	0,6	3,0	1,0	0,3	4,0	0,8	2,97
11.	0,5	2,0	0,6	12,0	0,7	1,5	0,9	0,7	0,3	0,6	1,98
12.	0,1	6,0	0,6	12,0	0,2	6,0	0,9	1,0	0,3	0,4	2,75
Mittelwerte	1,59	1,03	2,68	6,78	0,65	3,22	2,25	3,24	3,12	0,74	3,13

In etwa $38^0/_0$ der HVSt sind größere als die zulässigen Verluste entstanden. Größter Verlust $40^0/_{00}$; durchschnittlicher Verlust über alle HVSt $3,13^0/_{00}$.

Tafel 2.

Verluste in $^0/_{00}$ in 10 Untergruppen bei dem Verkehr der Tafel 1, wenn die Wählerzahlen für den mittleren Verkehrswert von 2 VE mit $1^0/_{00}$ Verlust bestimmt worden sind.

wickeln würde, so findet man Verluste, wie sie in Tafel 2 für die verschiedenen HVSt der Untergruppen angegeben sind. Man sieht, daß wohl in manchen HVSt der einzelnen Gruppen der Verlust klein ist, daß aber auch in vielen HVSt der Verlust bei weitem den zugrunde gelegten Wert überschreitet.

Die Verluste in den einzelnen HVSt der verschiedenen Gruppen schwanken von o bis $40^0/_{00}$; die durchschnittlichen Verluste aller Untergruppen in den einzelnen HVSt schwanken von 0,65 bis $6,78^0/_{00}$; der durchschnittliche Verlust über alle HVSt und Gruppen beträgt $3,13^0/_{00}$, übersteigt daher ebenfalls den zugrunde gelegten Verlust. Von den 120 HVSt der Untergruppen sind 46, die in der Tafel 2 hervorgehoben sind, mit größeren als den zulässigen Verlusten behaftet; das sind etwa $38^0/_0$ der beobachteten HVSt. Das Ergebnis ist unbefriedigend; denn wie die zugrunde gelegte Betriebsgüte von $1^0/_{00}$ Verlust auf Grund dieser Verluste erläutert werden kann, ist etwas schwierig einzusehen. Man kann nur sagen, daß der zulässige Verlust in etwa $60^0/_0$ der HVSt nicht überschritten wird. Begnügt man sich damit, daß der Verlust in den einzelnen HVSt der Untergruppen teilweise erheblich größer sein kann und daß die Summe über alle HVSt und Untergruppen den zugrunde gelegten Wert ebenfalls etwas übersteigen darf, so kann man diese Berechnungsart verwenden. Will man aber eine bessere Betriebsgüte erreichen, so könnte man zunächst das nachfolgende Verfahren in Betracht ziehen.

3*

HVSt	Verluste in ⁰/₀₀ in den Gruppen										Mittel-werte
	1	2	3	4	5	6	7	8	9	10	
1.	0	0	0	0	0	0	0	0	0	0,1	0,01
2.	0	0	0	0	0	0	0	0	0	0,1	0,01
3.	0	0	0	0	0	0	0	0	0	0	0,00
4.	0	0	0,4	0	0	0	0	0	0	0	0,04
5.	0	0	0	0	0	0	0,2	0	0,2	1,0	0,14
6.	0	0	0	0,9	0	0	0	0	0,2	0	0,11
7.	0,3	0	0	0	0	0	0	0	0	0	0,02
8.	0	0	0	0	0	0	0	0,1	0	0,1	0,02
9.	0	0	0,1	0	0	0	0	0,5	0	0	0,06
10.	0	0	0	0,6	0	0	0	0	0	0	0,06
11.	0	0	0	0,2	0	0	0	0	0	0	0,02
12.	0	0	0	0,2	0	0	0	0	0	0	0,02
Mittel-werte	0,025	0	0,04	0,16	0	0	0,017	0,05	0,03	0,11	0,043

Keine HVSt hat einen größeren als den zulässigen Verlust. Größter Verlust $1^0/_{00}$; durchschnittlicher Verlust über alle HVSt $0{,}043^0/_{00}$.

Tafel 3.

Verluste in $^0/_{00}$ in 10 Untergruppen bei dem Verkehr der Tafel 1, wenn die Wählerzahlen nach der ungünstigsten HVSt von 3,65 VE mit $1^0/_{00}$ Verlust bestimmt worden sind.

Legt man die ungünstigste HVSt mit dem größten beobachteten Verkehrswert der Bestimmung der Betriebsmittel zugrunde, so muß man mit einem Verkehrswert von 3,65 VE rechnen. In der Tafel 3 sind die Verluste angegeben, wenn die Betriebsmittel mit 3,65 VE und einer Betriebsgüte von $1^0/_{00}$ Verlust errechnet sind und wenn der Verkehr sich nach Tafel 1 entwickelt. Man ersieht, daß nur die ungünstigste HVSt die zugrunde gelegte Betriebsgüte von $1^0/_{00}$ Verlust aufweist, während alle anderen HVSt erheblich geringere, vielfach überhaupt keine Verluste haben. Der durchschnittliche Verlust über alle HVSt beträgt nur $0{,}043^0/_{00}$, das ist ein Wert, der den der zugrunde gelegten Betriebsgüte weit unterschreitet. Man kann sich bei Betrachtung des Ergebnisses der Einsicht nicht verschließen, daß die Gruppen zu reichlich mit Betriebsmitteln ausgerüstet sind, daß die Verluste also größer sein könnten.

Beide bisher untersuchte Verfahren sind also nicht recht befriedigend. Die Rechnung mit Mittelwerten ergibt zu große, die Rechnung mit dem größten Verkehrswert zu geringe Verluste.

Aus wirtschaftlichen Gründen braucht man nicht mit dem Verkehrswert der ungünstigsten HVSt zu rechnen, die einen ganz zufälligen und unter Umständen recht großen Verkehrswert führen kann. Man könnte vielmehr z. B. den Wert der zweit-, dritt-, viert- oder fünftungünstigsten HVSt nehmen, mit diesem Wert die Betriebsmittel bestimmen und für die wenigen HVSt mit größerem Verkehr einen etwas höheren als den zugrunde gelegten Verlust zu-

HVSt	Verluste in °/₀₀ in den Gruppen										Mittelwerte
	1	2	3	4	5	6	7	8	9	10	
1.	0,0	0,1	0,0	0,4	0,7	1,0	0,0	0,3	0,5	1,0	0,40
2.	0,2	0,1	0,2	0,2	0,3	0,9	0,0	0,2	0,2	1,0	0,33
3.	0,1	0,0	0,5	0,8	0,0	0,2	0,9	0,3	0,2	0,3	0,33
4.	0,5	0,0	4,0	0,1	0,0	0,9	0,2	0,0	0,0	0,2	0,59
5.	0,0	0,0	0,6	0,1	0,0	0,0	2,0	0,8	2,0	10,0	1,55
6.	0,0	0,1	0,0	8,0	0,0	0,3	0,5	0,8	2,0	1,0	1,27
7.	3,0	0,2	0,1	0,5	0,2	0,6	0,4	0,3	0,3	0,0	0,65
8.	0,0	0,1	0,6	0,4	0,0	1,0	0,6	1,0	0,8	1,0	0,55
9.	0,7	0,0	1,0	0,0	0,0	0,6	0,0	5,0	0,0	0,0	0,73
10.	0,0	0,0	0,5	6,0	0,0	0,7	0,3	0,0	0,8	0,1	0,84
11.	0,0	0,6	0,1	2,0	0,1	0,5	0,2	0,1	0,0	0,0	0,36
12.	0,0	0,9	0,1	2,0	0,0	0,0	0,2	0,3	0,0	0,0	0,44
Mittelwerte	0,38	0,18	0,64	1,71	0,11	0,63	0,44	0,76	0,57	1,29	0,67

In 9% der HVSt sind größere als die zulässigen Verluste entstanden. Größter Verlust $10°/_{00}$; durchschnittlicher Verlust über alle HVSt $0,67°/_{00}$.

Tafel 4.

Verluste in $°/_{00}$ in 10 Untergruppen bei dem Verkehr der Tafel 1, wenn die Wählerzahlen für 2 VE mit Zuschlag von 30% gleich 2,6 VE entsprechend den Schwankungen des Verkehrs bei 90% der Beobachtungen mit $1°/_{00}$ Verlust bestimmt worden sind.

lassen mit dem Hinweis, daß dies außergewöhnlich ungünstige HVSt sind. Da die in Frage kommende HVSt aber abhängig von der Zahl der Beobachtungen ist, könnte man einen Verkehrswert der Rechnung zugrunde legen, der z. B. bei 90% der Beobachtungen liegt. Bestimmt man mit diesem Wert, der für die Verkehrswerte der Tafel 1 bei etwa 2,6 VE liegt, die Anzahl der Betriebsmittel und prüft dann auf Grund des Verkehrs der Tafel 1 wieder die entstehenden Verluste, so erhält man Werte, wie sie in Tafel 4 angegeben sind.

Die Verluste in den verschiedenen HVSt schwanken von 0 bis $10°/_{00}$, die durchschnittlichen Verluste aller Untergruppen in den HVSt von $0,11$ bis $1,71°/_{00}$; der durchschnittliche Verlust über alle HVSt und Untergruppen beträgt $0,67°/_{00}$ und liegt daher unter dem zugrunde gelegten Verlust. Von den 120 HVSt der Untergruppen sind nur noch 11, also etwa 9%, mit größeren als den zulässigen Verlusten behaftet. Die Verluste sind erheblich geringer als diejenigen der Tafel 2; man könnte sagen, daß sie in der Größenordnung der erwarteten Betriebsgüte liegen. Diese Werte sind befriedigend und sind bisher durch die in der Praxis eingeführten Verkehrszuschläge berücksichtigt worden; denn der angewendete Zuschlag entspricht den bisher benutzten Werten der Verkehrszuschlagskurven bei Unterteilung des Verkehrs in 10Teile. Die bisher verwendeten Zuschlagskurven entsprechen demnach den Schwankungen des Verkehrs bei 90% der Beobachtungen.

HVSt	Verluste in °/₀₀ in den Gruppen										Mittel-werte
	1	2	3	4	5	6	7	8	9	10	
1.	0,0	0,1	0,0	0,5	1,0	**1,5**	0,0	0,5	0,6	2,0	0,62
2.	0,3	0,1	0,3	0,4	0,5	1,0	0,0	0,4	0,3	2,0	0,53
3.	0,1	0,0	0,8	1,0	0,0	0,3	1,0	0,5	0,3	0,5	0,45
4.	0,7	0,0	7,0	0,0	0,0	1,0	0,4	0,0	0,0	0,2	0,93
5.	0,0	0,0	0,0	0,1	0,0	0,0	4,0	1,0	4,0	16,0	2,60
6.	0,0	0,1	0,0	10,0	0,0	0,5	0,6	1,0	4,0	1,0	1,72
7.	6,0	0,4	0,1	0,8	0,4	1,0	0,5	0,4	0,4	1,0	1,10
8.	0,0	0,1	0,0	0,7	0,0	1,5	0,8	2,0	1,0	3,0	1,00
9.	1,0	0,0	2,0	0,0	0,0	0,0	0,0	8,0	0,0	0,0	1,19
10.	0,0	0,0	0,6	8,0	0,0	1,0	0,5	0,0	1,0	0,1	1,12
11.	0,0	0,8	0,0	5,0	0,1	0,8	0,2	0,1	0,0	0,0	0,70
12.	0,0	1,0	0,0	5,0	0,0	1,0	0,2	0,4	0,0	0,0	0,76
Mittel-werte	0,68	0,22	1,05	2,63	0,17	0,88	0,68	1,19	0,97	2,15	1,06

In 15⁰/₀ der HVSt sind größere als die zulässigen Verluste entstanden. Größter Verlust 16⁰/₀₀; durchschnittlicher Verlust über alle HVSt 1,06⁰/₀₀.

Tafel 5.

Verluste in °/₀₀ in 10 Untergruppen bei dem Verkehr der Tafel 1, wenn die Wählerzahlen für 2 VE mit Zuschlag von 18,5⁰/₀ gleich 2,37 VE entsprechend den Schwankungen des Verkehrs bei 80⁰/₀ der Beobachtungen mit 1⁰/₀₀ Verlust bestimmt worden sind.

Man könnte nun noch einen Schritt weitergehen und die Forderung aufstellen, daß der durchschnittliche Verlust über alle HVSt der zugrunde gelegten Betriebsgüte entsprechen soll. Man müßte dann einen Verkehrswert der Berechnung der Betriebsmittel zugrunde legen, der bei etwa 80⁰/₀ der Beobachtungen liegt. Das entspricht für den Verkehr der Tafel 1 einem Verkehrswert von 2,37 VE. Bestimmt man mit diesem Wert die Anzahl der Betriebsmittel und stellt dann die entstehenden Verluste bei dem Verkehr der Tafel 1 fest, so erhält man Werte, die in der Tafel 5 angegeben sind. Man ersieht, daß der durchschnittliche Verlust über alle HVSt 1,06⁰/₀₀ beträgt, daß 15 HVSt größere als die zulässigen Verluste aufweisen und daß der größte Verlust 16⁰/₀₀ für die ungünstigste HVSt beträgt. Auch diese Berechnungsart könnte in Betracht gezogen werden, wenn man sich mit der etwas ungünstigeren Betriebsgüte zufrieden gibt. Der Zuschlag bei 80% der Beobachtungen entspricht den eingeführten Zuschlagskurven bei Unterteilung in 5 Teile.

Die Feststellung der Verluste in den Tafeln 2 bis 5 erscheint zunächst etwas theoretisch, weil mit Bruchteilen von Wählern in den Untergruppen gerechnet wurde, man erhält aber das gleiche Ergebnis, wenn Verkehrswerte genommen werden, die volle Wählerzahlen ergeben. Weiter unterliegen die angegebenen Verluste natürlich auch großen Schwankungen, weil die Wählerleistung sehr schwankt. Sie sind aber Mittelwerte, und man erhält sie, wenn man eine große Zahl von HVSt mit dem zugrunde gelegten Verkehr beobachtet. Sie können als wahrscheinliche Verluste angesehen werden. Die Rechnungsart in dieser Form ist daher zulässig.

In den bisherigen Untersuchungen sind folgende Berechnungsarten der Betriebsmittel behandelt worden:

1. Berechnung mit dem Mittelwert aus vielen Beobachtungen, wodurch zu große Verluste entstehen,
2. Berechnung mit dem größten Beobachtungswert, wodurch die Betriebsgüte viel zu gut wird,
3. Berechnung mit einem Verkehrswert, der bei $90^0/_0$ der Beobachtungen liegt, wodurch eine brauchbare Betriebsgüte über alle HVSt, und zwar ein mittlerer Verlust von etwa $0,7^0/_{00}$ erreicht wird,
4. Berechnung mit einem Verkehrswert, der bei $80^0/_0$ der Beobachtungen liegt, wodurch, über alle HVSt betrachtet, der zugrunde gelegte Verlust von etwa $1^0/_{00}$ eingehalten wird.

In Abb. 28 sind für verschiedene Verkehrswerte Schwankungskurven aufgezeichnet, bei denen Linien für 80 und 90% der Beobachtungen durchgezogen sind. Aus diesen Kurven wurden die nachfolgenden Zuschlagskurven entwickelt.

In Abb. 29 sind Zuschlagskurven gemäß den behandelten Rechnungsarten abhängig von den Verkehrswerten der Kurven in Abb. 28 gezeichnet. Sie geben die Zuschläge zum mittleren Verkehrswert an, wenn die ungünstigste HVSt (Kurve 2), wenn der Wert bei 90% der Beobachtungen (Kurve 3) oder wenn der Wert bei 80% der Beobachtungen (Kurve 4) der Rechnung zugrunde gelegt wird. Es ergeben sich bei Anwendung dieser Verfahren folgende Verluste, wenn die Anzahl der Betriebsmittel für einen Verlust von $1^0/_{00}$ bestimmt wurden:

Rechnungsart und Verkehrswert	Höchste Verluste in $^0/_{00}$	Mittlere Verluste über alle HVSt in $^0/_{00}$
Rechnungsart 2 mit größtem Verkehrswert (Kurve 2)	1	0,04
Rechnungsart 3 mit Verkehrswert bei $90^0/_0$ der Beobachtungen (Kurve 3)	10	0,67
Rechnungsart 4 mit Verkehrswert bei $80^0/_0$ der Beobachtungen (Kurve 4)	16	1,06
Rechnungsart 1 mit Mittelwert ohne Zuschläge . .	40	3,13

Bei der Bestimmung der Betriebsmittel muß man sich entscheiden, welche Berechnungsart, d. h. welcher Verkehrswert und welche Zuschläge der Rechnung zugrunde gelegt werden sollen, um die Verkehrsschwankungen auf Grund der zu erfüllenden Garantie zu erfassen. Bisher hat man sich in der Praxis in den meisten Fällen für Rechnungsart 3 entschieden, deren Zuschlagswerte mit der bisher eingeführten Verkehrszuschlagskurve für Unterteilung in 10 Gruppen übereinstimmt. Ist man mit der zugrunde gelegten Betriebsgüte zufrieden, wenn sie sich im Mittel über alle HVSt ergibt, so können auch

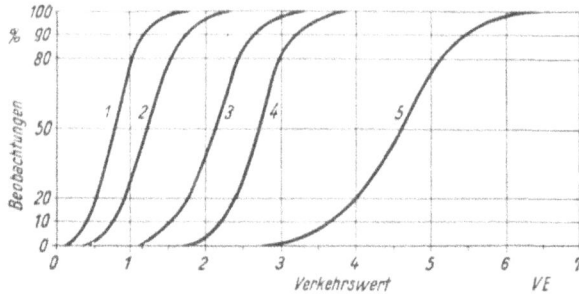

Abb. 28. Schwankungskurven zur Bestimmung der Verkehrszuschlagskurven
für 80% und 90% der Beobachtungen.

Kurve 1:	mittlerer Verkehrswert	=	0,78	VE,
,, 2:	,,	,,	= 1,22	VE,
,, 3:	,,	,,	= 2,12	VE,
,, 4:	,,	,,	= 2,73	VE,
,, 5:	,,	,,	= 4,61	VE.

Zuschläge nach Rechnungsart 4 angewendet werden. Wie schon erwähnt, entspricht die Verkehrszuschlagskurve 4 (Abb. 29), deren Werte bei 80% der Beobachtungen liegen, der bisher eingeführten Zuschlagskurve für Unter-

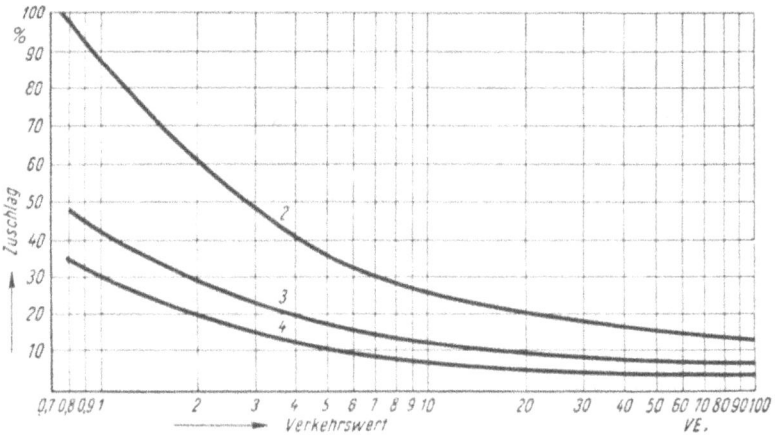

Abb. 29. Verkehrszuschlagskurven.

2 = Schwankungszuschlag bei 100% der Beobachtungen (ungünstigste HVSt),
3 = ,, ,, 90% ,, ,,
4 = ,, ,, 80% ,, ,,

teilung in fünf Gruppen. Auch die Berechnungsart 1 mit Mittelwerten ohne Zuschläge, die zu große Verluste ergibt, ist in der Praxis angewendet worden.

Die Berechtigung der Verkehrszuschläge ist, wie erwähnt, mitunter bestritten worden. Wenn man aber die vielen und teilweise recht großen Ver-

40

luste in der Tafel 2 betrachtet, muß man doch die Frage aufwerfen, ob die Rechnungsart 1 ohne Zuschläge empfehlenswert ist, da ihr Ergebnis erheblich von der zugrunde gelegten Betriebsgüte abweicht. Die Verkehrszuschläge sind entwickelt worden, um die Verluste zu vermindern, und zwar sollte der Zuschlag die größere Schwankung des Verkehrswertes kleinerer Gruppen berücksichtigen. Es sollte gewissermaßen der Verkehrswert einer ungünstigen HVSt, die im gewöhnlichen Verkehr vorkommt, erfaßt werden; Ausnahmen, nämlich eine gelegentliche, besonders starke Überlastung, sollten dabei nicht berücksichtigt werden. Nach der Tafel 4 wird diese Aufgabe durch die eingeführten Zuschläge voll erfüllt. Die Verkehrszuschläge, die gemäß Abb. 29 von der Stärke des Verkehrs abhängig sind, berücksichtigen daher die verschiedenen Verkehrsschwankungen; sie sind aber ganz unabhängig davon, mit welcher Betriebsgüte die Anzahl der Betriebsmittel bestimmt wird, d. h. ob mit $1^0/_{00}$ oder $1^0/_0$ Verlust. Die Zuschläge sind an sich wohl unabhängig von der Betriebsgüte; sie beeinflussen diese aber insofern, als durch sie der Grad der Angleichung bestimmt wird. Die Bedeutung der Verkehrszuschläge wächst mit abnehmenden Verkehrswerten, weil dabei die Verkehrsschwankungen stark zunehmen.

Es soll aber darauf hingewiesen werden, daß es zweckmäßig ist, auch für große Verkehrswerte dann Zuschläge zu machen, wenn nur der Mittelwert aus vielen Beobachtungen zur Verfügung steht; denn auch große Verkehrswerte zeigen Schwankungen, die durch die Wählerbestimmungskurven nicht erfaßt werden. Der Zuschlagswert, der sich wieder nach der zu erfüllenden Garantie richtet, ist allerdings erheblich kleiner, wie aus Abb. 29 zu ersehen ist.

Alle Berechnungen der Verluste in den Tafeln 2 bis 5 sind für einen mittleren Verkehrswert von 2 VE durchgeführt worden, entsprechend der Tafel 1. Legt man andere Verkehrswerte zugrunde, so werden auch andere Verluste eintreten, und zwar werden die Differenzen größer, wenn mit kleineren Verkehrswerten gerechnet wird, sie werden kleiner, wenn man mit größeren Verkehrswerten rechnet; dies lassen auch die Zuschlagskurven in Abb. 29 erkennen. An dem grundsätzlichen Ergebnis wird aber dadurch nichts geändert.

Betrachtet man wieder die Tafel 1, so findet man, daß die Mittelwerte der verschiedenen Gruppen verschieden sind. Diese Verschiedenheit wird man in der Praxis nach Möglichkeit durch Umlegungen innerhalb der Gruppen auszugleichen suchen. Da ein Ausgleich aber nur bis zu einem gewissen Grade erreichbar ist, wird man mit einer gewissen Verschiedenheit rechnen müssen. Man könnte nun die Frage aufwerfen, welchen Einfluß eine derartige Verschiedenheit hat, ob man mit allgemeinen Verkehrswerten rechnen kann oder ob die Gruppen einzeln behandelt werden müssen.

In Tafel 6 sind die Verluste aufgezeichnet, wenn die Betriebsmittel der Untergruppen nach ihrem eigenen Mittelwert mit Zuschlägen entsprechend der Kurve 3 in Abb. 29 berechnet werden. Dabei sind Gruppen mit praktisch gleichen Verkehrswerten zusammengefaßt, und zwar:

die Gruppen 1, 2 und 5 mit einem Mittelwert von 1,64 VE und einem Zuschlag von 35% (Rechnungswert 2,21 VE),

die Gruppen 3, 7, 8 und 9 mit einem Mittelwert von 2 VE und einem Zuschlag von 30% (Rechnungswert 2,6 VE),

die Gruppen 4, 6 und 10 mit einem Mittelwert von 2,25 VE und einem Zuschlag von 29% (Rechnungswert 2,9 VE).

Die Tafel 6 zeigt, daß die Verluste mit den Verlusten der Tafel 4 im großen und ganzen übereinstimmen. Sie sind wohl ein klein wenig besser verteilt, doch ist das Ergebnis praktisch dasselbe; denn in 9% der HVSt ist der durchschnittliche Verlust ebenfalls überschritten; er beträgt über alle HVSt $0,64^0/_{00}$, ist also nahezu gleich groß. Daraus ergibt sich, daß es genügt, wenn man mit einem Zuschlag zu dem Mittelwert aller HVSt rechnet. Man verzichtet dabei auf eine etwas bessere Verteilung der Verluste, kann dafür einfacher rechnen und erhält trotzdem dieselbe Betriebsgüte über alle HVSt.

Man könnte nun noch die Frage stellen, welcher Verkehrswert verwendet werden soll, wenn die Betriebsmittel für eine einzelne Gruppe, losgelöst aus ihrem Verbande, bestimmt werden sollen und nur Mittelwerte bekannt sind. Auch für diesen Fall gelten die angestellten Überlegungen; denn die Verkehrs-

HVSt	Verluste in $^0/_{00}$ in den Gruppen										Mittelwerte
	1	2	3	4	5	6	7	8	9	10	
1.	0,0	0,3	0,0	0,2	2,0	0,7	0,0	0,3	0,5	0,0	0,49
2.	0,7	0,4	0,2	0,1	0,8	0,0	0,0	0,2	0,2	0,9	0,41
3.	0,4	0,0	0,5	0,5	0,1	0,0	0,9	0,3	0,2	0,1	0,30
4.	1,0	0,0	4,0	0,0	0,0	0,5	0,2	0,0	0,0	0,0	0,57
5.	0,0	0,0	0,6	0,0	0,0	0,0	2,0	0,8	2,0	8,0	1,34
6.	0,0	0,3	0,0	5,0	0,0	0,1	0,5	0,8	2,0	0,6	0,93
7.	8,0	0,7	0,1	0,2	0,8	0,3	0,4	0,3	0,3	0,6	1,17
8.	0,0	0,4	0,6	0,2	0,3	0,7	0,6	1,0	0,8	0,9	0,55
9.	1,0	0,0	1,0	0,0	0,1	0,3	0,0	5,0	0,0	0,0	0,74
10.	0,1	0,0	0,5	1,5	0,2	0,4	0,3	0,0	0,8	0,0	0,38
11.	0,2	1,0	0,1	1,0	0,4	0,2	0,2	0,1	0,0	0,0	0,32
12.	0,0	3,0	0,1	1,0	0,0	0,6	0,2	0,3	0,0	0,0	0,52
Mittelwerte	0,95	0,51	0,64	0,81	0,39	0,37	0,44	0,76	0,57	1,0	0,64

Die zulässigen Verluste werden in 9% der HVSt etwas überschritten. Größter Verlust $8^0/_{00}$; durchschnittlicher Verlust über alle HVSt $0,64^0/_{00}$.

Tafel 6.

Genaue Berechnung der Verluste in $^0/_{00}$ nach dem Mittelwert jeder Untergruppe der Tafel 1 mit Zuschlägen.

Gruppe 1, 2, 5   = Mittelwert: 1,64 VE; Zuschlag: 35%; Rechnungswert: 2,21 VE
   ,,   3, 7, 8, 9 =   ,,   : 2,0 VE;   ,,   : 30%;   ,,   : 2,6 VE
   ,,   4, 6, 10 =   ,,   : 2,25 VE;   ,,   : 29%;   ,,   : 2,9 VE

werte einer einzelnen Gruppe schwanken, allein abhängig von der Verkehrsgröße, in gleicher Weise wie der Verkehr der Untergruppen, die durch Teilung einer größeren Gruppe entstanden sind. Man könnte daher zunächst mit Mittelwerten rechnen und würde wieder zu große Verluste erhalten. Rechnet man mit dem ungünstigsten Wert, so wird die Betriebsgüte zu hoch; rechnet man mit dem Verkehrswert von 90% der Beobachtungen, so erhält man eine brauchbare, aber über alle HVSt etwas bessere als die zugrunde gelegte Betriebsgüte; rechnet man mit 80% der Beobachtungen, so ergibt sich die zugrunde gelegte Betriebsgüte über alle HVSt. Welche Zuschlagskurve bzw. welcher Zuschlag genommen werden muß, richtet sich wieder nach dem gewünschten Ergebnis bzw. nach der zu erfüllenden Garantie. Es gelten daher für eine einzelne Gruppe ebenfalls die Zuschlagskurven von Abb. 29. Als Beweis dafür kann wieder der Verkehr der Tafel 1 herangezogen werden.

Betrachtet man die Gruppen 3, 7 und 9 der Tafel 1, losgelöst aus ihrem Verbande, als nur für sich bestehende einzelne Gruppen, so findet man bei jeder Gruppe, daß sie einen mittleren Verkehr von etwa 2 VE hat. Bestimmt man damit die Wählerzahlen und prüft die Verluste, so findet man gemäß Tafel 2 einen durchschnittlichen Verlust über alle HVSt von 2,25 bis 3,12‰ und in etwa 42% der HVSt eine Überschreitung des zulässigen Verlustes. Rechnet man aber mit einem Verkehrszuschlag zum Mittelwert, entsprechend 90% der Beobachtungen, bestimmt damit die Wählerzahlen und prüft dann die Verluste, so findet man die Werte in Tafel 4, die ergeben, daß der durchschnittliche Verlust über alle HVSt von 0,44 bis 0,64‰ schwankt und daß nur in 11% der HVSt die zulässigen Verluste überschritten werden. Rechnet man mit einem Verkehrszuschlag entsprechend 80% der Beobachtungen, so erhält man nach Tafel 5 einen durchschnittlichen Verlust von 0,68 bis 1,05‰.

Man muß daher auch bei einzelnen Gruppen Verkehrszuschläge entsprechend der verlangten Garantie machen, wenn nur die reinen Mittelwerte über eine große Reihe von Beobachtungen zur Verfügung stehen.

Die Fälle, wo die in Rechnung zu setzenden Verkehrswerte einzelner Gruppen zu bestimmen sind, werden aber selten sein, weil die in den Wählerämtern vorkommenden Verkehrswerte im allgemeinen durch Teilung oder Zusammenfluß entstehen.

Untersucht man die Verkehrswerte und die aufgetretenen Verluste bei der Unterteilung einer Gruppe in nur zwei Teile und verwendet man dafür die Gruppen 1 und 2 der Tafel 1, aus ihrem bisherigen Verband herausgelöst gedacht, so findet man die in der Tafel 7 angegebenen Werte für Verluste, wenn der Verkehrswert einmal ohne Zuschläge und das andere Mal mit Zuschlägen zugrunde gelegt wird.

Zu der Berechnung der Verluste in der Tafel 7 ist folgendes zu sagen: Zunächst ist der Summenverkehr der beiden Gruppen angegeben, aus dem sich ein Mittelwert von 3,33 VE ergibt. Bei der Berechnung der Wählerzahlen ohne Verkehrszuschläge wird ein Verkehrswert von $\frac{3,33}{2}$ 1,67 VE zugrunde

HVSt	Summe d. Verkehrswerte in VE	Verluste in ⁰/₀₀ bei Rechnung ohne Zuschlag (Verkehrswert = 1,66 VE)			Verluste in ⁰/₀₀ bei Rechnung mit Zuschlag (Verkehrswert = 2,1 VE)		
		Gruppe 1	Gruppe 2	Mittelwert	Gruppe 1	Gruppe 2	Mittelwert
1.	2,94	0,4	1,0	0,7	0,0	0,2	0,1
2.	3,62	3,0	1,5	2,25	0,6	0,4	0,5
3.	3,02	1,0	0,5	0,75	0,4	0,0	0,2
4.	3,49	7,0	0,6	3,8	1,0	0,0	0,5
5.	2,40	0,2	0,6	0,4	0,0	0,0	0,0
6.	2,69	0,1	1,0	0,55	0,0	0,2	0,1
7.	4,83	35,0	4,0	19,5	8,0	0,7	4,35
8.	2,94	0,3	1,5	0,9	0,0	0,4	0,2
9.	3,70	10,0	0,7	5,35	1,0	0,0	0,5
10.	2,82	0,8	0,6	0,7	0,1	0,0	0,05
11.	3,78	1,0	8,0	4,5	0,2	1,0	0,6
12.	3,78	0,5	12,0	6,25	0,0	2,0	1,0
Mittelwerte	3,33	4,94	2,67	3,8	0,94	0,41	0,67

Tafel 7.

Verluste in ⁰/₀₀ in zwei Untergruppen (Gruppe 1 und 2 der Tafel 1), wenn die Wählerzahlen aus dem Mittelwert ohne und mit Gruppenzuschlag bei 1⁰/₀₀ Verlust bestimmt werden.

gelegt. Es ergeben sich dann bei dem Verkehr der Tafel 1 die verschiedenen Verluste, wie sie in den Spalten 3, 4 und 5 der Tafel 7 angegeben sind.

Wird mit Zuschlägen gerechnet, so kann der Mittelwert nicht unmittelbar zugrunde gelegt werden; denn in jedem Verkehrsfluß der ganzen Anlage müssen diejenigen Schwankungen berücksichtigt werden, die zuvor bei der Untersuchung einer einzelnen Gruppe gezeigt wurden. Man muß demnach bei 3,3 VE mit einem Zuschlag von rd. 20% gemäß der Zuschlagskurve in Abb. 29 für 90% der Beobachtungen rechnen. Es ergibt sich ein Verkehrswert von $3,33 \cdot 1,2 = 3,9$ VE als Rechnungswert. Teilt man nun diesen Wert in zwei Teile, so kommt zu dem Teilwert noch ein Verkehrszuschlag von 10% nach der bekannten Kurve für Zweiteilung hinzu; man muß demnach mit einem Verkehrswert des Teilverkehrs von $\frac{3,9}{2} \cdot 1,1 = 2,1$ VE rechnen. Mit diesem Verkehrswert sind die Verluste errechnet worden, die in den Spalten 6, 7 und 8 der Tafel 7 angegeben sind. Daraus ergibt sich, daß die Verluste ebenso groß sind und ebenso sehr schwanken wie in den Tafeln 2 und 4; man kann also sagen, daß das Ergebnis praktisch dasselbe ist. Der mittlere Verlust über alle HVSt beträgt bei der Rechnung ohne Verkehrszuschlag 3,8⁰/₀₀, bei Verwendung des Verkehrszuschlages wieder 0,67⁰/₀₀. Ohne Verkehrszuschlag überschreiten wieder etwa 38% der HVSt, mit Verkehrszuschlag weniger als 10% der HVSt die zulässigen Verluste.

44

Untersucht man noch zwei andere Gruppen der Tafel 1, z. B. Gruppe 3 und 9, losgelöst aus dem Zusammenhange, so findet man für beide Gruppen zusammen einen mittleren Verkehrswert von etwa 4 VE. Ohne Zuschlag ergeben sich für $\frac{4}{2} = 2$ VE aus Tafel 2 wieder Verluste über alle HVSt von 2,68 und 3,12⁰/₀₀. Bei einem Verkehrszuschlag von 20⁰/₀ ergibt sich ein Verkehrswert von 4,8 VE; auf je Gruppe entfällt 2,4 VE, zuzüglich eines Zuschlags gemäß der bekannten Kurve für Zweierteilung, also etwa 2,6 VE. Die Verluste können aus der Tafel 4 abgelesen werden, deren Werte ebenfalls bei 2,6 VE ermittelt worden sind. Es ergeben sich mittlere Verluste von 0,64 und 0,57⁰/₀₀, wie zu erwarten war.

Damit ist die Wirkung der verschiedenen Verkehrszuschläge bei der Verkehrsteilung in verschieden viele Untergruppen sowie bei einzelnen Gruppen nachgewiesen.

Bei der Wählerberechnung müßte strenggenommen jeder einzelne Verkehrswert, wenn er ein wirklicher Mittelwert ist, einen Zuschlag nach Abb. 29, Kurve 3, erhalten, weil diese Kurve alle Verkehrsschwankungen über den Mittelwert berücksichtigt. Die Feststellung, ob ein wirklicher Mittelwert vorliegt, ist aber schwierig. Man erhält mit Sicherheit den Mittelwert bei Teilung eines Verkehrswertes in viele Teile, nicht aber bei Teilung in nur wenige Teile. Aus diesem Grunde sind früher die Zuschlagskurven für verschiedene Teilungen entwickelt worden.

Beim Verkehrszusammenfluß tritt nun eine ähnliche Wirkung auf. Jeder Verkehrsstrom schwankt entsprechend seiner Größe. Fließen nun mehrere Verkehrsströme zusammen, so wird der Summenverkehr natürlich größer und damit ausgeglichener, und die Verkehrsschwankungen vermindern sich. Der Untersuchung kann man wieder den Verkehr der Tafel 1 zugrunde legen, wenn man sich die Richtung des Verkehrs umgekehrt denkt. In diesem Falle würden sich jedoch nicht die größten HVSt jeder Untergruppe addieren; denn sie fallen in ganz verschiedene Zeiten, wie Tafel 1 erkennen läßt, in der diese HVSt hervorgehoben sind. Der Verkehr der Untergruppen wird nicht mit der allerungünstigsten HVSt, also derjenigen, die den größten Verkehr führt, sondern nach den früheren Überlegungen mit einem etwas geringeren Wert in Rechnung gesetzt werden. Nimmt man den Verkehrswert bei 90% der Beobachtungen an, so wird man der Wirklichkeit nahekommen. Addiert man alle diese Werte der Untergruppen, so ergeben sich 26 VE; dieser Wert ist auch noch viel zu groß, um als Summenwert für die große Gruppe zu gelten. Subtrahiert man gemäß den Verkehrszuschlägen und Abzügen rd. 25%, so erhält man 19,5 VE, einen Wert, der mit dem Mittelwert des Summenverkehrs gut übereinstimmt. Teilungszuschläge und Abzüge sind daher gleich und müssen sinngemäß verwendet werden.

Alle Ergebnisse wären viel ausgeglichener und nicht so sprunghaft, wenn eine größere Anzahl von HVSt den Untersuchungen zugrunde gelegt worden wäre. Da aber dann sehr viele HVSt hätten untersucht werden müssen, wodurch die Übersichtlichkeit leiden würde, ohne aber an dem Ergebnis etwas zu ändern, ist die Untersuchung auf die 12 HVSt der Tafel 1 beschränkt worden.

Alle Rechnungen sind für eine Betriebsgüte von $1^0/_{00}$ Verlust durchgeführt worden. Man erhält natürlich andere Verluste, wenn eine andere Betriebsgüte, z. B. $1^0/_0$ Verlust, zugrunde gelegt wird. Die Verhältnisse und daher auch die grundsätzlichen Ergebnisse bleiben aber die gleichen.

Auf Grund der vorliegenden Untersuchungen kann folgendes gesagt werden:

Eine Schwankung wird nach den bisherigen Ausführungen gekennzeichnet durch die wahrscheinliche Abweichung A_w, die den Unterschied zwischen Mittelwert und Wert bei 25% und 75% der Fälle angibt. $2 A_w$ geben bei den Verkehrsschwankungen den Unterschied an zwischen Mittelwert und Wert bei 10% und 90% der Fälle, wie aus Abb. 11 zu ersehen ist. Da sich die Zuschlagskurven auf den Wert bei 90% der Fälle beziehen, ist damit der Zusammenhang zwischen wahrscheinlicher Abweichung und Verkehrszuschlägen gegeben. Die Zuschlagskurven geben die Bezugsabweichungen bei 90% der Fälle an, während die Bezugsabweichungen bei 75% der Fälle, die der Berechnung der wahrscheinlichen Abweichung zugrunde zu legen sind, die Hälfte betragen. Man kann daher die wahrscheinliche Abweichung für die Schwankungskurven jedes Verkehrswertes aus den Zuschlägen Z errechnen:

$$A_w = \frac{Z}{100} \cdot \frac{VE_{50}}{2} \text{ in VE.}$$

Wenn nun noch bekannt wird, daß $3 A_w$ den Unterschied zwischen Mittelwert und Wert bei 2,5% und 97,5% der Fälle angeben, ist man damit in der Lage, die Verkehrsschwankungen für jeden beliebigen Verkehrswert zu errechnen; denn man erhält z. B. für 4 VE folgende Kurvenpunkte:

$$
\begin{array}{llll}
\text{Bei } 2,5\% \text{ der Fälle} & VE_{50} - 3 A_w = 2,8 \text{ VE} \\
\text{,, } 10\% \text{ ,,} & \text{,,} & VE_{50} - 2 A_w = 3,2 \text{ VE} \\
\text{,, } 25\% \text{ ,,} & \text{,,} & VE_{50} - 1 A_w = 3,6 \text{ VE} \\
\text{,, } 50\% \text{ ,,} & \text{,,} & VE_{50} \qquad\quad = 4 \text{ VE} \\
\text{,, } 75\% \text{ ,,} & \text{,,} & VE_{50} + 1 A_w = 4,4 \text{ VE} \\
\text{,, } 90\% \text{ ,,} & \text{,,} & VE_{50} + 2 A_w = 4,8 \text{ VE} \\
\text{,, } 97,5\% \text{ ,,} & \text{,,} & VE_{50} + 3 A_w = 5,2 \text{ VE}
\end{array}
$$

Abb. 30 zeigt derartige errechnete Verkehrsschwankungskurven von 1 bis 10 VE, worin auch die jeweiligen wahrscheinlichen Abweichungen und die Bezugsabweichungen angegeben sind.

Auch die Wählerschwankungskurven lassen sich in ähnlicher Weise auf Grund der Kurve für die Bezugsabweichungen in Abb. 18 errechnen. Man muß, um die wahrscheinlichen Abweichungen bestimmen zu können, den richtigen Mittelwert zugrunde legen. Als Mittelwert können ohne große Fehler die Werte der bekannten Wählerbestimmungskurven für 1% Verlust angenommen werden, da deren Werte etwa in der Mitte der Schwankungen liegen.

46

Auf dieser Grundlage sind die Wählerschwankungskurven in Abb. 31 errechnet worden.

Alle errechneten Schwankungskurven stimmen mit den früher gemessenen überein, sind aber ausgeglichener als diese.

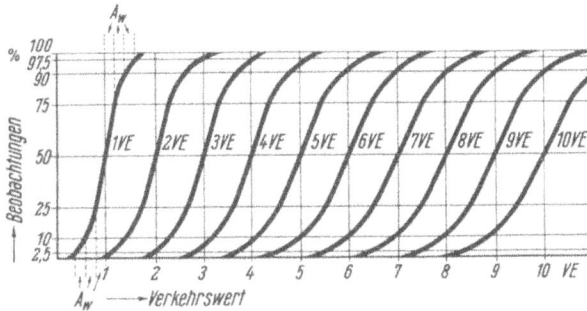

Abb. 30. Errechnete Verkehrsschwankungskurven von 1 bis 10 VE.

Für:	1	2	3	4	5	6	7	8	9	10	VE
$A_{ir} =$	0,22	0,3	0,35	0,40	0,45	0,48	0,50	0,52	0,54	0,55	VE
$B_u =$	22	15	12	10	9	8	7	6,5	6	5,5	%

Die Wählerberechnungskurven für vollkommene und unvollkommene Bündel sowie die Verkehrszuschlagskurven wurden auf Grund von Verkehrsmessungen entwickelt, die in den Jahren 1914 bis 1916 gemacht wurden. Bei der Ableitung der Kurven aus den Messungen war diejenige für unvoll-

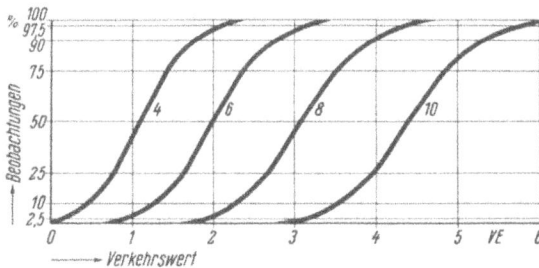

Abb. 31. Errechnete Wählerschwankungskurven für 4 bis 10 Wähler.

Für:	4	6	8	10	Wähler
$A_{ir} =$	0,33	0,38	0,41	0,44	VE
$B_u =$	30	19	13	10	%

kommene Bündel erheblich schwieriger als die für vollkommene Bündel, weil überhaupt erst die richtige Art der Messung und die Beziehung zur Betriebsgüte ermittelt werden mußten. Seit jener Zeit sind die Kurven für vollkommene Bündel vielfach durch Wahrscheinlichkeitsrechnungen bestätigt worden; dagegen gibt es für unvollkommene Bündel bis heute noch keine Berechnungen, obwohl diese Bündel weit zahlreicher in den Selbstanschlußämtern vorkommen als vollkommene Bündel. Da die Leistung unvollkommener Bündel nicht nur von der Güte der Misch- und Staffelschaltung, sondern auch von der Gleich-

47

mäßigkeit des Verkehrszuflusses abhängt, ist es erklärlich, daß heute noch mitunter Schwierigkeiten bei der Messung und Beurteilung unvollkommener Bündel auftreten.

Man erhält größere als in den Kurven angegebene Leistungen, wenn man mit besonderen Mitteln ausgeglichenen Verkehr der Misch- und Staffelschaltung zuführt, man erhält kleinere Leistungen bei groben Unregelmäßigkeiten im Verkehrszufluß. Die Kurven beruhen auf einem ausgeglichenen Verkehrszufluß ohne grobe Unregelmäßigkeiten, wie er in der Praxis ohne besondere Mittel leicht zu erreichen ist.

Die Verkehrszuschlagskurven sind ebenfalls seinerzeit aus den Messungen abgeleitet worden. Die Zuschläge berücksichtigen die Verkehrsschwankungen und sind unabhängig von der der Berechnung der Ausrüstung zugrunde zu legenden Betriebsgüte. Ihr Einfluß ist erneut nachgewiesen worden.

Aus den Beobachtungen, Darstellungen und Untersuchungen können folgende Schlüsse gezogen werden, die die bisherigen Erkenntnisse bestätigen und zum Teil erweitern: In den Wählerämtern schwanken sowohl der Verkehrswert als auch die Leistung der Betriebsmittel. Die Schwankungen sind in beiden Fällen abhängig von der Größe des Verkehrs. Mit zunehmendem Verkehr werden die Schwankungen, sowohl des Verkehrswertes als auch der Wählerleistung, bezogen auf den Mittelwert, kleiner. Dabei nimmt die Schwankung der Wählerleistung, die bei kleinem Verkehr größer ist, stärker ab als die Schwankung des Verkehrswertes. Die Verkehrs- und Wählerleistungsschwankungen in allen Wählerstufen sind gleichartig und von derselben Größenordnung. Die Konzentration schwankt ebenfalls; sie und ihre Schwankungen sind bei kleinen Gruppen größer als bei großen Gruppen. Die Belegungsdauer ist sehr verschieden; zahlenmäßig überwiegen die Belegungen von kurzer Dauer. Die bisher verwendeten Wählerbestimmungskurven mit ihrer Betriebsgüte werden bestätigt.

Die Bestimmung der Betriebsmittel in den Wählerämtern aus mittleren Verkehrswerten ergibt besonders für kleinere Werte zu große Verluste. Die Anwendung der bekannten Verkehrszuschläge führt, ohne unwirtschaftlich zu sein, zu einer brauchbaren Betriebsgüte. Verkehrszuschläge an sich sind unabhängig von der Betriebsgüte; die Betriebsgüte aber wird selbst erheblich durch die Zuschläge beeinflußt. Wenn bei einzelnen Gruppen nur die mittleren Verkehrswerte aus einer großen Zahl von Beobachtungen bekannt sind, so sollten zur Bestimmung der Zahl der Betriebsmittel ebenfalls Verkehrszuschläge gemacht werden. Verkehrszuschläge berücksichtigen die größeren Verkehrsschwankungen kleiner Gruppen. Sie sollten aber auch bei größeren Gruppen, wenn nur Mittelwerte bekannt sind, angewendet werden. Die Schwankungen der Leistung der Betriebsmittel in den einzelnen Gruppen werden durch die Wählerbestimmungskurven berücksichtigt. In der Praxis muß diejenige Berechnungsart der Betriebsmittel verwendet werden, die der verlangten Garantie entspricht. Die Zuschlagskurven geben nicht nur die Verkehrszuschläge an, sondern ermöglichen auch die Schwankungskurven zu errechnen.

48

3. Besondere Schalt- und Steuermittel.

Wenn man zu den gewöhnlichen Schalt- und Steuermitteln der Wähler-technik Wähler, Relais, Übertrager, Widerstände, Drosseln und Kondensatoren rechnet, kann man zu den besonderen Schalt- und Steuermitteln, durch die in einfacher Weise ohne Anwendung großer Mittel überraschende Wirkungen und damit einfache Lösungen erzielt werden, Dämpfungswicklungen, Klebstifte oder Klebbleche, kleine Trockengleichrichter, Elektrolytkondensatoren, Thermorelais, Glimmlampen, Regeldrosseln, Eisenwasserstoffwiderstände und Wählerrelais rechnen.

Diese besonderen Schalt- und Steuermittel, deren Eigenschaften und Wirkungsweise angegeben werden sollen, sind in der Wählertechnik von großer Bedeutung geworden und finden zunehmend folgende Anwendung:

Dämpfungswicklungen werden benutzt, um die Schaltzeiten von Relais und Magneten zu verlängern. Sie können zunächst aus einem über den Kern geschobenen Kupferrohr bestehen und verzögern dann unveränderbar sowohl die Ansprech- als besonders auch die Abfallzeiten. Man verwendet 1, 3 oder 5 mm starkes Kupferrohr oder stellt die Wicklungen aus 0,5 mm blankem Kupferdraht mit entsprechend vielen Lagen her, deren Enden miteinander verlötet werden. Mit Wicklungen, die durch Kontakte kurzgeschlossen werden, erreicht man ebenfalls Verzögerungen; man hat aber die Möglichkeit, diese Verzögerungen zu steuern und beliebig durch Öffnen und Schließen des Kurzschlußkreises ein- und auszuschalten, so daß man damit schnell arbeitende Relais zu jeder gewünschten Zeit in langsam arbeitende verwandeln kann. Man kann damit schnell ansprechende und langsam abfallende Relais oder umgekehrt beliebig erreichen. Die Größe der Dämpfung und damit die Größe der Verzögerung hängt von dem kurzgeschlossenen Wickelvolumen ab. Die größte Verzögerung erreicht man, wenn das Gesamtwickelvolumen kurzgeschlossen wird. Mit verschieden großen Kurzschlußwicklungen kann man, abhängig von der Sicherheit der Relais, die Zeiten ändern, und zwar kann man Ansprechzeiten von 10 bis 50 ms und Abfallzeiten von 20 bis 300 ms erhalten. Schließt man die Wicklung nicht vollkommen kurz, sondern läßt einen kleinen Widerstand im Kreis eingeschaltet, so daß ein kleiner Reststrom in der Wicklung übrigbleibt, so erhält man dadurch eine weitere Vergrößerung der Schaltzeiten. Dieses Mittel kann zur Regelung mitverwendet werden; man muß aber darauf achten, daß die Abfallsicherheit nicht zu klein wird.

Die Klebstifte oder Klebbleche der Relais haben ebenfalls einen Einfluß auf die Schaltzeiten, der aber erheblich kleiner als der der Dämpfungswicklungen ist. Große Klebstifte verzögern das Ansprechen, verkürzen aber die Abfallzeit; kleine Klebstifte verkürzen die Ansprechzeit und verzögern das Abfallen. Klebstifte oder -bleche sind bei ausgeführten Relais unveränderbar und können nicht wie Dämpfungswicklungen gesteuert werden. Ansprech- und Abfallzeiten lassen sich damit zwischen 10 und 30 ms regeln. Mit Dämpfungswicklungen in Verbindung mit Klebstiften lassen sich leicht die Schaltzeiten regeln und den jeweiligen Forderungen anpassen, besonders wenn noch entsprechende Relaissicherheiten gewählt werden, wie es unter „Dimensionierung" in „Studien über Aufgaben der Fernsprechtechnik" eingehend behandelt wird.

Kleine Kupferoxyd-Trockengleichrichter bilden ebenfalls ein Mittel, die Schaltzeiten der Relais zu beeinflussen. Während eine dauernd eingeschaltete Dämpfungswicklung sowohl die Ansprech- als auch die Abfallzeit verlängert, verändert ein der Relaiswicklung dauernd parallelgeschalteter, richtig gepolter Gleichrichter nicht die Ansprechzeit, sondern nur die Abfallzeit. Bei der Einschaltung ist der Gleichrichter, da er praktisch stromlos bleibt, wirkungslos; bei der Ausschaltung verläuft der Selbstinduktionsstrom ungehindert über den Gleichrichter und wirkt wie bei einer dann kurzgeschlossenen Wicklung, wodurch beim Abfall die Verzögerung eintritt, die in derselben Größenordnung liegt. Mit kleinen Trockengleichrichtern lassen sich auch durch Gleichrichtung von Wechselstrom in Ein- und Zweiwegschaltung Gleichstromrelais im Wechselstrombetrieb verwenden. Bei der Wechselstromwahl können daher Gleichstromrelais für die Stromstoßübertragung am Ende der Leitung nach Gleichrichtung des Stromes verwendet werden, in gleicher Weise Gleichstrommagnete bei Gebührenanzeigern für Wechselstrom oder Gleichstromrelais bei der Wechselstrom- und besonders bei der Rufstromüberwachung. Gleichstromrelais mit vorgeschalteten Gleichrichtern in Zweiwegschaltung sind im allgemeinen nicht unempfindlicher als Wechselstromrelais. Trockengleichrichter können auch zur Funkenlöschung parallel zum Magnet verwendet werden, wenn sie den Verhältnissen angepaßt sind. Weiter können Gleichrichter benutzt werden, um gewöhnliche Relais bei Hintereinanderschaltung in Einwegschaltung nur auf Ströme bestimmter Richtung wie gepolte Relais ansprechen zu lassen. In Abb. 32 werden einige besondere Schaltmittel gezeigt, und zwar unter a) ein kleiner Trockengleichrichter für 25 mA und 32 V in Einwegschaltung oder 50 mA und 16 V in Zweiwegschaltung.

Durch Elektrolytkondensatoren mit ihrer hohen Kapazität können die Schaltzeiten der Relais ganz bedeutend, weit mehr als mit den bisher besprochenen Mitteln, verlängert werden. Mit einem solchen dem Relais parallelgeschalteten Kondensator kann man eine mehr als zehnfache Verzögerungszeit gegenüber Dämpfungswicklungen erreichen. Derartige Schaltungen werden bei größeren Verzögerungszeiten, die Sekunden betragen sollen, angewendet. Elektrolytkondensatoren werden weiterbenutzt, um Ladeströme von Gleichrichtern bei Pufferschaltungen zu glätten und damit die bei der Gleichrichtung entstehende Oberwelligkeit zu beseitigen. Sie finden ausgedehnte Verwendung bei Netzanschlußgeräten, bei denen die geräuschdämpfende Wirkung der Batterie fehlt. In Abb. 32 ist unter b) ein Elektrolytkondensator gezeigt, dessen Kapazität in dieser Technik zwischen 20 und 1000 μF gewählt werden kann.

Ein Thermorelais besteht eigentlich nur aus einem Relaisfedersatz, der mit einer besonderen Feder aus Bimetall ausgerüstet ist, die durch eine kleine Heizwicklung erwärmt werden kann. Bei Erwärmung biegt sich infolge der ungleichen Ausdehnung der beiden Belegungen der Feder diese durch, wodurch der Federsatz umgelegt wird. Thermorelais finden bei besonders großen Verzögerungszeiten von mehreren Sekunden ausgedehnte Verwendung. Es werden damit nach einer gewissen Zeit z. B. Wähler bei Dauerbelegung freigeschaltet und optische oder akustische Zeichen bei unregelmäßigen Vorgängen eingeschaltet. Die Ansprechzeit beträgt etwa 20 s; die Abkühlzeit liegt in derselben Größenordnung und muß in den Schal-

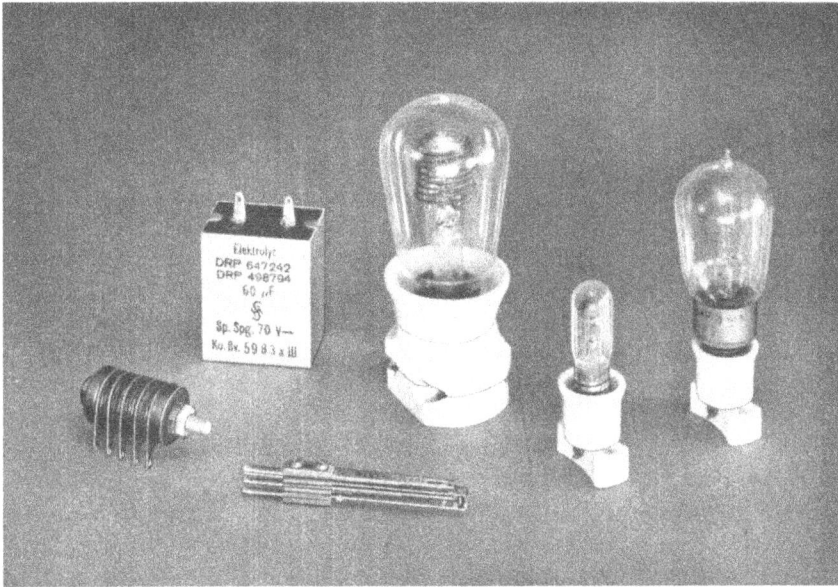

a   b   c   d   e   f

Abb. 32. Besondere Schalt- und Steuermittel.

a = Trockengleichrichter,
b = Elektrolytkondensator,
c = Thermorelais,
d = Glimmlampe,
e = Glimmlampe,
f = Eisenwasserstoffwiderstand.

tungen beachtet werden. Die Zeiten hängen von der Umgebung und den Abkühlungsmöglichkeiten ab. Ein Thermorelais benötigt zum Ansprechen etwa 1,5 W; es ist in Abb. 32 unter c) gezeigt.

Glimmlampen haben eine Reizschwelle, die bei einer Spannung von 80 bis 90 V liegt. Unterhalb dieser Grenze haben sie praktisch einen unendlichen Widerstand, der beim Anlegen einer die Reizschwelle übersteigenden Spannung plötzlich unter $2000\ \Omega$ sinkt. Die Strombelastung der Glimmlampe kann dann abhängig von den Vorwiderständen und ihrer Größe bis zu 15 mA betragen, wodurch Relais erregt werden können, die bestimmte Schaltvorgänge veranlassen. Da Glimmlampen im Ruhezustand einen praktisch unendlichen Widerstand und nur eine Kapazität von etwa 20 pF = 20 · 10⁻¹² F haben, kann man sie selbst einseitig an Sprechleitungen legen, ohne praktisch die Symmetrie zu verschlechtern. Durch Anlegen einer höheren Spannung können dann, neben den gewöhnlichen Schaltvorgängen auf den Leitungen, beliebige andere Schaltvorgänge veranlaßt werden, so daß derartige Glimmlampen zwanglos eine Überlagerung von verschiedenen Stromkreisen zulassen. Auf dieser Grundlage bilden Glimmlampen ein bequemes Schaltmittel, zweiadrigen Verkehr in der einfachsten Weise zu ermöglichen, wie es aus Abb. 107 der „Studien über Aufgaben der Fernsprechtechnik" zu ersehen ist. Weiter können sie zur Spannungsbegrenzung und zum Spannungsschutz, wie z. B. im Knallschutzgerät oder Amplitudenbegrenzer, verwendet werden. In Abb. 32 ist unter d) eine große Glimmlampe für 15 mA und unter e) eine kleine für 5 mA gezeigt.

Sogenannte Regeldrosseln, die mehrere aufeinander abgestimmte Wicklungen haben, von denen eine im Batterieladekreis, die zweite im Netzkreis liegt, werden verwendet, um eine Überladung von Batterien selbsttätig zu verhindern und eine Einhaltung gewisser Spannungsgrenzen bei Pufferung zu erreichen. Bei steigender Batteriespannung wird durch die Regeldrossel eine derartige Drosselung des Ladestromes ausgeübt, daß von einer bestimmten Spannung an der Ladestrom stark herabgesetzt und eine obere Spannungsgrenze nicht überschritten wird. Regeldrosseln haben für die Spannungsregelung fernüberwachter Anlagen bei Pufferung eine große Bedeutung erlangt.

Eisenwasserstoffwiderstände werden benutzt, um den Einfluß von veränderlichen Leitungswiderständen zu mildern, wie z. B. in der Teilnehmerspeisebrücke gewisser Systeme, und weiter, um die Spannungsüberwachung der Batterie sicherer zu gestalten. Die Spannungs- und damit Ladeschwankungen der Batterie können an einem Eisenwasserstoffwiderstand in Reihe mit einem gewöhnlichen Widerstand mit größerer Sicherheit beobachtet und geprüft werden, wodurch die Ladung sicherer selbsttätig geregelt werden kann. Die Anwendung der Regeldrossel und des Eisenwasserstoffwiderstandes, der in Abb. 32 unter f) gezeigt ist, wird im Abschnitt 17 „Die Spannungsregelung bei Pufferung" noch eingehend beschrieben.

Wählerrelais bilden ein grundsätzliches Mittel, über Leitungen eine Auswahl von verschiedenen Richtungen oder Teilnehmern ohne örtliche Stromquellen und ohne besondere Speiseleitungen vorzunehmen. Mit ihrer Hilfe kann man daher Unterzentralen für 10 bis 20 und mehr Teilnehmer ohne jede Batterie schaffen, wobei der Strom für die Ein- und Rückstellung der Wählerrelais vom Amt über die Leitungen geliefert wird. Eine weitgehende Dezentralisation wird ermöglicht, ohne daß die kleinen Ämter durch die verhältnismäßig hohen Aufwendungen für die Batterie, Lade- und Überwachungseinrichtung sowie für die Spannungsregelung unwirtschaftlich werden. Derartige Unterzentralen werden in einem späteren Abschnitt 13 „Die volkstümlichere Ausgestaltung des Fernsprechers" in verschiedenen Ausführungsformen noch näher behandelt. Mit Wählerrelais ist weiter die Auswahl unter mehreren Teilnehmern, die gemeinsam einer langen Leitung zugeordnet sind, in sogenannten Wahlrufanlagen ebenfalls möglich, wobei Wählerrelais dann an jeder Sprechstelle vorhanden sind.

Diese besonderen Schalt- und Steuermittel, die teilweise später noch eingehender behandelt werden, gestatten die Lösung von verwickelten Aufgaben mit überraschend geringen Aufwendungen. Sie bilden daher wirksame Mittel, die Wirtschaftlichkeit der Wähleranlagen zu steigern.

4. Anordnung und Verkabelung der Bauelemente.

Die Anordnung der Bauelemente in den Rahmen und Gestellen und ihre Verkabelung untereinander ist für die Güte eines Fernsprechsystems von der größten Bedeutung. Eine unzweckmäßige Anordnung oder Verkabelung verursacht auch bei sonst vollkommen symmetrisch entwickelten Systemen ein Überhören zwischen den Sprechkreisen und damit eine Verschlechterung oder sogar gänzliche Unbrauchbarkeit der Anlage. Es müssen daher bei der Anordnung und Verkabelung der Bauelemente gewisse Grundsätze für den Aufbau streng beachtet werden.

Die elektromagnetischen Bauelemente der Wählertechnik haben auch bei vollkommen geschlossenen magnetischen Kreisen, besonders mit Rücksicht auf die sehr empfindlichen Empfänger (Fernhörer) immer noch eine erhebliche magnetische Streuung, die gegenseitige Koppelungen der Sprechkreise verursachen kann. Man muß daher die Bauelemente derart anordnen, daß solche Koppelungen möglichst nicht entstehen oder nur einen sehr geringen, noch zulässigen Einfluß haben. Wie groß die magnetische Koppelung allein schon durch zwei benachbarte Relais, die getrennten Sprechkreisen angehören, in gewöhnlicher Bauweise und Anordnung ist, zeigt das dadurch entstandene Überhören und die geringe Übersprechdämpfung, die in diesem Falle nur 7 N beträgt. Durch Vergrößerung der Entfernung und Zwischensetzen z. B. von drei neutralen Relais oder durch Abschirmen der Relais mittels Eisenkappen in alter Anordnung, steigt die Übersprechdämpfung auf über 10 N an. Diese Werte sind abhängig von der Art der Relais und ihrer Streuung. Durch Senkrechtstellen der Kraftfelder zueinander, z. B. bei Übertragern, kann die Koppelung ebenfalls erheblich gemildert werden. Es wird etwa dasselbe wie mit Abschirmung durch Eisenkappen erreicht. Auf die richtige Anordnung der Bauelemente, ihre Entfernung voneinander und ihre Abschirmung ist daher der größte Wert zu legen.

Auf die richtige Verkabelung der Bauelemente ist ebenfalls der größte Wert zu legen, weil sonst auch Überhören auftritt. Zusammengehörige Leitungen, wie z. B. Sprechleitungen, Brückenleitungen, gleichartige Abzweigungen von der a- und b-Leitung zu Relais, Widerständen, Kondensatoren und Übertragern, müssen stets gemeinsam geführt und verdrallt werden. Jede Eindrahtführung wirkt symmetrieverschlechternd und verursacht Überhören. Welchen schädlichen Einfluß eine derartige Eindrahtführung hat, kann daraus ersehen werden, daß die Übersprechdämpfung zweier Sprechkreise, von denen je ein Draht von nur 2 m Länge parallel zueinander geführt ist, nur 9 N beträgt. Mit wachsender Länge der Parallelführung von solchen Drähten wird natürlich das Überhören immer größer. Die Verkabelung der Sprechkreise aller Bauelemente muß daher allgemein mit verdrallten Doppelleitungen erfolgen, auch wenn dadurch ein Umweg und ein größerer Aufwand an Schaltdraht entstehen sollte.

Bei der Verkabelung der Batterie- und Erdleitungen sind besonders kurze und starke Leitungen mit sehr wenig Widerstand zu verwenden, um galvanische Koppelungen, die ebenfalls Überhören verursachen, zu vermeiden. Die Leitungen für die Hörzeichen und den Rufstrom sind ebenfalls als Doppelleitungen zu führen und sorgfältig zu verdrallen. Das Entwerfen und die Ausführung der Verkabelung muß daher mit großer Sorgfalt erfolgen.

Wie die Beispiele gezeigt haben, können schon einzelne Bauelemente unzulässiges Überhören verursachen. Bei der Vielzahl der Elemente in der Wählertechnik kann eine Steigerung der Erscheinungen sehr leicht zu vollkommen unbrauchbaren Ergebnissen führen. Die Anordnung und Verkabelung der Bauelemente in der Wählertechnik, die nicht immer die notwendige Beachtung finden, können deshalb nicht vorsichtig genug unter Verwertung aller Erfahrungen ausgearbeitet und ausgeführt werden.

5. Relais.

In allen elektromagnetischen Geräten sind die magnetischen Eigenschaften des verwendeten Eisens von großem Einfluß. Der Einfluß wird um so größer, je empfindlicher die Geräte und je verschiedenartiger ihre Arbeitsbedingungen sind. Mit der Empfindlichkeit der Geräte wachsen auch die Anforderungen an die Fertigung, die möglichst gleichartige Geräte liefern soll, was bei der Entwicklung der Konstruktionen sehr zu beachten ist. Die Konstruktion soll möglichst einfache, leicht herstellbare Einzelteile den Geräten zugrunde legen, deren Abweichungen in der Fertigung klein gehalten werden können. Im Fertigungsgang ist weiter die Behandlung des Eisens von großer Wichtigkeit; denn die Eigenschaften des Eisens hängen nicht nur vom Kohlenstoffgehalt und sonstigen Beimischungen sowie vom Herstellungsverfahren ab, sondern auch von der Art der Bearbeitung während der Fertigung, ganz besonders aber auch von der erforderlichen Wärmenachbehandlung.

Die Kraftmagnete werden stets in örtlichen Stromkreisen gleichbleibend und kräftig erregt, und der Anker wird nach der Erregung durch kräftige Federn in die Ruhelage zurückgeführt. Weil keine Schwankung in der kräftigen Erregung und außerdem an allen Stellen ein großer Kraftüberschuß vorhanden ist, haben die Eigenschaften des Eisens und die zulässigen Abweichungen in der Fertigung auf derartige Magnete keinen besonderen Einfluß.

54

Ganz anders ist es bei den Relais. Viele Relais werden ganz verschieden stark erregt, müssen über die verschiedensten Leitungswiderstände und daher sowohl bei der kleinsten als auch bei der größten Erregung gut arbeiten, wobei die größte Erregung den dreifachen Wert der kleinsten ausmachen kann. Da die Arbeitszeiten in der Selbstanschlußtechnik äußerst wichtig sind, sollen die Relais bei allen diesen verschiedenen Erregungen möglichst mit wenig veränderten Zeiten, sowohl bei der Erregung als auch bei der Aberregung arbeiten, um Stromstoßverzerrungen zu vermeiden. Diese schwierigen Bedingungen können nur mit gutem Eisen, an das viele besondere Forderungen gestellt werden müssen, und durch eine gute Fertigung mit geringen Abweichungen der Teile, die sich auf eine zweckmäßige Konstruktion gründet, erfüllt werden. Die verschiedenen Forderungen an das Eisen sind:

a) Magnetische Forderungen:
   Hohe gleichmäßige Permeabilität,
   geringe Remanenz,
   keine Alterung.

b) Forderungen an die Fertigung:
   Gleichmäßigkeit aller Einzelteile mit nur sehr geringen Abweichungen,
   richtige Wärmebehandlung des Eisens mit angepaßten Erwärmungs- und Abkühlungszeiten unter Einhaltung der erforderlichen Glühtemperatur bei gutem Abschluß unter Umständen mit besonderer Gaszuführung,
   brauchbarer Oberflächenschutz von gleichbleibender Stärke.

Gutes Eisen hat eine hohe, gleichmäßige magnetische Leitfähigkeit bei kleiner Remanenz und daher kleiner Koerzitivkraft. Diese Werte sollen möglichst bei allen Werkstofflieferungen gleich sein und nur sehr geringe Schwankungen aufweisen. Sind dagegen große Schwankungen vorhanden, so liefert die Fertigung Relais mit großen Abweichungen und ganz verschiedenen Eigenschaften, so daß eine Vorausberechnung der Relais gar nicht möglich ist. Die magnetischen Werte sollen sich aber auch nicht mit der Zeit verändern, und das Eisen soll nicht altern. Haben die Benutzung und die gewöhnlich damit verbundenen Temperaturschwankungen der Geräte Einfluß auf die magnetischen Werte, so ist die Unterhaltung der Selbstanschlußanlagen äußerst schwierig, weil sowohl die statischen Werte als auch die dynamischen, d. s. die Arbeitszeiten der Relais, sich ändern, was jeden Betrieb ungünstig beeinflußt und Nachregelungen der vielen Relais erfordert.

Um brauchbare Relais zu erhalten, muß auch die mäßliche Abweichung der Einzelteile möglichst klein sein; denn je größer die Abweichungen sind, um so größer sind auch die Abweichungen in den Werten der fertigen Relais. Da alle Einzelteile, die magnetisch beansprucht werden, nach dem Fertigungsgang einer Wärmenachbehandlung unterzogen werden müssen, und diese Wärmenachbehandlung den größten Einfluß auf die magnetischen Eigenschaften des Eisens hat, muß diese Behandlung mit großer Sachkenntnis und großer Sorgfalt erfolgen. Die Glühtemperatur und Glühzeit, die Erwärmungs- und Abkühlungszeiten sowie die Art der Verpackung während des Glühens, unter Umständen mit Zuführung besonderer Gase, haben den größten Einfluß. Alle diese Werte müssen für die betreffende Eisensorte bekannt sein und eingehalten werden. Ebenso ist der später aufgebrachte Oberflächenschutz von großer Bedeutung. Vom magnetischen Standpunkt aus muß man eine recht dünne Schutzschicht fordern, um die mechanischen und elektrischen Werte der Relais nicht zu ändern; vom Standpunkt des Oberflächenschutzes aus muß man aber eine möglichst kräftige Schutzschicht verlangen, die möglichst gleichmäßig die ganze Oberfläche überzieht. Die Bestimmung und Einhaltung der zweckmäßigsten Schichtdicke und auch deren Gleichmäßigkeit ist daher ebenfalls sehr wichtig. Die Schichtdicke, die galvanisch genau gemessen werden kann, wird in tausendstel Millimeter $= \mu$ angegeben. Für die Erzeugung der Schutzschicht kommt Verkupfern, Vernickeln, Verkadmen und Verzinken in Betracht.

Es gibt unter anderen zwei grundsätzlich voneinander zu unterscheidende Fertigungsarten der Relais. Bei der einen Art werden die Spulen genau auf Widerstand gewickelt, wodurch man Schwankungen in der Windungszahl erhält; man regelt dann beim Zusammenbau die Belastung, d. h. den Druck der Kontakte, so lange, bis das Relais die gewünschten elektrischen Eigenschaften in bezug auf Anzug, Fehlstrom, Halten und Abfall zeigt. Die Abweichungen in der Fertigung der Einzelteile werden ebenfalls durch diese Regelung ausgeglichen. Man erhält nach diesem Verfahren Relais mit ungleichartiger Belastung, die sich nicht mechanisch, sondern nur elektrisch prüfen lassen.

Bei der anderen Art werden die Spulen genau auf Windungszahl gewickelt, wodurch man Schwankungen im Widerstand erhält, und man regelt die Belastung nur durch Einstellung aller Kontakte auf gleichen Kontaktdruck. Nach Fertigstellung müssen die Relais den geforderten elektrischen Bedingungen ohne weiteres entsprechen. Es müssen daher die Abweichungen der Einzelteile sehr klein sein. Man erhält gleichartige Relais mit einheitlicher Belastung, die sich in einfacher Weise mechanisch prüfen lassen.

An die Relais werden bekanntlich im Betrieb Anforderungen in bezug auf Ansprechen, Nichtansprechen, Halten und Abfall gestellt; sie müssen daher daraufhin geprüft werden. Bei der ersten Fertigungsart kann die Regelung der Belastung und der Prüfung nur elektrisch, also unter Strom erfolgen, der für die verschiedenen Forderungen verschieden geregelt werden muß, was im Betriebe Schwierigkeiten macht. Bei der zweiten Fertigungsart braucht das Relais nur richtig mechanisch eingestellt zu werden, was im Betrieb einfach zu erreichen ist; es muß dann elektrisch richtig arbeiten. Die erste Fertigungsart stellt kleinere Anforderungen an die Fertigung, aber größere an die Amtspflege. Die zweite Fertigungsart stellt größere Anforderungen an die Fertigung selbst und an die Werkstoffe, aber kleinere an die Pflege; sie ist die neuzeitliche Art der Fertigung.

Neben dem Aufbau der Relais ist für die Praxis der Aufwand für die Pflege der Relais von der größten Bedeutung. Bei Verwendung richtiger Werkstoffe ändert sich durch den Betrieb an den Eigenschaften und der Einstellung der Relais praktisch nichts; nur die Kontakte sind einer Abnutzung unterworfen, die abhängig von der Belastung ist. Kontakte werden bekanntlich gestört durch Verstaubung, durch Abbrand und durch Materialwanderung mit Spitzen- und Kraterbildung. Abb. 33 zeigt derartige Kontakte mit den Abnutzungserscheinungen.

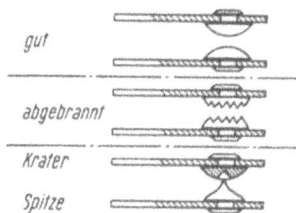

Abb. 33. Kontaktverformungen.

Gegen Verstaubung werden die Kontakte durch Kapselung und Ausbildung von Doppelkontakten geschützt, gegen Abbrand durch Einschaltung einer Funkenlöschung, gegen Materialwanderung durch richtige Bemessung der Stromkreise und der unter Umständen erforderlichen Funkenlöschung. Es gelingt aber nicht immer, eine Veränderung der Kontakte in jahrelangem Betrieb zu verhindern. In diesen Fällen muß ein Ersatz des verbrauchten Kontaktwerkstoffes erfolgen. Das geschieht mit Hilfswerkzeugen, die den Austausch in einfacher Weise ermöglichen. Mit einer besonders geformten Zange wird der verbrauchte Werkstoff aus seiner Halterung herausgepreßt, mit einer zweiten angepaßten Zange der neu eingesetzte Werkstoff richtig eingenietet und geformt. Abb. 34 zeigt die Zangen für den Austausch des Kontaktwerkstoffes. Entstandene Spitzen können durch die Formzange wieder beseitigt und der Kontakt richtig geformt werden. Mit Hilfe

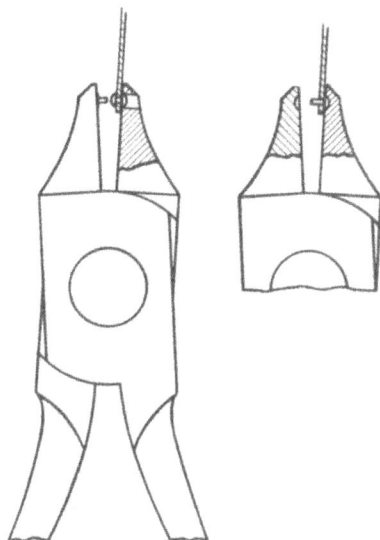

Abb. 34. Kontaktersatzzangen.

dieser Werkzeuge kann der Austausch und die Formung der Kontakte in der einfachsten Weise und in der kürzesten Zeit ohne jede Schwierigkeit erfolgen.

6. Kraftmagnete.

Die Kraftmagnete in der Wählertechnik werden gewöhnlich elektrisch stark beansprucht, um die erforderlichen kurzen Schaltzeiten zu erreichen. Sie werden kräftig erregt, leisten die Schaltarbeit in kurzer Zeit, spannen dabei eine starke Rückzugsfeder, die den Anker bei der Aberregung schnell in die Ruhelage zurückbringt. Diese elektrischen Beanspruchungen haben praktisch im Betriebe keine Bedeutung, weil sie nur Bruchteile von Sekunden dauern. Erst wenn durch irgendwelche Fehler die Kraftmagnete längere Zeit unter Strom bleiben, kann eine übergroße Erwärmung eintreten.

Für diese Fälle sind empfindliche Zeitsicherungen vorgesehen, die nach einer gewissen Zeit ansprechen, den Strom unterbrechen und eine Beschädigung der Kraftmagnete verhindern. Die bisher vorgesehenen Mittel sind vollkommen ausreichend und haben sich seit vielen Jahrzehnten in der Praxis bestens bewährt.

Es gibt nun ein weiteres Mittel, die Erwärmung der Kraftmagnete bei Fehlern unschädlich zu machen. Verwendet man für die Wicklungen Aluminiumdrähte, die mit einer Aluminiumoxydschicht Al_2O_3 überzogen und da-

Abb. 35. Unbrennbare Kraftmagnetspulen mit Wicklungen
aus eloxiertem Aluminiumdraht.

durch isoliert sind, und wickelt man die Drähte auf Ganzmetallspulen auf, wobei die Wicklung gegen den Metallspulenkörper durch Glasgespinst isoliert wird, so daß keine durch Wärme beeinflußbaren Isolationsteile vorhanden sind, so erhält man Kraftmagnetspulen, die mehrere 100^0 Temperaturerhöhung ohne Schaden auch längere Zeit aushalten und daher praktisch durch Wärme nicht zerstört werden können. Aluminiumoxyd ist als ein keramisches Isolationsmittel anzusehen, das durch Wärme nicht zerstört sondern eher besser wird, das gut isoliert und das durch das sogenannte Eloxalverfahren — elektrolytische Oxydation von Aluminium durch anodische Behandlung — auf den Aluminiumdraht aufgebracht wird. Die Wickelungsenden werden an die Klemmen nicht gelötet sondern geschraubt. Im Vergleich zu Drähten mit gewöhnlicher Lackisolation ist die Isolationsschichtdicke der oxydierten Aluminiumdrähte nur etwa halb so stark wie bei Lackdraht, wodurch sich ein besserer Füllfaktor der Spule ergibt. Die Durchschlagspannung ist wohl etwas kleiner als bei Lackdraht; es ist aber noch eine vollkommen ausreichende Sicherheit vorhanden. Außerdem zerstört ein Durchschlag nicht die Spule wie bei Lackdraht, sondern nach dem Durchschlag ist die Spule mit oxydiertem Aluminiumdraht wieder vollkommen unverändert und hat dieselben elektrische Werte wie vorher. Derartige Spulen enthalten daher gewissermaßen noch einen selbsttätigen Spannungsschutz, was als weiterer Vorzug angesehen werden kann. Aluminium mit seiner Oxydschicht und einer richtig entwickelten Ganzmetallspule sind Mittel, wärmebeständige Kraftmagnete herzustellen. Derartige Aluminium-Kraftmagnetspulen sind infolge ihrer Wärmebeständigkeit unabhängig von der guten Absicherung der Stromkreise, die dann einfacher gehalten werden kann. Ihre allgemeine Einführung ist daher sehr zu empfehlen. Abb. 35 zeigt solche Kraftmagnetspulen verschiedener Schrittschaltwerke, die auch nach stundenlanger voller elektrischer Belastung keine Veränderung gegenüber dem ursprünglichen Zustand erkennen lassen, wobei alle elektrischen Werte vollkommen erhalten bleiben. Kraftmagnetspulen auf dieser Grundlage sind als ein bedeutender Fortschritt in der Wählertechnik anzusehen.

7. Teilnehmergeräte.

Die Teilnehmergeräte nehmen grundsätzlich eine Sonderstellung in der Wählertechnik ein. Im Gegensatz zu allen anderen Bauelementen, die zentralisiert, geschützt und nicht der Öffentlichkeit zugänglich sind, sind die Geräte bei den Teilnehmern weit verstreut und deshalb schwierig zu pflegen; vielfach sind sie ungünstig aufgestellt und schädlichen äußeren Einflüssen ausgesetzt, wozu mitunter noch schlechte Behandlung kommt, so daß die Anforderungen an die Geräte neben ihrer gewöhnlichen Arbeitsweise recht groß sind. Andererseits ist das Teilnehmergerät das einzigste Bauelement, das die Teilnehmer von den gesamten Einrichtungen des Fernsprechwesens kennen und benutzen, das in ihren Räumen untergebracht ist und dessen Arbeiten sie ihrem Urteil über den Betrieb zugrunde legen. Man kann daher für die Entwicklung der Teilnehmergeräte folgende besondere Forderungen mechanischer, nicht übertragungstechnischer Art ableiten.

Teilnehmergeräte und alle ihre Teile müssen kräftig und zuverlässig gebaut und unempfindlich gegen äußere Einflüsse wie Staub, Feuchtigkeits- und Temperaturschwankungen sein, damit sie auch bei ungünstiger Aufstellung und rauher Behandlung nicht leicht Beschädigungen ausgesetzt sind. Sie müssen betriebssicher gebaut sein und wenig Unterhaltung erfordern, leicht und einfach ohne besondere Anweisung bedienbar sein, um Irrtümer und Handhabungsfehler zu vermeiden. Weiter sollen sie formschön und geschmackvoll sein und sich möglichst jeder Umgebung und allen Verhältnissen zwanglos anpassen.

Teilnehmergeräte bestehen aus dem Sprachübertragungsteil und den Teilen für die Zeichengabe. Der Sprachübertragungsteil ist der wichtigste für die gegenseitige Verständigung und bildet die Grundlage des gesamten

Fernsprechens. In ihm wird die akustische Energie der Sprache in elektrische Energie umgeformt und elektrische Energie wieder in akustische zurückgeformt. Die Güte dieser Umformungen bildet ein Maß für die Übertragungsgüte der Geräte. Zu dem Übertragungsteil gehört das Mikrofon, das ist der Sender, und der Fernhörer, das ist der Empfänger. Zu den Teilen für die Zeichengabe gehört der Nummernschalter zur Verbindungsherstellung, der Wecker als Anrufteil, der Schalter zur Ein- und Ausschaltung der Verbindungen und u. U. eine Erdungstaste. Alle diese Teile haben ebenso wie das Gehäuse eine große Entwicklung durchgemacht und werden noch weiterhin ständig verbessert. Allgemein ist über den übertragungstechnischen Teil folgendes zu sagen.

Der Sender, der die akustische Energie in elektrische umformt, und der Empfänger, der die elektrische wieder in akustische Energie zurückformt, beide in einem Sprechhörer zusammengefaßt, sollen die Sprache möglichst kräftig und naturgetreu ohne störende Einflüsse übertragen. Da die Hörfähigkeit des Ohres zwischen 20 und 20 000 Hz liegt, die Sprache davon 100 bis 10 000 Hz benutzt, wäre eigentlich die Übertragung eines derartigen Frequenzbandes erforderlich. Es hat sich aber gezeigt, daß zur ausreichenden Verständigung ein Frequenzband von 300 bis 2700 Hz genügt, was auch bisher übertragen wurde. Man strebt aber jetzt eine Verbesserung der Übertragung durch Verbreiterung des übertragenen Frequenzbandes an, und zwar von 150 bis 3400 Hz. Sender und Empfänger haben bisher die Frequenzen nicht einwandfrei übertragen, weil sie selbst frequenzabhängig sind und die Frequenzen verzerren und zusätzliche Frequenzen verursachen, wodurch weitere Verzerrungen entstehen, was als nichtlineare Verzerrung oder als Klirren bezeichnet wird. Man versuchte daher seit Jahren, die Frequenzabhängigkeit und das Klirren der Sender und Empfänger sowie andere störende Einflüsse, z. B. Geräusche, zu vermindern. Diese Verbesserungen sind aber nicht einfach; denn es müssen nicht nur Sender und Empfänger selbst, sondern auch alle schwingenden Hohlräume dieser Teile mit ihrem Einbau, das ist die Einsprache und die Hörmuschel, angepaßt werden.

Die Güte eines Übertragungssystems wird durch die Silbenverständlichlichkeit angegeben, die durch ein besonderes Verfahren ermittelt wird. Es wird ein Meßtrupp aus fünf Personen gebildet, von denen eine Person gleichmäßig bedeutungslose Silben in den Sender spricht, während die anderen hören und die verstandenen Silben aufschreiben. Das Verhältnis der verstandenen zu den gesprochenen Silben, bezogen auf 100, nennt man Silbenverständlichkeit. Eine Silbenverständlichkeit von 80% ist bei einem geübten Meßtrupp gut, eine solche von 50% läßt zu wünschen übrig. Auf die Silbenverständlichkeit hat auch die Dämpfung des gesamten Übertragungssystems, zu dem außer dem Teilnehmergerät noch die Leitungen und Vermittlungsstellen zu rechnen sind, und haben Geräusche einen Einfluß. Neuerdings wird auch die Güte eines Übertragungssystems durch die Rückfragenhäufigkeit beurteilt, die durch zahlreiche Beobachtungen von Verbindungen ermittelt wird. Je weniger Rückfragen beobachtet werden, desto besser ist die

Verständlichkeit. Diese Arten der Ermittlung der Güte eines Übertragungssystems liefern ein brauchbares Ergebnis, sind aber zeitraubend. Eine einfache objektive Messung gibt es aber heute noch nicht.

Im einzelnen können zur Beurteilung eines Übertragungssystems zugrunde gelegt werden:

> Die Leistung oder Lautstärke,
> die Frequenzabhängigkeit,
> das Klirren und
> die Geräusche.

Die Leistungsverteilung in einem derartigen Übertragungssystem ist etwa folgende:

Beim gewöhnlichen Sprechen wird eine akustische Leistung von etwa 10 bis 50 μW entwickelt, die beim sehr lauten und sehr leisen Sprechen sich um 10^{+3} verändern kann. Der Sender erhält gewöhnlich eine Leistung von 1 μW, die durch das Kohlemikrofon um mehr als das 1000fache verstärkt wird, so daß 1000 μW an die Leitung weitergegeben werden. Diese große Verstärkung ist die beste Eigenschaft eines Mikrofons aus Kohle; sie ist bisher noch durch keinen anderen Werkstoff erreicht worden. Bei einer Dämpfung des gesamten Übertragungssystems von 3 N kommen am Ende nur noch 2,5 μW an, die durch den Empfänger in akustische Energie umgeformt werden, wovon das Ohr jedoch nur 0,01 μW erhält.

Die Leistung eines Teilnehmergerätes wird durch seine Sende- und Empfangsbezugsdämpfung gekennzeichnet. Die Bezugsdämpfungen beziehen sich auf das genau bestimmte Übertragungssystem eines Ureichkreises „Sfert" (Système Fondamental Européen de Référence pour la Transmission téléphonique) in Paris und sagen aus, um wieviel das Gerät leiser oder lauter ist als das des Urkreises. Die Sendebezugsdämpfung wird größtenteils durch das Mikrofon, die Empfangsbezugsdämpfung durch den Fernhörer gegeben. Ein neuzeitliches Teilnehmergerät hat eine Sendebezugsdämpfung von 0,5...1 N und eine Empfangsbezugsdämpfung von 0...0,5 N. Es ist also im Senden etwas leiser, im Empfangen etwa gleich dem Ureichkreis.

Der Frequenzgang der Sender und Empfänger ist nicht ausgeglichen. Abb. 36 zeigt das Frequenzband eines neuzeitlichen Senders sowie dasjenige eines Empfängers, abhängig vom Schalldruck in μbar ($= \frac{1}{981}$ g/cm^2), der Spannung in mV und den Frequenzen in Hz. Beide sind schon erheblich gegenüber den Frequenzbändern älterer Teile, die gestrichelt angedeutet sind, verbessert worden. Die neuen Frequenzbänder sind viel ausgeglichener, haben nicht so große Resonanzstellen und erstrecken sich über einen erheblich größeren Frequenzbereich. Weitere Verbesserungen sind wohl möglich, aber nicht ohne weiteres mit einfachen Mitteln zu erreichen, weil viele Faktoren, wie schon erwähnt, darauf Einfluß haben.

Wichtig für die Beurteilung der Übertragungsglieder ist noch die Größe des sogenannten Klirrfaktors, der das Energieverhältnis der neuauftretenden Oberschwingungen, die nicht in den Grundschwingungen enthalten sind, zu dem gesamten Gemisch aus Grund- und Oberschwingungen auf 100 bezogen, angibt. Der Klirrfaktor soll möglichst klein sein; er beträgt bei neuzeitlichen Sendern 10%, bei den Empfängern etwa 1%. Auch hier wird ständig an der Verbesserung, d. h. Verkleinerung des Klirrfaktors, gearbeitet.

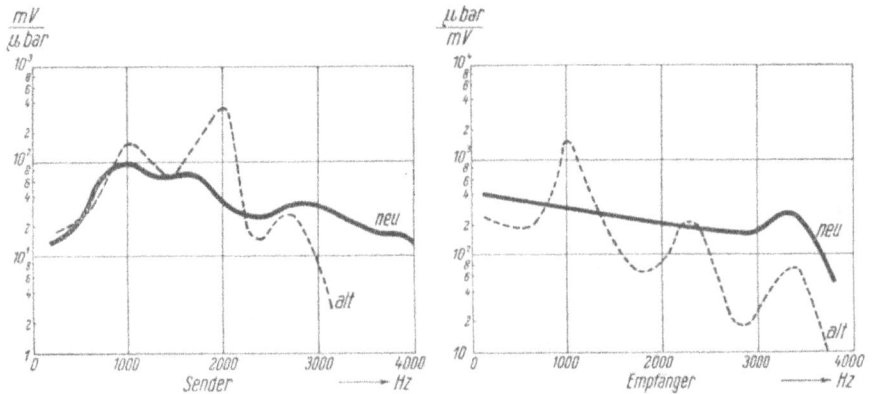

Abb. 36. Frequenzschaulinien der Übertragungsmittel.

Der Einfluß der Geräusche auf eine gute Verständigung darf nicht unterschätzt werden. Der Sender nimmt schon Raumgeräusche auf, in den Leitungen und Schaltstellen entstehen ebenfalls Geräusche. Abb. 37*) läßt die Änderung der Silbenverständlichkeit mit der Dämpfung und den Raumgeräuschen erkennen, aus der der große Einfluß der Raumgeräusche hervorgeht. Als allgemeine Richtlinien kann für Raumgeräusche gelten, daß in Sprechzellen ein Geräusch von etwa 30 Phon, in Schreibzimmern ein solcher von 50 Phon, in Werkstätten von 70 Phon herrscht. Die Grenze der Verständigung vom Mund zum Ohr liegt bei ganz lautem Sprechen unmittelbar ins Ohr bei etwa 100 Phon.

Beim Aufbau der Übertragungsteile ist folgendes bemerkenswert.

Der Sender besteht meist aus einer festen und einer schwingenden Kohleelektrode, der Membran, mit dazwischenliegendem Kohlegrieß. Die Form der Elektroden, die sehr verschieden ausgebildet werden können, und die Art, Korngröße, Wärmebehandlung und Füllmenge des Kohlegrießes haben auf die Wirksamkeit des Senders einen großen Einfluß. Der Sender wird als Kapsel leicht auswechselbar gebaut, wie Abb. 38 erkennen läßt. Er muß möglichst lagenunabhängig sein, d. h. in jeder Lage gleich gut senden, und dabei keine Unterbrechungen und kein Rauschen zeigen. Er muß den Speisestromverhält-

---

*) F. Lüschen und K. Küpfmüller, ,,Die Entwicklung der Übertragungstechnik für den Nachrichtendienst über Leitungen". Jahrbuch des elektrischen Fernmeldewesens 1937.

nissen angepaßt werden und auf verschieden starken Speisestrom, verursacht durch verschieden lange Teilnehmerleitungen, gleich gut arbeiten. Beim Zentralbatterie-Betrieb, der für neuzeitliche Geräte nur noch in Betracht kommt, ist der Speisestrom in starkem Maße von den sehr verschiedenen Wider-

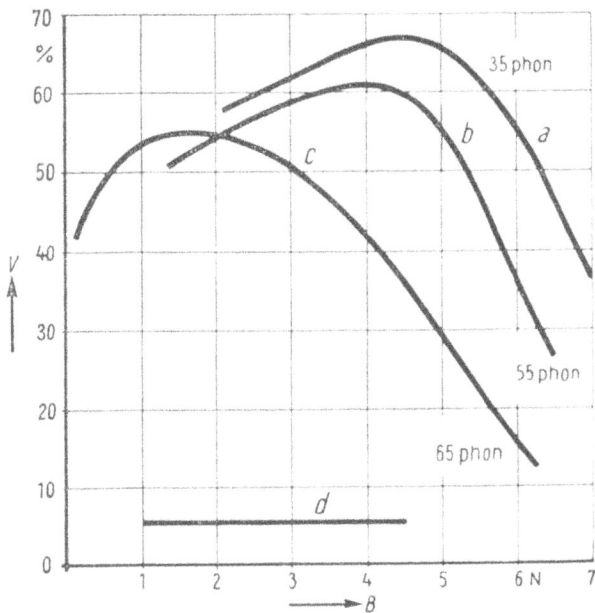

Abb. 37. Silbenverständlichkeit einer Fernsprechverbindung, abhängig von Bezugs-
dämpfung und Raumgeräusch.

a = Raumgeräusch 35 Phon,
b =   ,,   55 ,, ,
c =   ,,   65 ,, ,
d = vorkommende Bezugsdämpfungen.

ständen der Teilnehmerleitungen abhängig. Um möglichst unabhängig von den verschiedenen Widerständen zu sein, werden zweckmäßig im Amt eine möglichst hohe Speisespannung und eine hochohmige Speisebrücke vorgesehen. Da es verschiedene Speiseanordnungen gibt, ist in Abb. 39 die Änderung des Speisestromes bei niederer Spannung mit niedrigohmiger Speisebrücke und

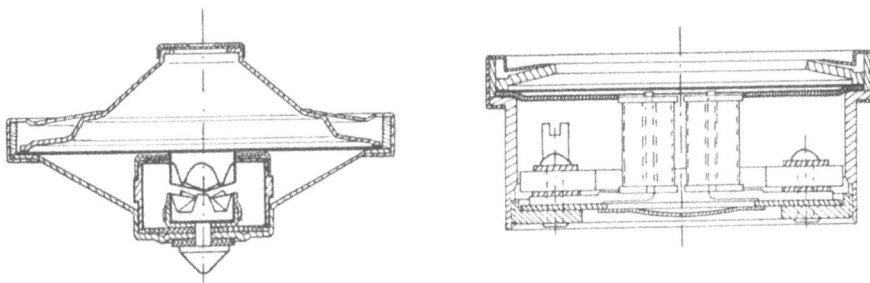

Abb. 38. Übertragungsmittel (links Sender; rechts Empfänger).

bei hoher Spannung mit hochohmiger Speisebrücke abhängig vom Widerstand der Teilnehmerleitung dargestellt. Die Änderung des Speisestromes in
den beiden gezeichneten Fällen beträgt bei o Ω und bei $2 \times 500 \, \Omega$ Teilnehmer-
leitungswiderstand bei niedrigen Werten der Speiseanordnung das achtfache,
bei höheren Werten nur das zweifache. Der Vorteil der höheren Spannung mit
der hochohmigen Speisebrücke ist daraus sofort zu ersehen. Der diesen Verhältnissen angepaßte Sender muß nach Abb. 39 bei 20 bis 60 mA einwandfrei

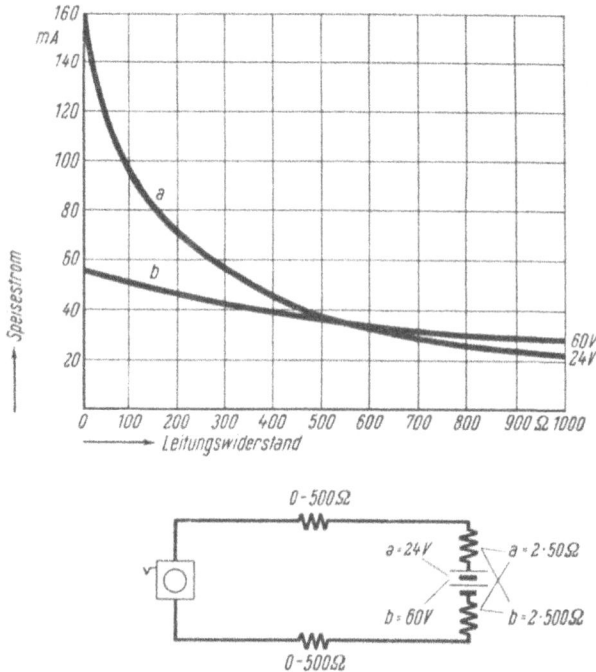

Abb. 39. Abhängigkeit des Speisestromes von Leitungswiderstand und Amtsspannung.

arbeiten, ohne große Verluste und ohne eine unzulässige Erwärmung zu zeigen. Da der Sender beim Sprechen, besonders in kalten Räumen, leicht
feuchten Niederschlägen ausgesetzt ist, sollen diese keinen Einfluß haben und
soll der Sender möglichst korrosionssicher gebaut sein.

Der Empfänger besteht aus einem gepolten System mit im allgemeinen
zwei Weicheisenpolschuhen, zwei Spulen und einem schwingenden Anker,
der gewöhnlich die Membran bildet. Da er sehr empfindlich sein soll, müssen
die Werkstoffe — besonders das Eisen — sorgfältig gewählt werden, und der
Abstand zwischen Polschuhen und Anker soll klein und zur genauen Einstellung möglichst regelbar ausgeführt sein. Der Empfänger wird ebenfalls
als Kapsel leicht auswechselbar gebaut, wie es Abb. 38 zeigt.

64

Sender und Empfänger stellen an die Konstruktion und an die Fertigung große Anforderungen; denn sie sollen kräftig sein, so daß sie selbst bei schlechter Behandlung nicht leicht Beschädigungen ausgesetzt sind, und trotzdem äußerst empfindlich und wirkungsvoll.

Die Lebensdauer eines Senders ist begrenzt und hängt von seiner Benutzung ab, weil der Kohlegrieß Abnutzungserscheinungen unterworfen ist; sie soll bei gewöhnlicher Benutzung mindestens 5 Jahre betragen. Die Lebensdauer des Empfängers ist unbegrenzt, weil es irgendwelche der Abnutzung unterworfene Teile nicht gibt.

Sender und Empfänger werden auswechselbar in einem Sprechhörer zusammengefaßt, der besondere Bedingungen erfüllen muß. Die Stellung des Senders zum Empfänger und ihre Entfernung voneinander müssen zweckmäßig gewählt werden, um die beste Wirkung zu erreichen. Man bringt den Sender so dicht wie möglich an den Mund, um ihn so kräftig wie nur möglich durch die Sprache zu erregen und den Einfluß der Raumgeräusche zu vermindern; denn Raumgeräusche sind überall in kleinerem oder größerem Umfange vorhanden, wodurch die Verständigung ungünstig beeinflußt wird. Je näher der Sender dem Munde steht, je besser die Einsprache dem Munde angepaßt ist, ohne natürlich unangenehm zu wirken, und je mehr dadurch das Raumgeräusch abgeschirmt wird, um so günstiger wird das Verhältnis von Nutzschalldruck zum Störschalldruck; denn je größer die Differenz zwischen Nutzpegel und Störpegel ist, um so besser ist die Verständigung.

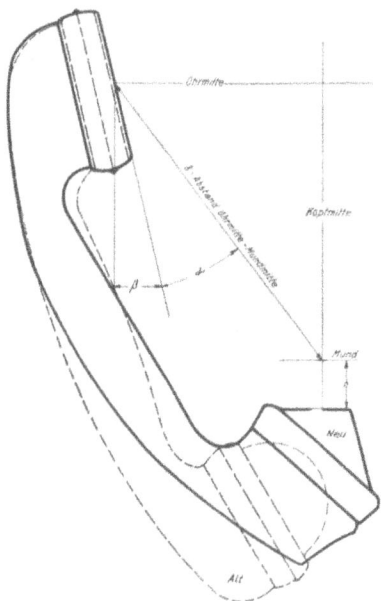

Abb. 40. Alter und neuer Sprechhörer.

Abb. 40 zeigt eine Zeichnung des Sprechhörers in älterer und neuerer Ausführung, mit der eine bessere Anpassung erstrebt wird.

Bestimmend für die Form des Sprechhörers ist der Winkel β, der die Neigung des Hörers zur Kopfachse angibt, der Winkel α, der zwischen Hörer und Verbindungslinie Ohrmitte und Mundmitte liegt, und die Entfernung δ, die den Abstand zwischen Ohrmitte und Mundmitte angibt. Wenn diese Werte bekannt sind, kann ein zweckmäßiger Sprechhörer entwickelt werden. Die Werte sind an vielen Personen*) gemessen und schwanken natürlich sowohl zwischen verschiedenen Personen als auch bei derselben Person, abhängig von der Art des Anlegens des Hörers an das Ohr. Als Mittelwerte haben sich für

*) H.-J. Lurk, „Ermittlung der Maße eines der häufigsten Kopfform angepaßten Handapparates unter Zuhilfenahme einer neuartigen Meßapparatur". Z. f. F., 1934, Heft 4.

Europa $x = 24^0$, $\beta = 14^0$ und $\delta = 135$ mm ergeben. Damit sind die Grundmaße des Sprechhörers ermittelt. Die Entfernung b zwischen Mundmitte und Einsprache kann gewählt werden und ist nach den früher angegebenen Bedingungen bei dem neuen Sprechhörer zu 20 mm genommen worden. Abb. 41 zeigt die Ausführung des Sprechhörers mit dem auswechselbaren Sender und Empfänger, mit der Einsprache und der Hörmuschel. Der Sprechhörer wird allgemein aus Preßstoff hergestellt und hat sich bisher in dieser Form außerordentlich gut bewährt.

Über den Aufbau und die Wirkungsweise der Teile für die Zeichengabe ist folgendes bemerkenswert.

Der Nummernschalter dient zur Herstellung der Verbindung. Er ist der einfachste Nummerntelegraf, der das Telegrafieren durch jeden Laien ohne jede Ausbildung zuläßt und der die Nummern von 1 bis 9 und 0 durch eine den Nummern entsprechende Zahl von Stromunterbrechungen von 1 bis 10 abgibt. Durch mehrmaliges Betätigen des Nummernschalters kann jede beliebige Nummernzusammenstellung und damit Stellenzahl gewählt werden. Die Wahl erfolgt durch Drehen der Fingerscheibe mit dem Zeigefinger von der gewünschten Zahl bis zu einem Anschlag, worauf die Scheibe losgelassen wird und frei zurückläuft. Beim Rücklauf der Scheibe, der durch eine Bremse geregelt ist, wird die entsprechende Zahl von Unterbrechungen durch ein Nockenrädchen mit einem Stromstoßkontakt gegeben. Die Federn des Stromstoßkontaktes müssen prellungsfrei arbeiten, um einwandfreie Stromstöße zu erreichen. Die Zeiten für die Stromöffnungen und Stromschließungen müssen bei allen Zahlen sowohl am Anfange als auch am Ende der Stromstoßreihen gleichmäßig sein. Um einen ordnungsmäßigen Rücklauf des Schalters mit gleichmäßiger Stromstoßgabe zu erzielen, muß die Rückzugfeder einen flachen Kraftanstieg haben und die den langsamen Rücklauf regelnde Bremse gleichmäßig wirken, möglichst unbeeinflußt von den vielen Einwirkungen des praktischen Betriebes. Die Bremse, die nur beim Rücklauf der Fingerscheibe mit dieser gekoppelt ist, muß sich leicht regeln lassen und weiter so wirken, daß eine willkürliche rückwärtige Beschleunigung der Fingerscheibe durch die Teilnehmer praktisch nicht möglich ist. Das Verhältnis

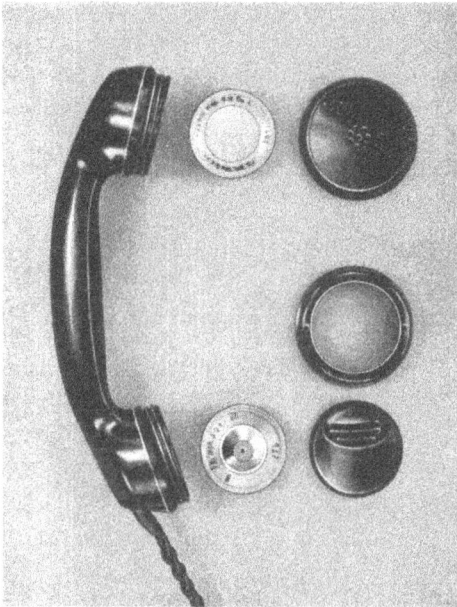

Abb. 41.
Sprechhörer mit den auswechselbaren Teilen.

von Stromöffnung zu Stromschließung nennt man das Stromstoßverhältnis, das in Deutschland und vielen anderen Ländern 1,6 zu 1, in manchen anderen Ländern 2 zu 1 beträgt. Gewisse Abweichungen von diesen Grundwerten sind zulässig und für den deutschen Nummernschalter mit 1,3 zu 1 und 1,9 zu 1 festgelegt. Die Ablaufgeschwindigkeit des Nummernschalters beträgt 1 s für 10 Stromstöße und ist mit einer zulässigen Abweichung von ± 1 Stromstoß vom CCIF für zwischenstaatlichen Verkehr zugrunde gelegt. Es gibt Nummern-schalter ohne und mit Leerlauf vor oder nach jeder Stromstoßgabe, um eine größere Zeit zwischen den einzelnen Stromstoßreihen zu erreichen, wodurch die Schaltvorgänge im Amt zwischen den Reihen auf eine größere Zeit ver-teilt werden können. Der Leerlauf, der verschieden groß sein kann, erfor-dert gewisse Zusatzglieder am Schalter, die einfach gehalten werden können, z. B. in Form eines gesteuerten Hilfs-kontaktes. Vielfach wird der Num-mernschalter durch die Hörergabel gesperrt, wodurch eine wirksame Verminderung von Bedienungsfehlern, z. B. Wählen vor dem Abnehmen des Hörers, erreicht wird, was sehr wich-tig ist. Der Fingeranschlag muß so konstruiert sein, daß ein Schleudern der Fingerscheibe über den Finger-anschlag hinaus beim schnellen Auf-ziehen nicht möglich ist. Die Num-

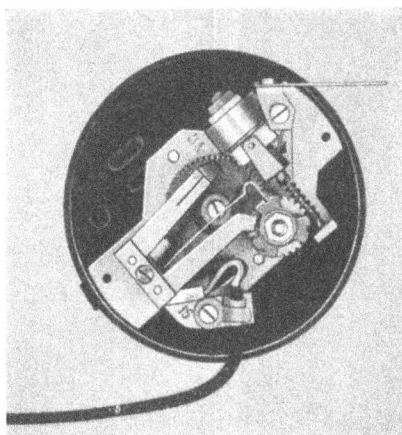

Abb. 42. Rückansicht eines Nummern-schalters mit Leerlauf.

mernschalter müssen besonders betriebssicher sein und möglichst jahrelang ohne Pflege gut arbeiten, weil sie sehr verstreut sind und deshalb eine Prüfung und Pflege recht zeitraubend ist. Diese Forderung gilt zwar für alle Teile des Teilnehmergerätes, doch ist der Nummernschalter der Teil mit der um-fassendsten Mechanik. Der Nummernschalter trägt noch einen besonderen Kontakt, der während der Betätigung des Nummernschalters dauernd ge-schlossen ist, wodurch die Sprachübertragungsteile kurzgeschlossen werden, um Knacken während der Wahl zu verhindern. Abb. 42 zeigt die rückwärtige Ansicht eines Nummernschalters mit Leerlauf und Gabelsperrung; die Vorder-ansicht mit der Fingerscheibe und dem Anschlag zeigen die Abb. 44 und 45.

Der Anrufwecker soll einen kräftigen, möglichst harmonischen Klang geben und soll, wie alle anderen Geräteteile, gegen Einflüsse von Temperatur- und Feuchtigkeitsschwankungen sowie von Staub möglichst unempfind-lich sein. Elektrisch soll er aber empfindlich sein und mit kleiner Energie — etwa 15 mW — gut arbeiten. Der Wecker besteht gewöhnlich aus einem gepolten System mit einem Magnet und zwei Eisenkernen mit Spulen, vor denen ein in der Mitte gelagerter symmetrischer Anker leicht regelbar angeordnet ist, der den Klöppel für das Anschlagen der Glockenschalen trägt.

Durch den Wechselstrom werden die Magnetfelder in den Spulen abwechselnd verstärkt und geschwächt, wodurch der Anker jeweils umgelegt wird. Die Glockenschalen sollen gut klingen und sind deshalb aus Stahl oder Bronze hergestellt. Abb. 43 zeigt einen derartigen Wecker auf der Grundplatte eines Gerätes. Man verwendet allgemein zum Anruf Wechselstrom und zum Sprechen Gleichstrom. Die dafür erforderliche Umschaltung erfolgt durch den Sprechumschalter, der später noch behandelt wird. Es ist ein Kondensator vorgesehen, der den Gleichstrom verriegelt und den Wechselstrom zum Anruf durchläßt. Man verwendet zum Anruf eine Frequenz teilweise von 16 Hz, teilweise 25 Hz, mitunter auch von 50 Hz. Am vorteilhaftesten ist es, wenn der Wecker in diesen Grenzen frequenzunabhängig ist, so daß er für alle diese Frequenzen ohne weiteres verwendet werden kann. Als Rufspannung wird 40 bis 100 V verwendet, wobei ein Schutzwiderstand vorgeschaltet wird.

Abb. 43. Wechselstromwecker auf der Grundplatte des Teilnehmergeräts.

Der Sprechgabelumschalter, durch den selbsttätig beim Abnehmen des Sprechhörers der Gleichstromkreis zum Amt geschlossen und damit die Verbindung eingeleitet und beim Auflegen geöffnet und damit ausgelöst wird, soll beim Betätigen nicht prellen und dadurch keine Wahlstromstöße erzeugen. Auch beim ungeschickten Abnehmen und Auflegen sollen irgendwelche Stromstöße nicht verursacht werden. Die Hörergabel, durch die der Sprechumschalter betätigt wird, soll kräftig sein, nicht klemmen und durch den Sprechhörer leicht betätigt werden; ein Einklemmen der Hörerschnur soll nicht möglich sein. Der Umschalterkontakt soll sicheren Kontakt geben, zugänglich sein und trotzdem nicht verstauben. Gewöhnlich wird mit der Gabel ein Griff verbunden, durch den ein leichtes Tragen des Gerätes, ohne daß der Umschalter betätigt wird, möglich ist.

Die Schnüre, Anschluß- und Hörerschnüre, sollen leicht beweglich und dauerhaft sein, bei schlechter Behandlung nicht brechen und sich nicht verknoten; Feuchtigkeit soll wenig Einfluß haben. Zum Schutz der Schnüre sind an den besonders gefährdeten Einführungsstellen Schnurschutzspiralen oder Gummitüllen eingeführt worden. Weiter werden, um das Verwickeln der Schnüre zu verhindern, auch schon dehnbare Schnüre verwendet, während von den vielen Vorschlägen für Aufrolleinrichtungen sich bisher noch kein Vorschlag einführen konnte. Gewöhnlich werden Anschlußschnüre aus Litze, Hörerschnüre aus Lahnleiter hergestellt.

Das Gehäuse soll rauhe Behandlung aushalten und kann sowohl in Metall als auch in Preßstoff ausgeführt werden. Während die Metallausführung etwas dauerhafter ist, bietet die Preßstoffausführung den besten Schutz gegen elektrische Schläge bei Isolationsfehlern irgendwelcher spannungsführenden Teile. Die Anordnung der Teile im Gehäuse soll übersichtlich, die Teile selbst sollen leicht zugänglich und pflegbar, die Schnüre leicht auswechselbar sein. Es gibt bekanntlich Tisch- und Wandgeräte, die gewöhnlich schwarz sind, sich aber auch farbig herstellen lassen. Metallgeräte werden

Abb. 44. Preßstoff-Tischgerät, aufgeschnitten.

entsprechend farbig lackiert, Preßstoffgeräte mit Gabel und Sprechhörer gleich aus farbigem Preßstoff hergestellt. Für die Verwaltungen bedeutet aber die Ausführung der Typen in mehreren Farben eine Erschwerung der Unterhaltung. Teilnehmergeräte, die überall Aufstellung finden, sollen möglichst formschön und passend für jede Umgebung einheitlich ausgebildet werden.

Die Teilnehmergeräte werden für besondere Zwecke noch mit einer Zeichentaste ausgerüstet, um in Nebenstellenanlagen Rückfragen, Umlegungen und Anruf der Vermittlungsperson zu ermöglichen. Beim Betätigen der Zeichentaste wird im Gerät eine Erdverbindung hergestellt, durch die in der Zentrale die entsprechenden Schaltvorgänge eingeleitet werden. In Reihenanlagen erhalten die Geräte, die dann größer auszuführen sind, noch Besetztschauzeichen und Einschaltehebel für die Amtsleitungen. Für weitere Zwecke können sie noch größer und umfassender — z. B. als Direktoren- oder Sekretärgerät — ausgestaltet werden.

Abb. 44 zeigt ein Tischgerät ohne Taste aufgeschnitten, wodurch zum Teil die zweckmäßige Anordnung der Teile im Innern ersichtlich ist, und Abb. 45 ein Wandgerät mit Taste, beide in Preßstoffausführung.

Abb. 45. Preßstoff-Wandgehäuse mit Zeichentaste.

Es gibt die verschiedensten Schaltungen der Geräte für das elektrische Zusammenwirken aller Teile, abhängig von den zu erfüllenden Forderungen. Die gebräuchlichsten Forderungen sind:

1. Kurzschluß des Gerätes oder nur des Hörers beim Wählen.
2. Funkenlöschung am Stromstoßkontakt, um Rundfunkempfang nicht zu stören.
3. Keine Wählereinstellung beim Betätigen des Nummernschalters, wenn Fernhörer nicht abgehoben und keine mechanische Sperrung durch die Hörergabel vorhanden ist.
4. Verminderung des Rückhörens der eigenen Sprache.
5. Der Anrufwecker darf nicht ausschaltbar sein.

Auf Grund dieser Forderungen ergibt sich z. B. eine Schaltung, wie sie in Abb. 46 dargestellt ist, aus der die Erfüllung der Forderung 1 durch den besonderen Kontakt k am Nummernschalter, der Forderung 2 durch Verwendung des Weckerkondensators und Widerstandes parallel zum Stromstoßkontakt i, der Forderung 3 durch Wirksamwerden des Stromstoßkontaktes erst durch den Sprechumschalterkontakt s und der Forderung 4 durch den

70

Ausgleichsprechübertrager zu ersehen ist. Die Stromschwankungen, verursacht durch das Mikrofon, beeinflussen beide Wicklungen des Übertragers in entgegengesetztem Sinne, so daß nur die Differenz der beiden Wicklungen am Fernhörer zur Wirkung kommt. Die Größe der Differenz und damit des Rückhörens ist abhängig von den Scheinwiderständen des Amtskreises und des Gerätekreises mit dem Ausgleichwiderstand R. Da diese beiden Kreise in den meisten Fällen infolge der verschiedenen Leitungslängen nicht übereinstimmen werden und sich eine Anpassung des Gerätewiderstandes an die einzelnen Betriebsfälle nicht empfiehlt, wird meistens ein geringes Rückhören vorhanden sein, was aber unschädlich, ja sogar vorteilhaft ist und den stromführenden Zustand des Gerätes erkennen läßt. Der Ausgleich-

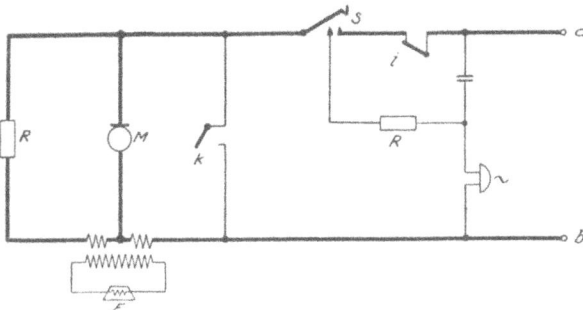

Abb. 46. Schaltung des Teilnehmergeräts mit Rückhördämpfung.

i = Stromstoßkontakt,
k = Kurzschlußkontakt,
s = Sprechumschalter.

widerstand R wird mittleren Verhältnissen angepaßt und beträgt gewöhnlich 200 Ω, der Scheinwiderstand dieses Kreises (Widerstand mit Induktionsspule) zusammen 400 bis 500 Ω. Die Erfüllung der Forderung 5 ist aus der Schaltung ohne weiteres ersichtlich.

Gewöhnliche Teilnehmergeräte, ohne Berücksichtigung der Besonderheiten gewisser Nebenstellen-, Reihen- und Linienwählergeräte, sowie Geräte mit Induktor können auf Grund verschiedener Forderungen über Aufbau, Ausführung und Leistung ganz verschieden zusammengesetzt sein. Die bekanntesten Forderungen erstrecken sich auf den zu verwendenden Werkstoff, Tisch- oder Wandgerät, mit oder ohne Taste, die Art der Speisung, das Stromstoßverhältnis, die Ausführung des Anschlußteiles, Dämpfung und Frequenzband und auf den Feuchtigkeitsschutz. Wie außerordentlich groß die Verschiedenartigkeit sein kann, geht aus Tafel 8 hervor, in der die Zusammensetzung der Geräte aus Einzelteilen mit ihren unterschiedlichen Ausführungen gezeigt ist. Die Tafel, die mitunter auch als Stammbaum bezeichnet wird, läßt weiter den Zusammenhang aller dieser dargestellten Teile erkennen, die sich in der verschiedensten Zusammensetzung je nach den gestellten Forderungen verwenden lassen, so daß eine außerordentlich große Zahl von unterschiedlichen Geräten möglich wird. Um aber eine Zersplit-

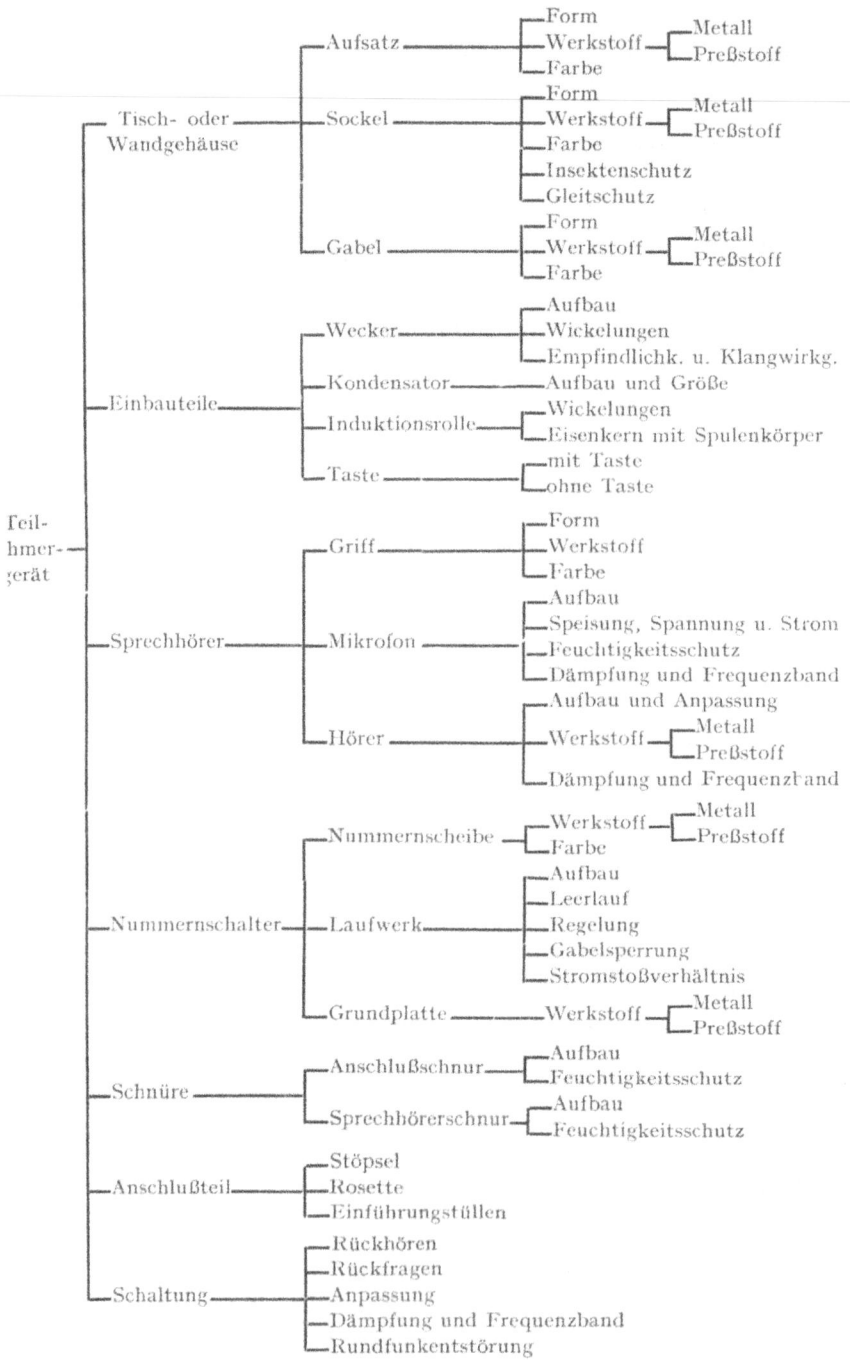

Teil-
hmer-
gerät
- Tisch- oder Wandgehäuse
  - Aufsatz
    - Form
    - Werkstoff
      - Metall
      - Preßstoff
    - Farbe
  - Sockel
    - Form
    - Werkstoff
      - Metall
      - Preßstoff
    - Farbe
    - Insektenschutz
    - Gleitschutz
  - Gabel
    - Form
    - Werkstoff
      - Metall
      - Preßstoff
    - Farbe
- Einbauteile
  - Wecker
    - Aufbau
    - Wickelungen
    - Empfindlichk. u. Klangwirkg.
  - Kondensator
    - Aufbau und Größe
  - Induktionsrolle
    - Wickelungen
    - Eisenkern mit Spulenkörper
  - Taste
    - mit Taste
    - ohne Taste
- Sprechhörer
  - Griff
    - Form
    - Werkstoff
    - Farbe
  - Mikrofon
    - Aufbau
    - Speisung, Spannung u. Strom
    - Feuchtigkeitsschutz
    - Dämpfung und Frequenzband
  - Hörer
    - Aufbau und Anpassung
    - Werkstoff
      - Metall
      - Preßstoff
    - Dämpfung und Frequenzband
- Nummernschalter
  - Nummernscheibe
    - Werkstoff
      - Metall
      - Preßstoff
    - Farbe
  - Laufwerk
    - Aufbau
    - Leerlauf
    - Regelung
    - Gabelsperrung
    - Stromstoßverhältnis
  - Grundplatte
    - Werkstoff
      - Metall
      - Preßstoff
- Schnüre
  - Anschlußschnur
    - Aufbau
    - Feuchtigkeitsschutz
  - Sprechhörerschnur
    - Aufbau
    - Feuchtigkeitsschutz
- Anschlußteil
  - Stöpsel
  - Rosette
  - Einführungstüllen
- Schaltung
  - Rückhören
  - Rückfragen
  - Anpassung
  - Dämpfung und Frequenzband
  - Rundfunkentstörung

Tafel 8.

72

terung zu vermeiden, sollte das Bestreben sein, die Zahl der verschiedenen Geräte möglichst auf einige grundsätzliche Ausführungen zu beschränken, besonders auch mit Rücksicht auf die Schaltung, durch die noch weitere Zersplitterungen durch Aufstellung zusätzlicher Forderungen möglich sind.

8. Einfache, doppelte und teilweise doppelte Vorwahl.

Einfache Vorwahl.

Die Frage „Vorwähler (VW) oder Anrufsucher (AS)?" bei der Vorwahl ist fast so alt wie die Selbstanschlußtechnik selbst und wird nie eindeutig für alle Fälle zugunsten einer Art entschieden werden, weil sich beide Vorwahlarten für verschiedene Verkehrsfälle eignen. Ganz allgemein kann man dieser Untersuchung vorwegnehmen, daß Vorwähler wirtschaftlich gerechtfertigt sind für starken Verkehr, Anrufsucher für schwachen Verkehr. Im einzelnen ist für die Eigenschaften beider Vorwahlarten folgendes zu sagen:

a) Einstellzeit: Im allgemeinen ist die Einstellzeit der AS länger als die der VW, weil bei der Einstellung im Mittel eine größere Anzahl von Schritten erforderlich ist. Da die Einstellzeit bei AS vielfach größer wurde als die Zeit zwischen Abheben des Sprechhörers und Beginn der Nummernwahl, hat man das Wählzeichen eingeführt, das die Beendigung der Vorwahl dem Teilnehmer anzeigt. Später hat sich dieses Zeichen auch bei VW wegen der Nebenstellenanlagen als Zeichen dafür empfohlen, daß die Nebenstellenbeamtin die Verbindung zum öffentlichen Amt durchgeschaltet hat, so daß mit Rücksicht auf das Wählzeichen kein Unterschied mehr in den Wählersystemen besteht. Durch die Einführung neuzeitlicher schnellarbeitender Wähler hat dieser Punkt mit Rücksicht auf die Einstellzeit an Bedeutung verloren.

b) Erweiterungsfähigkeit: Die VW sind für jede Größe des Verkehrs ohne Umänderungen geeignet, während die AS in ihrer Zahl bei wachsendem Verkehr angepaßt werden müssen. Man muß gleich bei der Planung genügend Reserven vorsehen, damit man gegebenenfalls AS ohne allzu große Umänderungen nachträglich einbauen kann. Für unvorhergesehene Verkehrsfälle können daher AS größere Schwierigkeiten als VW machen.

c) Zentrale Schaltglieder: Die Zahl und Bedeutung der zentralen Schaltglieder ist bei AS erheblich größer als bei VW. VW haben höchstens einen gemeinsamen Unterbrecher, der sogar durch Selbstunterbrecher je VW vermieden werden kann, während AS außer diesem gemeinsamen Antrieb noch Steuerglieder erhalten müssen, die eine selbsttätige, unter Umständen nacheinander erfolgende Einschaltung der AS entweder über einen oder mehrere Anrufverteiler oder über eine Relaiskette veranlassen. Beide Arten der Einschaltung müssen mit der größten Sicherheit ausgestattet sein, damit nicht bei Fehlern an diesen Teilen ganze Teilnehmergruppen ausgeschaltet werden.

d) Einfluß von Fehlern: Der Einfluß von Fehlern ist bei AS größer als bei VW. Ein fehlerhafter VW kann nur einen Teilnehmer stören, während ein fehlerhafter AS unter Umständen eine ganze Teilnehmergruppe außer

Betrieb setzen kann. Ein dauerndes Laufen der Wähler muß vermieden werden, ebenso die Möglichkeit, daß durch irgendwelche Fehler die AS einer ganzen Gruppe nacheinander außer Betrieb gesetzt werden können. Es muß daher eine selbsttätige Ausschaltung fehlerhafter AS vorgesehen werden. Fehler an den zentralen Gliedern sind ebenfalls sehr ernst, weil sie die ganze Gruppe beeinflussen. Da die zentralen Glieder bei AS zahlreicher sind als bei VW, sind die aufzuwendenden Mittel, um die Folgen derartiger Fehler zu mildern, bei AS erheblich größer als bei VW.

e) Wirtschaftlichkeit: Die wichtigste Frage bei allen diesen Betrachtungen ist die Wirtschaftlichkeit. Während die Kosten der VW fast unabhängig von der Größe des Verkehrs sind, wachsen die Kosten bei AS sehr stark mit dem Verkehr. Trägt man die Kosten der Vorwahlglieder und aller dazugehörenden Teile für verschiedene Verkehrswerte und der dafür erforderlichen Verbindungswege für VW und AS in Linien auf, so gibt es einen Schnittpunkt der Linien, der die Grenze der Wirtschaftlichkeit in der Vorwahlstufe für die Vorwahlarten angibt. In Abb. 47 zeigen die Linien das Ergebnis einer derartigen Wirtschaftsrechnung für die Vorwahlarten. Es ergibt sich die Grenze der Wirtschaftlichkeit von AS bei einem Verkehr von etwa 10% Verbindungswegen je 100er-Gruppe. Bei stärkerem Verkehr — und das ist besonders in größeren öffentlichen Ämtern der Fall — ist der VW wirtschaftlicher. Die Linien hängen noch etwas davon ab, welche Art und Größe für AS gewählt werden, entweder Drehwähler oder Hebdrehwähler, 50-, 100- oder noch mehrkontaktig. VW werden gewöhnlich nur 10 kontaktig ausgeführt. Diese Größe ist wirtschaftlich und liegt der Linie in Abb. 47 zugrunde. Der Linie für AS wurden 100 teilige Drehwähler zugrunde gelegt. Die Aufwendungen verstehen sich ohne Teilnehmerrelais. Es gibt aber auch

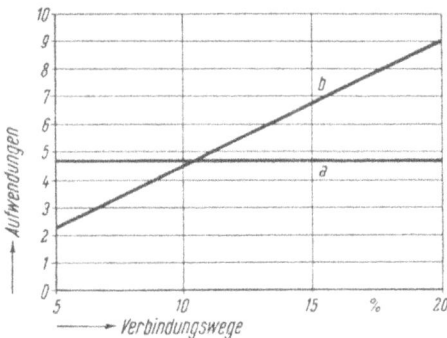

Abb. 47. Aufwendungen in der Vorwahlstufe ohne Teilnehmerrelais.
a = 10 teilige VW,
b = 100 teilige AS.

25 kontaktige VW, die etwas teurer sind. Das Bild gibt eine gute Richtlinie der Wirtschaftlichkeit in der Vorwahlstufe bei der Planung. Die Untersuchung bestätigt das eingangs erwähnte Ergebnis, daß AS für schwachen Verkehr wirtschaftlich sind und sich dafür eignen, wenn man die anderen erwähnten Eigenschaften der AS mit in Kauf nimmt.

f) Staffelung: Bei beiden Vorwahlarten kann man aus wirtschaftlichen Gründen Staffelung verwenden. Bei VW werden die Kontakte gestaffelt, wie Abb. 2 erkennen läßt; bei AS staffelt man die Zugänge zu den Schaltarmen, wie aus Abb. 6 zu ersehen ist. Die Staffelung ist bei VW in größtem Umfange durchgeführt, bei AS ist sie noch nicht so bekannt.

74

Doppelte Vorwahl.

Die doppelte Vorwahl wird zunächst ausgeführt durch doppelte VW und doppelte AS, ferner durch eine Mischung dieser Vorwahlarten und zwar: VW und AS oder AS und VW. In größerem Umfang eingeführt sind doppelte VW, doppelte AS und die Mischung AS und VW. Was über die Eigenschaften der Vorwahlarten bei der einfachen Vorwahl gesagt wurde, gilt auch für die Ausführungen der doppelten Vorwahl.

Die Einstellzeit ist bei doppelten AS länger als bei doppelten VW. Bei Verkehrssteigerungen müssen bei doppelten AS die ersten und zweiten AS erweitert werden, während bei doppelten VW nur die zweiten VW zu erweitern sind. Die Zahl der zentralen Schaltglieder ist auch bei doppelten AS größer als bei doppelten VW. Der Einfluß von Fehlern ist natürlich bei doppelten AS ebenfalls größer als bei doppelten VW. Für die Wirtschaftlichkeit gibt es ebenfalls eine ähnliche Grenze wie bei einfacher Vorwahl, wobei zu beachten ist, daß bei doppelten AS nur bei der Verwendung von sehr großen Wählern solche Bündel erreicht werden wie bei den kleinen doppelten VW. Staffelung läßt sich auch bei der doppelten Vorwahl verwenden; sie ist bei doppelten VW überall eingeführt, bei AS aber nicht bekannt.

Teilweise doppelte Vorwahl.

Bei allen doppelten Vorwahlarten kann man aus wirtschaftlichen Gründen eine Sparschaltung verwenden, indem man nur einen Teil des Verkehrs der ersten Vorwahlglieder über zweite Vorwahlglieder führt. Gut ausgenutzte Leitungen hinter den ersten Vorwahlgliedern, deren Ausnutzung durch die zweiten Vorwahlglieder nicht wesentlich gesteigert werden kann, werden unmittelbar zu den I. GW geführt. Die Sparschaltung bei doppelten VW ist weit verbreitet.

Diese Untersuchungen lassen erkennen, wo mit Vorteil VW oder AS verwendet werden können.

9. Verbindungsaufbau eines Peripherieamtes.

Bei der Planung von Fernsprechnetzen und bei der Ermittlung der zweckmäßigsten und wirtschaftlichsten Art der Verbindung der Ämter untereinander sind die verschiedensten Einzelaufgaben zu lösen. Auf die Art der Netzgestaltung und damit auf die Lösung der jeweiligen Aufgabe haben viele örtliche und Verkehrsbedingungen einen großen Einfluß. Solche Bedingungen sind: Größe, Lage und Entfernung der Ämter untereinander, Stärke und Verteilung des Verkehrs, wozu unter Umständen noch besondere Betriebsbedingungen kommen, die erfüllt werden sollen. Eine solche Aufgabe, die häufig wiederkehrt und jedesmal viel Arbeit verursacht, ist folgende:

Ein Peripherieamt liegt etwas außerhalb eines sonst geschlossenen Stadtnetzes. Wie ist in diesem Falle die zweckmäßigste Eingliederung des Peripherieamtes in das Netz und wie erfolgt der Verbindungsaufbau unter Erzielung des geringsten Gesamtaufwandes?

Da es für diese Aufgabe sehr viele Lösungsmöglichkeiten gibt, die sich für verschiedene Betriebsfälle verschieden gut eignen, wobei der Gesamtaufwand, der sowohl Netz- als auch Fernsprecheinrichtungen umfaßt, den kleinsten Betrag erfordern soll, ist die Ermittlung der zweckmäßigsten Lösung für den betreffenden Fall nicht einfach. Es sollen daher für diese besondere Aufgabe gewisse Richtlinien unter Berücksichtigung der verschiedenen Betriebsfälle hier ermittelt werden. Da bekanntlich das Netz stets den größten Anteil der Aufwendungen erfordert, muß besonders dieses zweckmäßig entwickelt werden.

In Abb. 48 sind die verschiedenen Möglichkeiten der Verbindung des Peripherieamtes mit dem Stadtnetz aufgezeichnet, die nacheinander besprochen werden sollen.

Zunächst ist das Peripherieamt als gewöhnliches Vollamt mit dem Stadtnetz und dadurch mit jedem Stadtamt unmittelbar verbunden, wie es in Abb. 48a dargestellt ist. Es ergeben sich eine große Anzahl von Leitungsbündeln von und nach den Stadtämtern für abgehenden und ankommenden Verkehr, also ein großer Aufwand an Leitungen. Wenn „n" die Zahl der Stadtämter ist, so sind „2 n" Bündel zwischen dem Peripherieamt und dem Stadtnetz vorhanden. Diese Art der Verbindung ist nur dann wirtschaftlich gerechtfertigt, wenn es sich um große Bündel mit guter Leitungsausnutzung handelt, die durch Zusammenlegen der vielen Bündel zu einem großen Bündel in jeder Richtung nicht gesteigert werden kann. Das trifft aber gewöhnlich für Peripherieämter nicht zu, weil es sich in den meisten Fällen um kleine Ämter handelt. Die Lösung ist daher wegen der Bündelspaltung und des dadurch entstehenden teuren Netzes nicht zu empfehlen, und zwar steigen die Aufwendungen mit zunehmender Entfernung des Peripherieamtes vom Stadtnetz, mit zunehmender Zahl der Stadtämter und mit abnehmendem Verkehr des Peripherieamtes mit den Stadtämtern.

Um das Netz billiger zu gestalten, kann das Peripherieamt als Unteramt an das nächste Stadtamt angeschlossen werden, wie es in Abb. 48b dargestellt ist. Die I. GW des Unteramtes stehen im nächsten Stadtamt, die III. GW wieder im Unteramt. Zwischen dem Unteramt und dem Stadtnetz gibt es dann nur zwei Leitungsbündel, je eins für abgehenden und ankommenden Verkehr. Der Fall b ist daher bezüglich der Bündelung und Ausnutzung der Leitungen, wie ohne weiteres zu sehen ist, erheblich günstiger als der Fall a. Er bringt aber noch nicht die geringsten Netzkosten, weil der örtliche Verkehr der Teilnehmer des Unteramtes über das Stadtamt verläuft und für ein örtliches Gespräch daher zwei Leitungen, eine abgehende und eine ankommende Leitung, benutzt werden. Ist der örtliche Verkehr sehr klein, so ist die Mehrbelastung der Leitungen und damit die Führung dieses Verkehrs über das Stadtamt ohne jede Bedeutung, so daß in diesem Falle das Netz so aufgebaut werden kann.

Ist aber der örtliche Verkehr stark, so kann die Lösung noch verbessert werden. In diesem Falle empfehlen sich Umsteuerwähler (UW) im Unteramt, wie sie in Abb. 48c dargestellt sind. Die I. GW des Unteramtes stehen wieder im nächsten Stadtamt, die III. GW wieder im Unteramt. Die II. VW im Unteramt sind als UW ausgebildet, die eine Umsteuerung auf einen

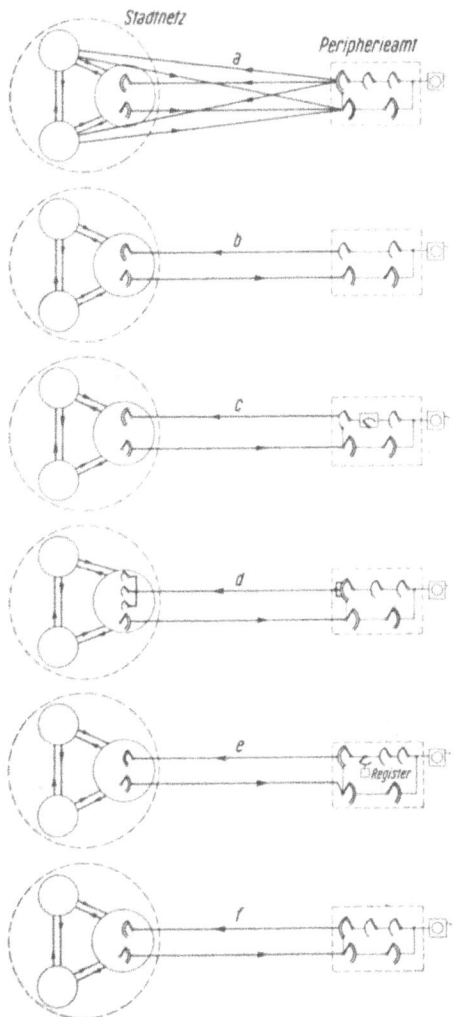

Abb. 48. Verbindungsmöglichkeiten zwischen Peripherieamt und Stadtnetz.

a = unmittelbare Verbindung mit Bündelspaltung.
b = Peripherieamt ist Unteramt; I. GW stehen im nächstgelegenen Stadtamt; örtliche Verbindungen verlaufen über dieses Stadtamt.
c = Peripherieamt ist Unteramt; I. GW stehen im nächstgelegenen Stadtamt; im Unteramt sind Umsteuerwähler vorgesehen; Blindbelegungen beim Aufbau von örtlichen Verbindungen; die Blindbelegungen können durch Stromstoßwiederholer vermieden werden.
d = Peripherieamt ist Unteramt; Blindbelegungen sind durch I. GW im Unteramt beseitigt; Verwendung von Weichen.
e = Peripherieamt ist Unteramt; Register im Unteramt.
f = Peripherieamt ist Unteramt; Kennzahlenwahl im Unteramt; keine einheitlichen Teilnehmerverzeichnisse.

örtlichen III. GW vornehmen und die Leitungen zum Stadtamt freigeben, wenn im Unteramt eine örtliche Verbindung gewählt wird. Die Umsteuerung wird durch ein Mitlaufwerk veranlaßt, dessen Arbeiten an anderer Stelle*) beschrieben ist. Örtliche Verbindungen benötigen demnach während des Gespräches keine Verbindungsleitungen zum Stadtamt. Sie belegen aber die Verbindungsleitungen beim Aufbau der Verbindungen kurzzeitig, weil die Umsteuerung und damit die Freigabe der Leitungen erst nach der Einstellung der I. und II. GW erfolgt. Diese kurzen Belegungen nennt man Blindbelegungen, deren Einfluß gewöhnlich klein ist, aber trotzdem vielfach überschätzt wird. Im 2. Teil „Fernverkehr" des Buches „Studien über Aufgaben der Fernsprechtechnik" in Abb. 81 auf S. 137 ist der Einfluß bei allen Verkehrsfällen angegeben. Man kann den Einfluß vermindern, wenn man die Verbindungsleitung zum Stadtamt nicht beim Abnehmen des Hörers belegt, sondern erst bei der Einleitung der Nummernwahl. Bei der Einleitung der Verbindung stellt sich zwar der UW auf eine freie Leitung, doch wird diese erst bei der Nummernwahl belegt. Auch dieser Einfluß ist aus Abb. 81 zu ersehen.

Will man jede Blindbelegung vermeiden, so kann das auf verschiedene Weise geschehen. Zunächst kann mit dem Mitlaufwerk ein Stromstoßwiederholer vereinigt werden, der im 2. Teil „Fernverkehr" der „Studien über Aufgaben der Fernsprechtechnik" auf S. 172 beschrieben ist. Er speichert die Stromstoßreihen auf und gibt sie unverändert wieder ab, wenn der Zeitpunkt dafür gekommen ist. Der UW wird erst dann eingeschaltet und belegt eine Leitung zum Stadtamt oder im Unteramt, wenn das Mitlaufwerk nach zwei Stromstoßreihen die Richtung entschieden hat. Dann gibt der Stromstoßwiederholer die gespeicherten Stromstoßreihen nach dem Stadtamt wieder ab, während er bei örtlichen Verbindungen ausgeschaltet wird, worauf die weiteren Stromstoßreihen der Teilnehmer unmittelbar zu den Wählern gelangen.

Eine weitere Möglichkeit, Blindbelegungen zu vermeiden, besteht in der Einführung von sogenannten Weichen, wie sie im Abschnitt 15 des 2. Teiles „Fernverkehr" von „Studien über Aufgaben der Fernsprechtechnik" beschrieben und hier in Abb. 48d dargestellt sind. Die I. GW stehen wieder im Unteramt, während im Stadtamt die GW an den Verbindungsleitungen in Drehwähler je Richtung aufgelöst sind. Der I. GW im Unteramt wird bei örtlichen Verbindungen auf den örtlichen II. GW eingestellt, bei Verbindungen ins Stadtnetz aber wird ein besonderer Stromstoß je gewählte Richtung gegeben, der die Verbindung über den entsprechenden Drehwähler, der voreingestellt ist, zu dem gewählten Amt herstellt.

Mit Hilfe dieser Mittel kann jede Blindbelegung vermieden werden. Es fragt sich aber, ob der erforderliche Aufwand wirklich gerechtfertigt ist, da der Einfluß der Blindbelegungen gewöhnlich außerordentlich klein ist.

Bei den bisherigen Lösungen war ein einheitliches Teilnehmerverzeichnis vorausgesetzt, wobei eine gleichstellige Nummer für alle Teilnehmer bei allen

*) „Studien über Aufgaben der Fernsprechtechnik".

Lösungen möglich war. Bei kleineren Peripherieämtern könnte man natürlich mit weniger Wählerstufen auskommen und diese Teilnehmer mit weniger Ziffern wählen, was die wirtschaftlichste Lösung ergibt. Verzichtet man aber auf diesen Vorteil und verlangt aus irgendwelchen Gründen gleiche Stellenzahl für alle Teilnehmer, so können in diesen Ämtern Wähler durch sogenannte Nummernschlucker erspart werden, unter Verzicht auf zukünftige Erweiterungen. Die geringstmöglichen Aufwendungen werden aber dadurch nicht erreicht. Nummernschlucker sind Nummernwähler, die bei Einstellung in bestimmte Dekaden wieder in die Ruhelage zurückkehren und von neuem eingestellt werden.

Eine andere Möglichkeit, die Aufgabe zu lösen, besteht in der Verwendung von Registern, wie sie in Abb. 48e gezeigt wird. Die I. GW im Peripherieamt führen nach GW im Stadtamt, die der Schaltung nach II. GW sind, aber ein gemeinsames Vielfachfeld mit den I. GW des Stadtamtes haben, sowie nach II. GW im Peripherieamt. Register nehmen die gewählten Zahlen auf, rechnen um, fügen in der Richtung zu den Stadtämtern eine Zahl hinzu und geben diese dann in Stromstoßreihen an die Wähler weiter. Register bedeuten aber eine Verteuerung und Verwickelung der Amtseinrichtungen und der Pflege sowie eine Verzögerung in der Verbindungsherstellung, wie es in den „Studien über Aufgaben der Fernsprechtechnik" eingehend beschrieben ist. In kleinen Ämtern werden Register wegen ihrer Eigenschaften sogar in Registersystemen nicht verwendet.

Eine andere Lösung der Aufgabe besteht darin, auf das einheitliche Teilnehmerverzeichnis zu verzichten und sogenannte Kennzahlen einzuführen. Es ergibt sich dann ein Aufbau, wie er in Abb. 48f dargestellt ist. Der Verbindungsaufbau geschieht über besondere I. GW im Peripherieamt, deren Leitungen nach GW im Stadtamt mit Schaltung von II. GW, aber mit Vielfachfeld der I. GW, und nach gewöhnlichen II. GW im Peripherieamt führen. Die Teilnehmer des Peripherieamtes wählen zur Erreichung der Stadtamtsteilnehmer eine besondere Nummer, die Kennzahl, und dann die gewöhnliche Nummer der Teilnehmer. Im Peripherieamt selbst werden weniger Ziffern gewählt. Die Stadtamtsteilnehmer wählen die Teilnehmer des Peripherieamtes wie gewöhnlich mit der Nummer des Verzeichnisses.

Allgemein ist über die gezeigten Lösungen folgendes zu sagen:

Da das Netz bekanntlich das größte Kapital erfordert, muß zunächst dafür die günstigste Lösung gesucht werden. Die Lösung a ist nicht günstig, wie schon erörtert wurde; die Lösung b geht für bestimmte Betriebsfälle. Die Lösungen c bis f benötigen etwa den gleichen Leitungsaufwand, so daß sie in dieser Hinsicht etwa gleichwertig sind. Der jeweilige Aufwand an Schaltmitteln in den Ämtern, im Stadt- und Peripherieamt, ist bei der Lösung e am größten. Den geringsten Aufwand erfordern die Lösungen c und f.

Das sind aber nur ganz allgemeine Richtlinien, weil der Verkehr und seine Verteilung, der gezeigt wurde und der genau in Rechnung gezogen werden kann, einen gewissen Einfluß auf den Aufwand für die erforderlichen Schaltmittel ausübt. Die Untersuchungen geben aber einen Überblick über die technischen Möglichkeiten mit der Größenordnung ihrer wirtschaftlichen Aufwendungen.

10. Nebenstellenanlagen.

Nebenstellenanlagen gehören stets zu in sich geschlossenen Betrieben mit starkem Untereinanderverkehr der Sprechstellen, die außerdem mit dem öffentlichen Fernsprechamt über eine Anzahl von Amtsleitungen verkehren können. Es gibt die verschiedensten Anlagen, von den kleinsten mit einer Amtsleitung und zwei Sprechstellen bis zu den größten Anlagen mit Hunderten von Amtsleitungen und Tausenden von Sprechstellen. Aber nicht nur in der Größe, sondern auch in der Art der Gesprächsvermittlung sowohl der Sprechstellen mit dem öffentlichen Amt als auch der Sprechstellen untereinander unterscheiden sich die Anlagen. Wenn man die Anlagen zunächst nach der Art des Amtsverkehrs unterteilt, so kann man gemäß Abb. 49 vier Arten unterscheiden.

1. Reihenanlagen, in denen durch sämtliche zum Amtsverkehr zugelassene Teilnehmergeräte der Reihe nach die Amtsleitungen geführt sind, in die sich die Teilnehmer durch Schalter selbst einschalten, wobei Schauzeichen oder Lampen das Besetztsein der Amtsleitungen anzeigen.

2. Handbediente Anlagen, bei denen an Vermittlungsschränken die Amtsverbindungen in beiden Richtungen bzw. nur in ankommender Richtung durch eine Bedienung mittels Einschnur- oder Zweischnurstöpsel über Klinken hergestellt werden.

3. Halbselbsttätige Anlagen, in denen die Bedienung nur ankommende Amtsverbindungen über festeingebaute Schalter und über Wähler herstellt, während abgehende Amtsverbindungen die Teilnehmer sich selbst durch eine unmittelbare Wahl des Amtes herstellen.

4. Selbsttätige Anlagen, in denen irgendeine Bedienung nicht mehr erforderlich ist, weil auch die ankommenden Amtsverbindungen durch unmittelbare Wahl der Nebenstellen durch die Teilnehmer des öffentlichen Amtes vollendet werden.

Zu den einzelnen Arten dieser Nebenstellenanlagen, die sich zum Teil noch durch die Art der Herstellung von Hausverbindungen unterscheiden, ist folgendes zu bemerken:

Zu 1. Reihenanlagen sind in ihrem Ausbau begrenzt, daher nur für kleine Anlagen geeignet, weil man aus wirtschaftlichen und technischen Gründen nicht beliebig viele Amtsleitungen in Reihenschaltung über beliebig viele Sprechstellen führen kann. Die Geräte werden sonst zu groß und unhandlich, die Sicherheit wird durch die vielen Kontakte in den Amtsleitungen herabgesetzt, das Leitungsnetz wird groß und unübersichtlich, die Anlagen

werden zu teuer. Man kann die Reihenanlagen weiter nach Art des Hausverkehrs unterscheiden in Anlagen mit Hausverkehr über Linienwähler und
über selbsttätige Wähler. Bei Linienwählern, die aus Drehschaltern. Kipp-
schaltern oder Tasten bestehen können, wird zunächst bis zu 6 Sprechstellen
nur eine Verbindungsmöglichkeit vorgesehen, mit Anruf der Sprechstellen

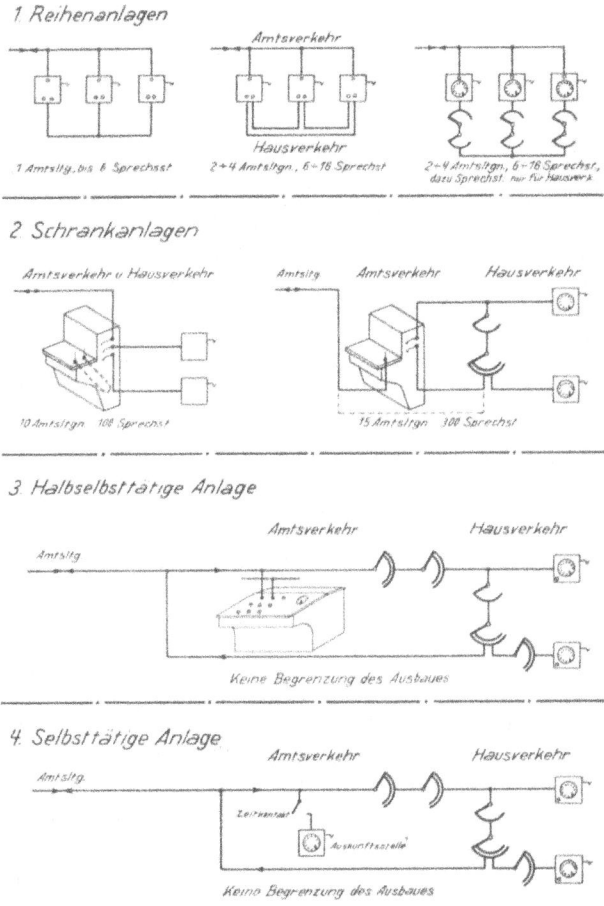

Abb. 49.   Arten der Nebenstellenanlagen.

durch Tastendruck, während bei einer größeren Zahl von Sprechstellen
mehrere Hausverbindungen, nämlich unmittelbare Verbindungen der Sprechstellen untereinander und Einschaltung durch die erwähnten Schaltmittel,
vorgesehen werden. Beim Hausverkehr über selbsttätige Einrichtungen sind
ebenfalls mehrere Hausverbindungsmöglichkeiten vorhanden. Reihenanlagen
werden nur bis zu 4 Amtsleitungen und 16 amtsberechtigte Sprechstellen
ausgebaut und erfordern besondere Teilnehmergeräte.

Werden die Hausverbindungen über Wähler hergestellt, so können z. B. weitere 34 Sprechstellen oder auch mehr, je nach Größe der Wählerzentrale, aber nur als reine Hausstellen ohne Amtsverkehr mit gewöhnlichen Geräten vorgesehen werden. Bei Linienwählern sind weitere Sprechstellen wegen der zunehmenden Größe der Geräte und des Netzes nicht empfehlenswert und deshalb nicht vorgesehen. In Abb. 49 ist die Unterteilung der Reihenanlagen nach Art des Hausverkehrs dargestellt. Abb. 50 zeigt ein Reihenschaltgerät

Abb. 50. Reihenschaltgerät für 2 Amtsleitungen bei selbsttätigem Hausverkehr.

mit selbsttätigem Hausverkehr für zwei Amtsleitungen, mit Amts- und Rückfrageschaltern und den Besetztlampen der Amtsleitungen.

Ähnliche Anlagen sind auch für Parallelschaltung der Geräte geschaffen worden, doch sind dafür größere Mittel aufzuwenden, weil je Gerät und Amtsleitung ein Prüfrelais erforderlich ist, um Doppelverbindungen zu verhindern. Aus diesem Grunde sind sie nicht allgemein eingeführt worden und es werden ihnen Reihenanlagen vorgezogen.

Als Kleinstanlage für eine Amtsleitung, eine Hauptstelle und eine Nebenstelle gibt es außer Reihenanlagen noch sogenannte Zwischenstellenumschalter: In der älteren Form eines kleinen Schrankes mit Bedienung des abgehenden und ankommenden Verkehrs der Nebenstelle durch die Abfragestelle und in der neuen Form eines gewöhnlichen Teilnehmergerätes mit Bedienungstasten, wobei nur der ankommende Verkehr zur Nebenstelle von der Abfragestelle vermittelt wird.

Zu 2. Handbediente Anlagen mit Vermittlungsschränken kann man ebenfalls wieder nach Art des Hausverkehrs unterteilen in Vermittlungsschränke, an denen auch die Hausverbindungen über Stöpsel und Klinken hergestellt werden, und Vermittlungsschränke, die nur den Amtsverkehr entweder in beiden Richtungen oder nur in ankommender Richtung vermitteln, während der Hausverkehr über selbsttätige Einrichtungen hergestellt wird. Die Vermittlung der Amtsverbindungen kann in Einschnur- oder Zweischnurbetrieb, die Vermittlung der Hausteilnehmer untereinander nur in Zweischnurbetrieb erfolgen. Als Anruf- und Schlußzeichen können bei allen Schränken Schauzeichen oder Lampen verwendet werden. Der Ausbau erfolgt bei Handbetrieb des Hausverkehrs gewöhnlich bis zu 10 Amtsleitungen und 100 Sprechstellen, bei selbsttätigem Hausverkehr bis zu 15 Amtsleitungen und 300 Sprechstellen.

Abb. 49 zeigt auch die verschiedenen Arten der Schränke, die sich weder im Aufbau mit Stöpseln, Sprechumschaltern, Schauzeichen und Klinken noch in der Bedienung mit Abfragen, Verbinden, Rufen und Trennen von den bekannten Schränken der Handamtstechnik unterscheiden. Abb. 51 zeigt einen Vermittlungsschrank mit Einschnurbetrieb, Glühlampenzeichen und selbsttätigem Hausverkehr der Sprechstellen für neun Amtsleitungen.

Zu 3. Halbselbsttätige Anlagen, die stets mit selbsttätigem Hausverkehr ausgerüstet sind, haben die größte Entwicklung durch-

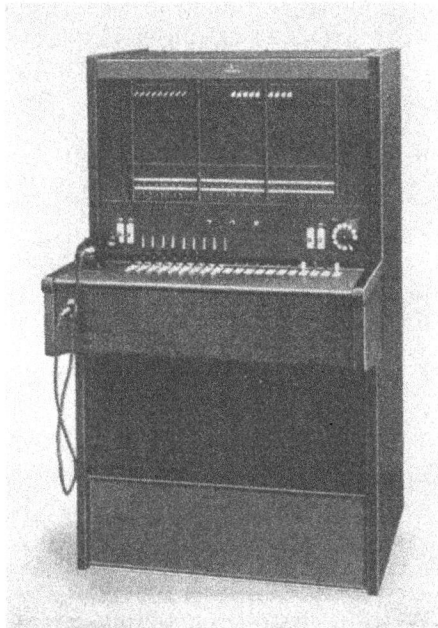

Abb. 51. Vermittlungschrank mit Einschnurbetrieb für den Amtsverkehr bei selbsttätigem Hausverkehr, ausgebaut für 9 Amtsleitungen.

gemacht, sind am weitesten verbreitet und sind die neuzeitliche Form von Nebenstellenanlagen, die sich infolge ihrer Wirksamkeit, Schnelligkeit, Bequemlichkeit und Ausgestaltung für alle Zwecke, von den kleinsten bis zu den größten Anlagen ohne jede Begrenzung eignen. Amts- und Hausverbindungen werden über Wähler hergestellt; die Anlagen sind mit den verschiedenartigsten Schaltmöglichkeiten ausgestattet. Abgehende Amtsverbindungen werden durch Wählen der Amtskennzahl durch die Teilnehmer ohne Hilfe der Vermittlungsperson unmittelbar hergestellt, wobei eine freie Amtsleitung selbsttätig ausgewählt wird, während ankommende Amtsverbindungen von der Vermittlungsperson abgefragt werden, die darauf die Verbindung durch Wählen mit irgendeinem Nummernschalter oder Zahlengeber vollendet. Die Auslösung erfolgt selbsttätig von der Nebenstelle aus, ohne Belastung der

Vermittlung (Abfragestelle). Die Abfragestelle ist bemerkenswert und besteht bis zu einer gewissen Größe der Anlagen aus einem etwas vergrößerten Teilnehmergerät, in dem außer dem Sprechhörer, der Gabel und dem Nummernschalter für jede Amtsleitung je eine Anruf- und Überwachungslampe, eine Abfragetaste und ein Schalter für Kettengespräche vorgesehen sind. Außerdem sind noch vorhanden eine Vermittlungstaste, eine Flackertaste zum Fernamt, Nachtschalter und eine Meldetaste mit Meldelampe für den Anruf der Abfragestelle von den Sprechstellen der Anlage. Zum Abfragen einer Amtsleitung wird die Abfragetaste gedrückt, zum Verbinden die Verbindungstaste, worauf die Wahl der Nebenstelle erfolgen kann. Die Leistung

Abb. 52. Bedienungsgerät für halbselbsttätige Nebenstellenanlagen
für 10 Amtsleitungen.

der Vermittlungsperson an hergestellten Verbindungen ist groß, da die Bedienung einfach ist und wenig Handgriffe erfordert. Abb. 52 zeigt den Fernsprecher einer Abfragestelle für 10 Amtsleitungen. Für größere Anlagen werden Tische verwendet, deren Bedienung die gleiche ist. Wegen der Wichtigkeit und großen Verbreitung dieser Anlagen wird ihre Entwicklung und werden ihre verschiedensten Schaltmöglichkeiten noch besonders behandelt.

Zu 4. Selbsttätige Anlagen mit selbsttätigem Amts- und Hausverkehr ohne jede Bedienung erscheinen zunächst als die vollkommensten Anlagen, weil sich der Verkehr ohne jede Hemmung durch eine Vermittlungsperson abwickeln kann. Sie sind auch schon verschiedentlich eingeführt worden, haben sich aber nicht allgemein durchsetzen können, weil die Nummern sämtlicher über das öffentliche Amt erreichbaren Nebenstellen mit den Dienststellen im öffentlichen Teilnehmerverzeichnis stehen müssen. Es ist aber teilweise nicht einfach, aus einem gedrängten Verzeichnis die richtige Dienststelle herauszufinden. Außerdem hätte eine Änderung der Nebenstellennummern Änderung des öffentlichen Verzeichnisses zur Folge, was nicht beliebig oft durchführbar ist. Abgehende Amtsverbindungen werden auch hier durch Wahl der Amtskennzahl hergestellt, während ankommende Amtsverbindungen durch unmittelbare Wahl der Nebenstellen durch die Teilnehmer des öffentlichen Amtes vollendet werden. Die Bedienung ist trotzdem nicht ganz überflüssig; denn es muß mindestens eine Auskunftsstelle vorgesehen werden, die anrufenden Teilnehmern, die nicht Bescheid wissen und die Dienststelle nicht kennen, die zu wählende Nummer der gewünschten Nebenstelle mitteilt. Die Auskunftsstelle kann durch Wahl einer besonderen Nummer erreicht werden, sie meldet sich aber auch, wenn die Amtsteilnehmer die Wahl bis zu den Nebenstellen nicht vollenden. Es wäre denkbar, daß einmal eine Vereinigung der Anlagen 3 und 4 möglich wäre derart, daß das öffentliche Verzeichnis nicht mit den Nummern der Nebenstellen belastet wäre und nur derjenige die Nebenstelle unmittelbar anrufen könnte, der Bescheid weiß und die Nummern kennt.

Von diesen Arten der Nebenstellenanlagen ist die unter 3. angegebene Art der halbselbsttätigen Nebenstellenanlagen die wichtigste und verbreitetste. Sie hat in den letzten Jahren eine große technische und wirtschaftliche Entwicklung durchgemacht, die sich besonders durch die Einführung folgender Schaltungsmöglichkeiten kennzeichnet:

Vermittlungsplatz mit Tastensteuerung aller Vorgänge bei ankommenden Amtsverbindungen, wie Abfragen, Vermitteln, auch von sogenannten Kettengesprächen, Überwachen aller Amtsverbindungen, Aufschalten auf besetzte Teilnehmer mit einem Tickerzeichen zur Mithöranzeige und Warten der ankommenden Amtsverbindungen auf das Freiwerden der Teilnehmer.

Einschleifenanschluß der Sprechstellen für Haus- und Amtsverkehr, bei dem beide Verkehrsarten über nur eine Doppelleitung zum Teilnehmer abgewickelt werden, wobei eine Umschaltung am Teilnehmergerät durch Schalter nicht mehr erforderlich ist, sondern durch Fernsteuerung in der Zentrale erfolgt.

Rückfragen im Hause und nach dem öffentlichen Amt ohne Hilfe der Bedienung, allein durch kurzen Druck auf eine Zeichentaste, mit der die Teilnehmergeräte ausgerüstet sind. Beim Druck auf die Zeichentaste wird eine Erdverbindung an die Sprechleitung gelegt, wodurch eine Umschaltung von der Amtsleitung auf eine Hausleitung erfolgt, über die die Rückfrageverbindung im Haus oder bei Wahl einer Amtsleitung auch über das öffentliche Amt erfolgt. Die Amtsverbindung wird während dieser Zeit aufrechterhalten. Beim abermaligen Druck der Zeichentaste erfolgt Freigabe der Rückfrageverbindung und Rückschalten auf die wartende Amtsleitung.

Umlegen von Verbindungen ebenfalls ohne Hilfe der Bedienung, wobei zuerst eine gewöhnliche Rückfrageverbindung hergestellt und der Angerufene verständigt wird, worauf er gewöhnlich durch einfachen Druck auf seine Zeichentaste die ursprüngliche Amtsverbindung übernimmt. Umlegungen können dann nur mit Zustimmung des Angerufenen erfolgen. Rückfragen und Umlegungen sind mehrfach möglich.

Einfacher Nachtverkehr. Durch Rückfragen und Umlegen besteht die Möglichkeit, eine beliebige Sprechstelle mit gewöhnlichem Gerät als Nachtvermittlungsstelle zu benutzen. Die Anrufe werden in der Nacht oder zu schwachen Verkehrszeiten durch Betätigen eines Nachtschalters zu dieser Stelle geleitet, die abfragt, dann eine Rückfrageverbindung zu der gewünschten Stelle herstellt, die dann durch Tastendruck die Verbindung übernimmt. Auch am Tage ist dieser einfache Betrieb mit einer gewöhnlichen Sprechstelle möglich, wenn auf die Überwachung der Verbindungen und auf gewisse Hilfe der Vermittlung, wie vorher erwähnt, verzichtet wird.

Selbsttätige Auswahl einer freien Amtsleitung zum öffentlichen Amt nur durch Wahl der Amtskennzahl.

Flackern zur Bedienung in einfacher Weise durch längeren Druck auf die Zeichentaste.

Amtsverkehr bei Ausfall der Stromquelle, z. B. bei Netzanschluß, währenddessen natürlich der Hausverkehr unterbunden ist, kann von bestimmten Sprechstellen aus trotzdem erfolgen.

Weiter sind noch folgende Ergänzungseinrichtungen entwickelt worden, die nach Bedarf verwendet werden können.

Personensucheinrichtung, bei der durch Anruf besonderer Nummern unterschiedliche Lichtzeichen an einer Reihe von weit sichtbaren Lichttafeln erscheinen, wodurch die gesuchte Person gekennzeichnet wird. Eine Fernsprechverbindung mit der suchenden Stelle kann sofort von jeder beliebigen Sprechstelle aus durch Wahl einer bestimmten Kennzahl hergestellt werden.

Konferenzschaltungen der verschiedensten Art, bei denen entweder durch den Einberufer durch Wahl einer bestimmten Zahl gewisse Sprechstellengruppen zu einer Fernkonferenz zusammengeschaltet werden oder bei denen der Einberufer ein besonderes Gerät mit einer Anzahl Tasten hat, durch die eine Zusammenschaltung der Sprechstellen in beliebige Gruppen ermöglicht wird. Rufen erfolgt selbsttätig, Lampen lassen das Eintreten der Teilnehmer erkennen.

Türbesetztanzeige, durch die beim Anruf einer bestimmten Nummer ermittelt werden kann, ob der Betreffende zu sprechen ist oder ob an seiner Tür die Besetztlampe leuchtet, die anzeigt, daß ein Besuch unerwünscht ist.

Rufweiterschaltung, indem ein Anruf der Vermittlung oder einer Nebenstelle, der nicht beantwortet wird, nach einiger Zeit selbsttätig zu einer anderen Stelle weitergeschaltet wird.

Mithöreinrichtungen für die Amtsleitungen, mit denen die Geräte wichtiger Personen ausgestattet werden können.

Sekretärbetrieb, bei dem der Fernsprechbetrieb zwischen Chef und Sekretär verschieden erfolgen kann. Entweder der Chef erhält alle ankommenden Anrufe selbst oder sie werden vom Sekretär entgegengenommen, der nur wichtige Rufe an ihn weiterleitet. Ebenso kann der Chef abgehende Verbindungen selbst herstellen oder sie vom Sekretär herstellen lassen. Mithören des Sekretärs ist nur mit Einverständnis des Chefs möglich. Es gibt eine große Zahl verschiedener Ausführungen der Sekretärgeräte, von denen vielfach die Erfüllung der verschiedensten Forderungen, weit mehr als die angegebenen, verlangt werden, wodurch eine einheitliche Ausführung, die teilweise noch vom Ausbau der Anlage abhängt, sehr erschwert wird.

Verbindungsverkehr zwischen verschiedenen Nebenstellenanlagen erfolgt auf verschiedene Weise. Die Anlagen arbeiten entweder selbsttätig ohne Hilfe der Bedienung über die Hausverbindungsglieder in der Art unterteilter selbsttätiger Anlagen zusammen oder aber halbselbsttätig mit Hilfe der Bedienung, wie der Verkehr zum öffentlichen Amt, über besondere Leitungen, die nach Art der Amtsleitungen in die Anlage eingeführt sind.

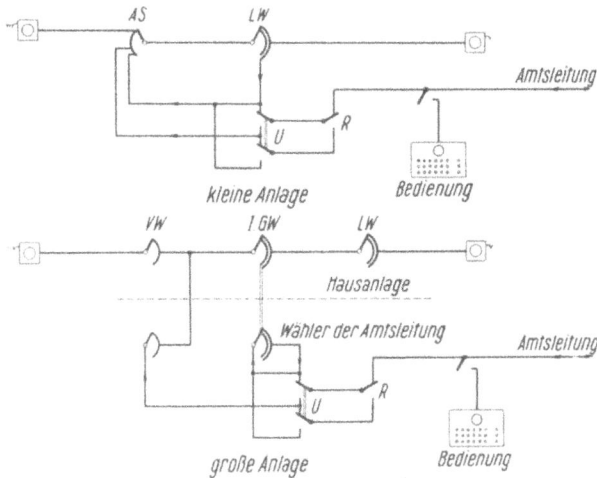

Abb. 53. Grundsätzliche Darstellung des Verbindungsaufbaues in halbselbsttätigen Nebenstellenanlagen.

R = Rückfrageschalter,
U = Umlegeschalter.

Sperreinrichtungen, die die unmittelbare Herstellung nicht zulässiger Verbindungen, z. B. zum Fernamt, Schnellverkehrsamt, zur Zeitansage usw. verhindern. Mitlaufwerke überprüfen die von den Teilnehmern gewählte Nummer und schalten die Verbindung aus, wenn nicht zulässige Nummern gewählt wurden. Derartige Verbindungen sind dann durch die Vermittlungsperson erhältlich, durch die die Sperreinrichtungen außer Betrieb gesetzt werden.

In Abb. 53 ist die Art des Verbindungsaufbaues kleiner und großer halbselbsttätiger Nebenstellenanlagen grundsätzlich dargestellt.

Die Hausanlage besteht aus gewöhnlichen VW oder AS, aus GW und LW, deren Schaltungen aber dem Amtsverkehr angepaßt sind. Für den Amtsverkehr sind jeder Amtsleitung zwei Zugänge zu Wählern unmittelbar zugeordnet, die bei kleinen Anlagen zu den AS-Kontakten oder zu eigenen Wählern führen, bei großen Anlagen zu GW für ankommende Verbindungen und zu VW für Rückfrageverbindungen. Weiter sind der Amtsleitung ein Rückfrageschalter *R* und ein Umlegeschalter *U*, die beide durch Relais betätigt werden, zugeordnet. Durch den Umlegeschalter werden die Wählerzugänge zu den AS oder VW und GW vertauscht. Der Hausverkehr zeigt gegenüber gewöhnlichen Selbstanschlußanlagen keine Besonderheiten, dagegen der Amtsverkehr folgende: Wenn ein Nebenstellenteilnehmer eine Amtsverbindung wünscht, wählt er die Amtskennzahl und erreicht über AS oder VW und I. GW, über Schalter *U* und *R* eine freie Amtsleitung. Der weitere Verbindungsaufbau zeigt nichts Besonderes. Läuft eine Amtsverbindung ankommend ein, so schaltet sich die Bedienung durch Tastendruck ein, fragt ab und stellt die Verbindung über die Wähler der Amtsleitung und gegebenenfalls über Wähler der Hausanlage durch Wahl mittels irgendeines Zahlengebers her. Will nun ein in dieser Weise mit dem öffentlichen Amt verbundener Teilnehmer eine Rückfrage halten, so drückt er kurz seine Zeichentaste, wodurch der Rückfrageschalter *R* umgelegt wird und seinen Anschluß über den AS oder VW der Amtsleitung mit einem I. GW oder LW in Verbindung bringt, unter Aufrechterhaltung der Amtsverbindung. Er kann nun entweder einen Hausteilnehmer oder eine Amtsleitung wählen und Rückfrage halten. Bei beendeter Rückfrage drückt er wieder kurz seine Zeichentaste, wodurch der Rückfrageschalter zurückgelegt wird, die Rückfrageverbindung auftrennt und die Verbindung wieder mit der wartenden Amtsleitung herstellt. Sollte der in Rückfrage angerufene Nebenstellenteilnehmer die Amtsverbindung übernehmen, so drückt er kurz auf seine Zeichentaste, wodurch der Umlegeschalter *U* betätigt wird und den in Rückfrage angerufenen Teilnehmer über den aufgebauten Verbindungsweg über Schalter *U* und den inzwischen abgefallenen Schalter *R* mit der Amtsleitung verbindet. Soll jetzt nochmals eine Rückfrage erfolgen, so drückt der Teilnehmer wieder seine Zeichentaste, *R* schaltet jetzt über *U* auf den AS oder GW der Amtsleitung, über den jetzt die Rückfrageverbindung aufgebaut wird. Bei beendeter Rückfrage fällt *R* durch Tastendruck wieder ab; bei erneutem Umlegen schalten beim Tastendruck des Angerufenen *U* und *R* um, und der Angerufene ist jetzt mit der Amtsleitung verbunden. Durch das Zusammenwirken von *R* und *U* ist jede beliebige Zahl von Rückfragen und Umlegungen möglich. Eine beliebige Sprechstelle kann daher die Vermittlung der Amtsverbindungen während der Nacht und in schwachen Verkehrszeiten in der beschriebenen Weise übernehmen, es müssen nur die ankommenden Amtsverbindungen zu ihr geleitet werden, was in einfacher Weise möglich ist. Die Schalter *R* und *U* sind das Kennzeichen neuzeitlicher Nebenstellenanlagen.

In Abb. 54 ist eine halbselbsttätige Nebenstellenanlage für 5 Amtsleitungen und 45 Sprechstellen gezeigt. Links oben befinden sich die Anrufsucher für den Haus- und Amtsverkehr, darunter die Teilnehmerrelais, dann folgen Zusatzeinrichtungen. Rechts oben sind die Wähler für den Hausverkehr, darunter befinden sich die Relaissätze für die Amtsleitungen mit den Einstellwählern, die für die Einstellung der Sprechwähler verwendet werden, wenn diese bei Anlagen bis 45 Sprechstellen aus Drehwählern bestehen.

Die Sprechstellen der Nebenstellenanlagen werden unterschieden in voll amtsberechtigte, die ohne weiteres mit dem öffentlichen Amt verkehren können, in halb amtsberechtigte, die nur mit Hilfe der Bedienung mit dem öffentlichen Amt verkehren können und in nicht amtsberechtigte oder Hausstellen, denen ein Amtsverkehr nicht erlaubt ist.

Abb. 54. Halbselbsttätige Nebenstellenanlage für 5 Amtsleitungen und 45 Sprechstellen.

Die Unterscheidung der Berechtigung erfolgt in der Nebenstellenanlage an der Teilnehmerschaltung, indem durch eine Erdverbindung am VW oder AS die Sperrung des betreffenden Anschlusses für den Amtsverkehr erfolgt. Bei halb amtsberechtigten Sprechstellen ist die Sperrung für ankommende Rufe unwirksam, so daß durch die Bedienung Amtsverbindungen zu solchen Teilnehmern hergestellt werden können.

Der Ausbau der halbselbsttätigen Anlagen erfolgt im allgemeinen in folgenden Stufen:

1 Amtsleitung mit 3 bis 10 Sprechstellen,
2 Amtsleitungen mit 10 bis 25 Sprechstellen,
3 bis 5 Amtsleitungen mit 15 bis 50 Sprechstellen,
10 Amtsleitungen mit 100 Sprechstellen.

Darüber ist jeder beliebige Ausbau möglich.

Die Entwicklung aller erwähnten Schaltmöglichkeiten und Ergänzungseinrichtungen in den verschiedensten Ausführungen mit ihrer Anpassung an alle vorkommenden Betriebsfälle haben die halbselbsttätigen Nebenstellenanlagen auf eine gegenüber früher gänzlich verschiedene Grundlage gestellt und sie zu vollkommenen Werkzeugen der neuzeitlichen Nachrichtenvermittlung gemacht, wodurch sich ihre weitgehende Verbreitung und Beliebtheit ohne weiteres erklärt.

11. Geräusche in den Verbindungen selbsttätiger Fernsprechämter.

Eine Fernsprechverbindung, besonders wenn sie, wie im zwischenstaatlichen Verkehr, über große Entfernungen geführt wird, soll den Gesprächsteilnehmern eine gute Verständigung ermöglichen, damit hemmende Rückfragen vermieden werden und die Ausnutzung der Verbindung den höchsten Wert erreicht. Die gute Verständlichkeit in einer Fernsprechweitverbindung ist aber an vielen Stellen erheblichen Angriffen ausgesetzt und wird mit zunehmender Entfernung schlechter. Neben der Leitungsdämpfung sind es alle Arten von Nebengeräuschen, die die Verständlichkeit herabsetzen. Die mit der Länge der Leitung zunehmende Dämpfung kann bekanntlich durch Verstärker aufgehoben werden; dagegen gibt es kein Mittel, die in eine Verbindung eingedrungenen Geräusche zu vermindern, ohne zugleich die Verständlichkeit zu schädigen. Man kann vielmehr die Geräusche nur in ihren Ursachen bekämpfen und damit von vornherein ihre Entstehung verhindern.

Geräusche entstehen im ganzen Zuge einer Fernverbindung. Sie fangen schon beim Teilnehmer an, indem das Mikrofon Raumgeräusche aufnimmt und auf die Leitung überträgt. Weiter entstehen Geräusche auf den vielen zusammengeschalteten Leitungen durch induktive und kapazitive Kopplungen mit anderen Energie führenden Leitungen. Auch in den einzelnen Ämtern, über die die Verbindungen verlaufen, können Geräusche aus verschiedenen Ursachen entstehen. Die die Verständlichkeit mindernden Geräusche, die in die Leitungen und in die Sprechstellen eindringen, und ihre Bekämpfung sind schon vom CCIF eingehend behandelt, und es sind Grenzwerte der zulässigen Geräuschspannungen festgelegt worden. Danach dürfen die Geräusche im Kabel keine größere Querspannung als 2 mV haben.

90

Hier sollen nur die Geräusche, die als Folge der zunehmenden Ausbreitung der neuzeitlichen Wählertechnik mehr und mehr im Fernverkehr
beobachtet werden, bisher im Schrifttum aber nicht ausreichend behandelt
worden sind, untersucht werden.

Es gibt in den selbsttätigen Fernsprechämtern eine ganze Anzahl von
Ursachen für die in den Gesprächsverbindungen auftretenden Geräusche.
Die Hauptursachen sind:

A. Induktive, kapazitive und galvanische Kopplungen der vielen verwik-
kelten Stromkreise untereinander, hervorgerufen durch:
   a) Unsymmetrie in der Schaltung,
   b) Unsymmetrie im Aufbau,
   c) unzureichende Kraftanlage, z. B. Batterie, Entladeleitungen, Puffe-
      rung, Erdung usw.

Hiervon beruhen die Ursachen zu a) und b) größtenteils auf induk-
tiven und kapazitiven Kopplungen, die zu c) auf galvanischen Kopplungen.

B. Unvollkommene Kontakte an:
   a) Drähten und Schnüren infolge von Brüchen, besonders an den Wähler-
      schnüren,
   b) Kontaktleisten, Wählerarmen und Stromzuführungsfedern,
   c) Relaiskontakten.

Während die Ursachen unter A durch ein richtig entwickeltes Amts-
system bei guter Ausführung der Anlagen vollkommen zu vermeiden sind,
sind die Ursachen unter B nicht nur von der guten Ausführung, sondern
auch von der guten Pflege der Anlagen abhängig. Daß dies der Fall
ist, wird dadurch eindeutig bewiesen, daß nach der Inbetriebnahme eines
richtig durchentwickelten und aufgebauten Amtes keinerlei Geräusche bemerkt werden. Erst mit zunehmender Benutzungsdauer treten allmählich
gewisse Geräusche auf. Sie können also nur von den Einflüssen des Betriebes,
d. h. der Verstaubung, Verschmutzung und Abnutzung, abhängen. Demnach
umfaßt die Gruppe A reine Systemfragen, die Gruppe B auch noch Pflege-
fragen. Die Ursachen unter A sollen, da sie früher schon behandelt sind,
hier nur kurz, die Ursachen unter B ausführlich behandelt werden.

Ursachen unter A.

Eine Schaltung muß vollkommen symmetrisch entwickelt und ausgeführt sein; sie muß sowohl eine vollkommene Längs- als auch Quersymmetrie haben. Alle Scheinwiderstände in beiden Sprechzweigen und auch
in Brücke müssen möglichst für alle Frequenzen des Sprachbandes einander
gleich sein. U. a. erfordert die Längssymmetrie in beiden Leitungszweigen
Gleichheit der Kapazitäten für die Kondensatoren, die Quersymmetrie
Gleichheit der Induktivitäten in den Brückenrelais; Kondensatoren und
Relais, auch bei sonst gleichem Aufbau, sind aber mit den zulässigen Fabri-

kationstoleranzen behaftet, die von vornherein eine gewisse Ungleichheit bedingen. Diese Ungleichheit wirkt sich aber in der Regel nicht schädlich für die Symmetrie aus; nur für besondere Fälle, bei hohen Anforderungen, müssen die Teile passend zueinander ausgesucht und u. U. abgeglichen werden. Ein Relais mit zwei gleichen Wicklungen in Brücke ist von selbst symmetrisch und daher unabhängig von Fabrikationstoleranzen; es ist aus diesem Grunde zwei getrennten Brückenrelais vorzuziehen.

Natürlich soll im Betrieb auch die Strombelastung in beiden Brückenzweigen gleich sein. Andernfalls werden bei Verwendung von zwei an sich gleichen Brückenrelais die Scheinwiderstände bei einem erregten und einem unerregten Zweig ungleich, so daß symmetrische Schaltungen durch einseitigen Stromfluß unsymmetrisch werden.

Auch der Aufbau und die Verkabelung einer richtig entwickelten Schaltung müssen zur Vermeidung induktiver und kapazitiver Kopplungen symmetrisch ausgeführt sein. Hierzu ist es unerläßlich, die Sprechleitungen, ebenso wie die Verbindungen der Brückenzweige, gemeinschaftlich zu führen und zu verdrallen. Es ist ein alter Fehler, der immer wieder gemacht wird, zusammengehörige Sprechadern getrennt über verschiedene Wege zu führen, um etwas an Leitungsmaterial zu sparen. Richtig ist, beide Zweige der Sprechleitung, der Brücken, der Abzweigung usw. gemeinsam und paarweise verdrallt, nötigenfalls auch über einen Umweg, zu führen. Das gleiche gilt auch für sonstige zusammengehörende Leitungen, z. B. Rufstrom- und Summerleitungen. Unter „Anordnung und Verkabelung der Bauelemente" wurde diese Frage schon eingehend behandelt.

Galvanische Kopplungen verschiedener Stromkreise können z. B. über die Kraftanlagen auftreten. Ist der innere Widerstand der Batterie oder der gemeinsamen Sicherung zu groß, sind die Entladeleitungen zu schwach bemessen oder sind die Scheinwiderstände der Brückenrelais zu klein, so sind die Fernsprechleitungen miteinander so stark galvanisch gekoppelt, daß sich die Geräusche der einen Leitung auf die andere übertragen. Um die Geräusche über die Batterie möglichst klein zu halten, müssen alle gemeinsamen Widerstände in und bei der Batterie, in den Entladeleitungen, der Erdverbindung, der Absicherung usw., möglichst klein gehalten werden. Die Ladeleitung wird zweckmäßig von der Entladeleitung getrennt.

Ursachen unter B.

Drahtbrüche oder schlechte Lötstellen treten in festverlegten Leitungen selten auf, kommen aber in beweglichen Leitungen, z. B. den Wählerschnüren, besonders an den Einspannstellen, vor. Um die Einspannstellen zu verbessern, die Lebensdauer der Schnüre zu vergrößern und den schädlichen Einfluß gebrochener Schnüre zu vermindern, hat man die Schnurenden mit kleinen Schnurschutzspiralen versehen, wie sie sich schon an vielen anderen Stellen bewährt haben. Prüfungen der Schnüre auf Bruch und Geräusch müssen natürlich trotzdem in gewissen Zeitabständen vorgenommen werden, um dem Auftreten der schädlichen Erscheinungen vorzubeugen.

Kontaktleisten, Wählerarme und -kontakte sowie Stromzuführungsfedern lassen ein näheres Eingehen auf die Eigenart unedler Kontakte angezeigt erscheinen. Die gute Kontaktgabe unedler Werkstoffe hängt von einer
Reihe von Umständen ab:

1. Von der Art der für die Kontakte verwendeten Werkstoffe, von dem
   Druck der Kontakte aufeinander und von deren Abnutzung;
2. von der Sauberkeit der Kontaktoberfläche; ob diese verstaubt, verschmutzt, oxydiert oder mit Öl oder anderen Stoffen überzogen ist;
3. von der an den Kontakten herrschenden Spannung und der Strombelastung der Kontakte;
4. von dem Feuchtigkeitsgehalt der Luft;
5. von der Erschütterung der Gestelle und der Gebäude.

Zu diesen Punkten ist folgendes zu sagen:

1. Kontaktwerkstoffe und Kontaktdruck.

Die gute Kontaktgabe hängt in erster Linie von der Art der Werkstoffe ab. Edelmetalle, wie Platin, Gold und Silber, geben im allgemeinen
einen guten Kontakt, oxydieren nicht an der Luft, zeigen aber zu Kontakten
verarbeitet dieselben störenden Erscheinungen wie unedle Metalle, wenn die
Kontakte abgenutzt, verstaubt und verschmutzt sind. Gold und Silber
sind im übrigen für Schleifkontakte nicht hart genug und würden sich viel
zu schnell abnutzen; außerdem sind alle Edelmetalle für allgemeine technische
Zwecke zu teuer. Ihrer Eigenart entsprechend werden daher Edelmetalle für
kleine Druckkontakte, unedle Metalle für größere Schleifkontakte verwendet.

Unedle Metalle geben bei einer gewissen Pflege im Betrieb einen vollkommen guten, störungsfreien Kontakt, wenn die Werkstoffe richtig gewählt
und ihre Formgebung zweckmäßig getroffen wurden. Die Werkstoffe müssen
so gewählt werden, daß sie z. B. als Schleifkontakte im Betriebe nicht fressen
und sich dadurch zerstören, sich aber auch nicht gegenseitig polieren, weil
dann die Kontakte wieder andere Eigenschaften annehmen. Zur richtigen
Wahl des Kontaktwerkstoffs, seiner Härte, Verschleißfestigkeit und Verformung, die ebenfalls auf die Güte des Kontaktes von Einfluß ist, gehört eine
große Erfahrung.

Die gute Kontaktgabe ist auch noch vom Druck der Kontaktflächen
aufeinander abhängig. Je größer der Druck, desto besser der Kontakt, desto
geringer ist der Einfluß von Verstaubung und Verschmutzung. Man wird
daher zur Erleichterung der Pflege den Druck soweit wie nur irgend möglich
steigern, ohne natürlich den Werkstoff zu zerstören. Bei festen, unbeweg-
lichen Kontakten ergeben sich dabei keine Schwierigkeiten, dagegen muß
bei beweglichen, also den Schleifkontakten, die natürlich mit der Zunahme
des Druckes steigende Abnutzung der Kontakte berücksichtigt werden. Man
muß demnach möglichst hohen Kontaktdruck verwenden; trotzdem darf
nur eine geringe Abnutzung der Kontakte eintreten. Eine merkbare Abnutzung soll sich nur an den Teilen zeigen, die leicht ausgewechselt werden

können. Eine Ölung der Kontakte setzt die Abnutzung herab und verhindert die Oxydation, bringt aber bei großer Verstaubung Gefahren, wie noch gezeigt werden wird.

Nach diesen allgemeinen Betrachtungen ist im besonderen zu den unedlen Kontakten der Wählertechnik folgendes zu sagen:

Unedle Metalle finden sich an Kontaktleisten, Wählerarmen und -kontakten und an den Zuführungsfedern der Drehwähler.

Kontaktleisten sind fest und unbeweglich, daher nicht der Abnutzung und auch nicht der unmittelbaren Verstaubung unterworfen. Die Wahl eines zweckmäßigen Werkstoffs ist nicht sehr schwierig. Der Druck der Federn kann sehr hoch, z. B. 200 bis 400 g, gewählt werden. Da Verstaubungsgefahr nicht besteht, ist eine leichte Ölung der Federn von Vorteil. Kontaktleisten werden im Betriebe bei der Pflege häufig nicht recht beachtet und bilden, wenn sie z. B. nicht genügenden Druck haben, Störungsursachen, die an anderen Stellen gesucht werden.

Wählerarme und -kontakte sind als Schleifkontakte in vielen Fällen der Verstaubung und Verschmutzung ausgesetzt. Die zulässige Verstaubung und Verschmutzung der Kontakte ist auch hier abhängig vom Bürstendruck. Je höher der Bürstendruck nach Maßgabe der verwendeten Werkstoffe gewählt werden kann, um so größer kann die zulässige Verstaubung und Verschmutzung sein, bevor sich Störungen bemerkbar machen. Um möglichst unabhängig von der Amtspflege zu sein, wird man den Bürstendruck so hoch wie nur irgend möglich unter Berücksichtigung der Abnutzung und der Politurbildung wählen. Es kommt aber nicht nur auf den Gesamtbürstendruck, sondern auch auf den spezifischen Bürstendruck, also den Druck je mm² an. Damit dieser ein gewisses Maß nicht unterschreitet, muß die Form der Bürstenarme so gewählt werden, daß mit zunehmender Abnutzung die Schleiffläche nicht größer wird. Bewährt hat sich nichtrostender Stahl für Bürsten und hartgewalztes Messing für die Kontakte. Für diese Werkstoffe empfiehlt sich ein spezifischer Druck, der nicht weniger als etwa 50 g je mm² betragen soll. Wird dieser Wert eingehalten, so erreicht man bei möglichster Unabhängigkeit von der Verstaubung und Verschmutzung und damit von der Amtspflege einen guten Kontakt bei verhältnismäßig geringer Abnutzung. Wenn es die Staubgefahr zuläßt, ist Ölung der Kontaktbänke empfehlenswert, wobei aber darauf zu achten ist, daß das Öl nicht eintrocknet.

Zuführungsfedern an Drehwählern sind ebenfalls Schleifkontakte, die der Verstaubung aber nur in geringem Maße ausgesetzt sind. Deshalb empfiehlt sich hoher Federdruck von mindestens 100 g und Ölung, die wegen der geringeren Verstaubungsgefahr zulässig ist. Auch die Zuführungsfedern finden im Betriebe meistens nicht die nötige Aufmerksamkeit und ergeben dann Störungen, deren Ursachen anderwärts gesucht werden.

2. Sauberhaltung der Kontakte.

Die Sauberkeit der Kontakte hat einen großen Einfluß auf die Güte der Kontaktgabe. Wenn die Kontakte so verstaubt und verschmutzt sind, daß sich die Metallflächen überhaupt nicht mehr richtig berühren, so kann ein guter Kontakt nicht mehr erwartet werden. Aber auch schon geringere Grade der Verschmutzung wirken sich unter Umständen, z. B. bei Erschütterungen, ungünstig auf die Kontaktgabe aus. Die Kontakte müssen daher, wenn sie der Verstaubung und Verschmutzung ausgesetzt sind, in gewissen Zeiträumen gesäubert werden. Verschmutzung der Kontakte wird hervorgerufen durch Staub, Oxydation, abgenutzte Metallteilchen, Wählerschmiere bzw. -öl oder andere Stoffe. Ist die Verschmutzungsgefahr groß, so können u. U. die Kontakte, wie die Edelkontakte der Relais, durch besondere Staubschutzkappen geschützt werden. Andernfalls muß der Wählerraum durch geeignete Lüftung, Luftreinigung und Vermeidung von Stauberregern möglichst staubfrei gehalten werden. Eine Ölschicht auf den Kontakten verbessert die Kontaktgabe, wirkt der Oxydation und der Abnutzung entgegen, hat aber bei starker Verstaubung Nachteile, weil bei wenig Öl und viel Staub sich allmählich eine nahezu feste, schwer zu entfernende Schmutzschicht bildet, die die Schleifarme nicht mehr durchdringen können. Bei ausreichender Ölung kann sich eine derartige Schmutzschicht nicht bilden, so daß die Schleifarme die Schicht zur Seite schieben können und damit die Kontakte reinigen.

Sind die Kontaktbänke sehr verschmutzt, so muß eine Reinigung erfolgen, die sich durch eine zweckmäßige Konstruktion der Wähler leicht ermöglichen lassen soll. Die Reinigung der Kontaktlamellen wird je nach dem Grade ihrer Verschmutzung mit zweckentsprechend geformten Handbürsten, einem besonderen Bürstenapparat oder Lederlappen, und zwar trocken oder mit Hilfe von Petroleum oder Öl durchgeführt. Wenn die Oberfläche der Kontaktlamellen durch häufige Belegung der Wähler, durch Staubbildung und andere ungünstige Umstände Politurbildung aufweist, kommt außer der Reinigung noch die Entfernung der Politur in Betracht. Hierfür ist ein besonderer Apparat geschaffen worden, der an Stelle des betreffenden Wählers in den Kontaktsatz eingesetzt wird. Bei Betätigen eines Handgriffes rollen Schleifscheiben über die Lamellen, wobei die Metalloberfläche aufgerauht und der letzte Rest von Schmutz entfernt wird. Der Schleifstrich des Kontaktsatzreinigers verläuft nicht in Richtung der Schleifarmbewegung, sondern praktisch quer dazu. Mit dieser Einrichtung können in kurzer Zeit die Kontaktlamellen vieler Wähler aufbereitet werden. Die Abb. 55 und 56 zeigen Kontaktsatzreiniger mit auswechselbaren Schleifscheiben und Bürsten zum Ausbürsten der Bänke, Abb. 57 zeigt den Reiniger mit den auswechselbaren Teilen und Abb. 58 die Art der Anwendung im Rahmen an Stelle eines Wählers. Nur saubere Kontaktoberflächen gewährleisten einen guten Kontakt, während bei unsauberen Kontakten Geräusche auftreten können.

Bei gut geölten Kontaktbänken, bei denen es keine verhärteten Schmutzschichten gibt, kann das Säubern auch durch Öl selbst geschehen, und zwar mit Hilfe von geölten Pinseln oder Bürsten. Zuerst bürstet man die Bänke aus und ölt sie dann von neuem mit frischem Öl. Diese Art der Säuberung ist einfach und nimmt nicht viel Zeit in Anspruch. Man muß aber bei geölten Bänken darauf achten, daß das Öl, wie schon erwähnt, stets flüssig auf den Bänken bleibt und nicht eintrocknet. Als bestes Öl hat sich leichtflüssiges säurefreies Vaselineöl erwiesen.

Abb. 55.
Kontaktsatzreiniger mit Schleifscheibe.

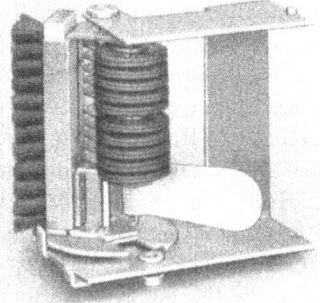

Abb. 56.
Kontaktsatzreiniger mit Bürste.

Da jeder edle oder unedle Kontakt der Verstaubung und damit einer Störung ausgesetzt ist, muß man sich bei der Amtspflege entscheiden, ob man etwas mehr für die Fernhaltung des Staubes durch Einkapselung der Kon-

Abb. 57.
Kontaktsatzreiniger mit den auswechselbaren Teilen.

takte und Pflege der Amtsräume oder mehr für die Reinigung der Kontakte selbst aufwenden will. Dabei ist zu beachten, daß die Wähler verwickelte Apparate sind, die sich nicht in einfacher Weise durch Abwischen mittels eines Tuches reinigen lassen. In staubigen Räumen und Gegenden werden

96

sich Schutzkappen für die Wähler empfehlen, in staubfreieren wird man darauf verzichten können.

Die Raumpflege erstreckt sich darauf, das Eindringen und die Entstehung von Staub möglichst zu verhindern und den vorhandenen Staub, ohne ihn aufzuwirbeln, zu beseitigen. Empfehlenswert ist eine staubfreie Lüftung durch Einführen gereinigter (filtrierter) Luft in die Amtsräume ohne Öffnen der Fenster, die stets geschlossen bleiben sollten. Der geringe Überdruck durch die eingeführte gereinigte Luft läßt sich durch kleine Klappen ausgleichen, die sich nur nach außen öffnen; es genügen aber dazu auch die überall vorhandenen natürlichen Undichtigkeiten der Räume. Der Überdruck verhindert auch das Eindringen des Staubes von außen durch diese Undichtigkeiten. Die Staubentfernung selbst geschieht durch Abwischen mittels mit Öl angefeuchteter Tücher an allen den Stellen, die leicht abwischbar sind, z. B. Schutzkästen, Gestelle und Rahmen. Der Fußboden darf nicht gefegt, sondern nur aufgewischt werden, wozu Wasser ge-

Abb. 58.
Kontaktsatzreiniger im Wählerrahmen.

nommen werden kann. Zur gelegentlichen Staubentfernung an unzugänglichen Stellen, z. B. Kabeln und Drähten, soll nur Saugluft, niemals aber Preßluft verwendet werden, damit auch dabei jede Staubaufwirbelung vermieden wird.

3. Spannung und Strombelastung der Kontakte.

Die Strombelastung unedler Kontakte ist für die Güte der Kontaktgabe von außerordentlichem Einfluß. Ist die Strombelastung Null, liegt also keinerlei Spannung an den Kontakten, so zeigen besonders unedle Kontakte merkwürdige Erscheinungen. Ein guter, nicht verstaubter Kontakt, selbst mit genügendem Druck, nimmt plötzlich, besonders wenn er etwas poliert ist, große Übergangswiderstände an, so daß eine Sprechverständigung darüber unmöglich wird. Durch äußere Einflüsse, z. B. kleine Erschütterungen, kann ein guter Kontakt plötzlich schlecht, ein schlechter Kontakt dagegen gut werden. Der Zustand ist vollkommen labil. Liegt aber eine Spannung an dem Kontakt, so daß ein schwacher Strom über ihn fließt, so verschwinden sofort die geschilderten Erscheinungen vollkommen; der Kontakt wird

nunmehr stabil und ständig gut. Dafür zeigt sich aber jetzt die Eigentüm-
lichkeit, daß er unter dem Einfluß des Stromes und unter gewissen Voraussetzungen, vor allem bei Erschütterungen, zum Auftreten von Geräuschen
Veranlassung geben kann. Die Geräusche sind abhängig, abgesehen von den
Erschütterungen selbst, von der Spannung, vom Strom und sogar von der
Frequenz der Erschütterung und wachsen mit den zunehmenden Werten
dieser Bestimmungsgrößen. Demnach müßte man eine möglichst niedrige
Spannung und einen möglichst schwachen Strom verwenden, um das Auftreten der Geräusche hintanzuhalten. Da aber die erforderliche Spannung
außer von der Politur auch von der sehr veränderlichen relativen Luftfeuch-

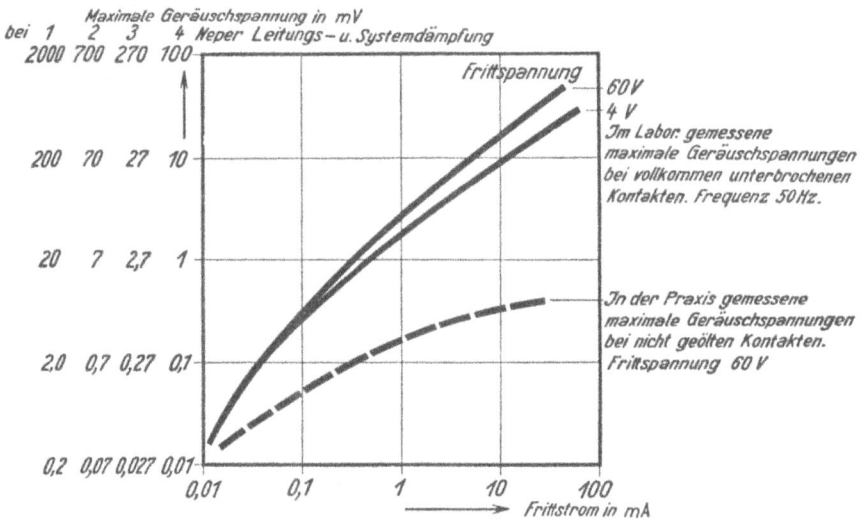

Abb. 59. Abhängigkeit der maximalen Geräuschspannung eines Wählerkontaktes vom
Frittstrom und von der Frittspannung, gemessen am Teilnehmerfernsprecher.

tigkeit abhängt und mit abnehmender Feuchtigkeit größer wird, kann man
nicht beliebig niedrige Spannungen wählen. Als ausreichend hat sich bei
normaler Luftfeuchtigkeit, das ist 45 bis 75% relative, eine Spannung von
3 bis 10 V erwiesen, wobei der Strom nur etwa 1 bis 0,5 mA und weniger betragen kann.

Die Beseitigung der oben geschilderten Erscheinungen durch Anlegen
von Spannung nennt man Fritten der Kontakte, und man spricht von Frittspannung und Frittstrom.

Um die verschiedenen Einflüsse zu klären, sind Messungen sowohl im
Laboratorium als auch im Betrieb vorgenommen worden*); die Ergebnisse
sind in Abb. 59 in Form von Schaulinien dargestellt. Die Schaulinien zeigen
die Abhängigkeit der maximalen Geräuschspannungen von Frittstrom und
Frittspannung, gemessen am Teilnehmerfernsprecher, bei verschiedenen

---

*) Die Messungen hat Dr.-Ing. R. Hornickel ausgeführt.

Dämpfungswerten. Da die im Betrieb auftretenden Geräuschspannungen von der Amts- und Raumpflege, von der Witterung und Jahreszeit abhängen und deshalb für verschiedene Ämter ganz verschiedene Werte annehmen können, sind zunächst im Laboratorium die maximal überhaupt möglichen Geräuschspannungen bei vollkommener Unterbrechung der Kontakte, unabhängig von den oben angegebenen Einflüssen, gemessen und aufgezeichnet worden. Weiter sind die maximal beobachteten Geräuschspannungen eines Amtes, bei dem die Kontaktbänke nicht geölt waren, im Winter gemessen worden und ebenfalls in der Abbildung dargestellt. Die Tendenz der aus dem Betriebe gewonnenen Schaulinie ist demnach dieselbe wie die der im Laboratorium gefundenen Schaulinien, so daß daraus dieselben Schlüsse gezogen werden können. Man sieht, daß mit abnehmendem Frittstrom die Geräuschspannungen erheblich abnehmen. Man sollte daher den Frittstrom so schwach wie nur irgend möglich machen. Der Einfluß der Frittspannung ist ebenfalls zu ersehen; er ist aber nicht sehr bedeutend. Für verschiedene Ämter werden die Schaulinien ganz verschieden liegen, sie können aber nur von Null bis zu den maximal möglichen Laboratoriumswerten ansteigen, abhängig von der Amts- und Raumpflege und von der Jahreszeit. Abb. 60 zeigt die bei

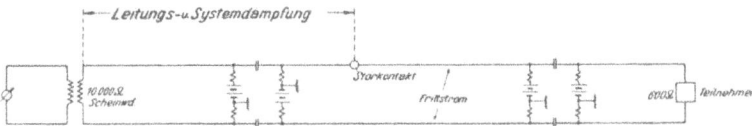

Abb. 60. Anordnung bei der Geräuschspannungsmessung.

der Messung verwendete Schaltung. Bei gut geölten Kontakten sind bisher Geräusche noch nicht beobachtet worden.

Die für einen guten Kontakt schädliche Politur, mit allen ihren üblen Erscheinungen, wird besonders durch Staub begünstigt. Es hat sich gezeigt, daß eine gewisse Art von Staub, z. B. Textilstaub, geradezu ein Politurmittel für Schleifkontakte darstellt.

Ausdrücklich sei noch bemerkt, daß die in der Wählertechnik üblichen Zeichenströme ohne jede Schädigung der unedlen Kontakte über diese geleitet werden können.

4. Feuchtigkeit der Luft.

Die relative Feuchtigkeit der Luft hat einen erheblichen Einfluß auf die gute Kontaktgabe. Ist die relative Feuchtigkeit niedrig, so ist die natürliche Verstaubung größer, weil der an vielen für den Betrieb unschädlichen Stellen niedergeschlagene Staub nicht mehr haftet, sondern leicht umherwirbelt und sich an anderen Stellen, also auch auf den Kontakten, niederläßt. Außerdem ist ein unmittelbarer ungünstiger Einfluß der Trockenheit auf die Güte der Kontakte nachzuweisen. Ein feuchter Kontakt ist bekanntlich viel besser als ein trockener, wobei die Flüssigkeitsschicht auf den Kontakten sogar aus Öl oder Petroleum bestehen kann; das ist überraschend,

weil Öl oder Petroleum nichtleitende Medien sind. Eingeölte Kontakte sind
daher für die gute Kontaktgabe außerordentlich brauchbar. Das Öl bindet
aber den Staub, so daß in staubigen Räumen dadurch wieder eine Verschmutzung der Kontakte begünstigt wird. Geölte Kontakte sind daher

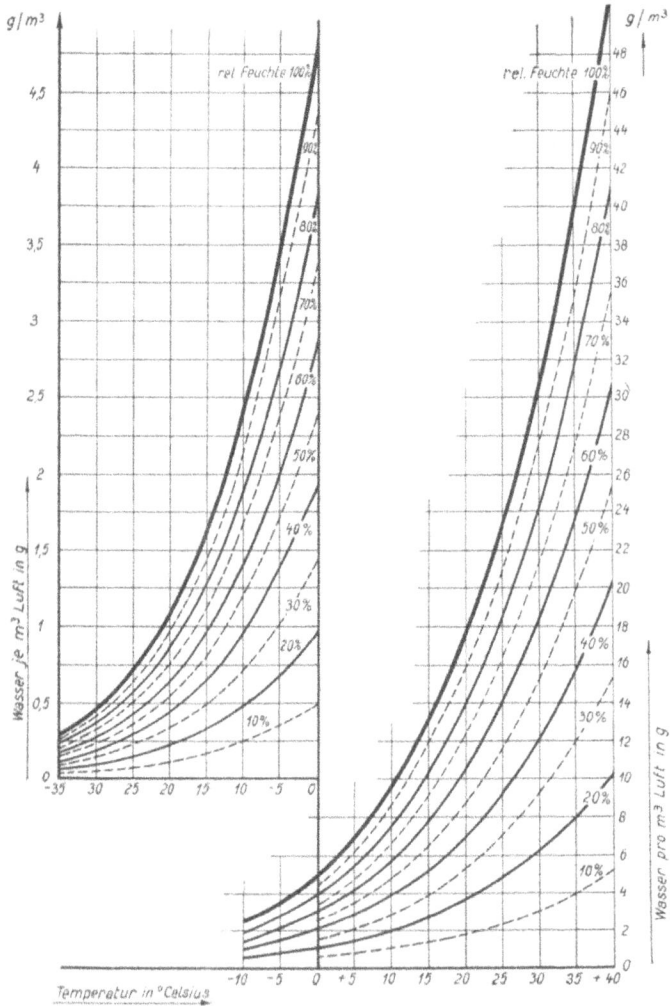

Abb. 61. Wassergehalt der Luft, abhängig von Temperatur und relativer Feuchtigkeit.

nur bei staubfreien Räumen, dann aber sehr zu empfehlen; denn Öl verbessert nicht nur die Kontaktgabe, sondern verhindert auch Oxydation und
verringert die Abnutzung. Wie erwähnt, hat die relative Luftfeuchtigkeit
auch einen erheblichen Einfluß auf die Frittspannung, die mit sinkender
Feuchtigkeit steigt.

Die relative Feuchtigkeit soll normalerweise zwischen 45 und 75%
liegen. Im Winter, wenn die Räume stark geheizt werden, kann die relative
Feuchtigkeit erheblich sinken; es sind schon häufig nur 10 bis 15% beobachtet worden. Derartige trockene Luft begünstigt nicht nur die Verstaubung und die Wählergeräusche, sondern auch das Eintrocknen der Isolier-
zwischenlagen und den Zerfall von Holzmöbeln; zudem ist sie ungesund.
Die Anreicherung der Luft mit Wasser ist daher dringend zu empfehlen
und läßt sich in einfachster Weise durch Anbringen von Verdunstungsgefäßen
auf den Heizkörpern erreichen. Sie müssen aber ausreichend groß sein, denn
um z. B. in einem Amtsraum von 500 m³ Inhalt die relative Feuchtigkeit
von 25 auf 75% zu steigern, müssen bei 20⁰ C mehr als 4,5 l Wasser ver-
dunstet werden. Dabei ist aber der ständige und recht beträchtliche Feuch-
tigkeitsverlust, der durch die Feuchtigkeitsabgabe an die Außenluft infolge
des Luftwechsels entsteht, noch nicht berücksichtigt. Durch den ständigen
Luftwechsel steigt die zur Verdunstung notwendige Wassermenge auf ein
Mehrfaches des angegebenen Wertes. Wird z. B. Außenluft von 0⁰ C und
90% Feuchtigkeit beim Eindringen in den Raum auf 20⁰ C erwärmt, so
fällt die relative Feuchtigkeit der eingedrungenen Luft auf 25%. Die in
einem Raume täglich zur Verdunstung notwendige Wassermenge richtet sich
demnach nach der Temperatur und Feuchtigkeit der Außenluft und dem
Luftwechsel, der von der jeweiligen Art der Lüftung abhängt[*]). Abb. 61
zeigt Schaulinien, die die in der Luft enthaltene Wassermenge in g/m³ in
Abhängigkeit von der Temperatur und der relativen Feuchtigkeit angeben.
Die 100%-Schaulinie zeigt den Taupunkt für jede Temperatur. Die Deutsche
Reichspost ist seit einigen Jahren dazu übergegangen, die Luft der Amtsräume mit Hilfe von Ventilatoren durch Filter mit Wasserberieselung zu
leiten, wodurch die Luft nicht nur mit Wasser angereichert, sondern auch
zugleich entstaubt wird[**]). Die Ein- und Ausschaltung derartiger Einrichtungen kann nach Bedarf von Hand oder auch durch Kontakthygrometer
vorgenommen werden, wodurch die Feuchtigkeit selbsttätig geregelt wird.

5. *Erschütterung der Gestelle und Gebäude.*

Erschütterungen sind in Begleitung der bereits erörterten Erscheinungen
Ursachen von Wählergeräuschen. Erschütterungen sollten daher im Wähl-
betriebe nach Möglichkeit vermieden werden. Das ist aber nur in begrenztem
Umfange möglich, weil jeder elektromagnetische Vorgang im Wähler, wie
Anziehen eines Ankers, Beschleunigen einer Masse, Anschlag an einen festen
Widerstand und dadurch Vernichtung der kinetischen Energie, Erschütterungen verursacht. Erschütterungen gehen außer von den Wählern auch
von Relais, Maschinen und allen elektromagnetischen Apparaten aus. Die
bewegten Massen, z. B. des Wählereinstellgliedes, sollten demnach so klein
wie nur irgend möglich sein, damit beim Stillsetzen der Wähler möglichst

*) R. Führer, „Luftbefeuchtung in Wählerräumen". TFT 23, S. 165, 1934.
**) H. Müller, „Regelung der Luftverhältnisse in Fernsprech-Wählerämtern der
Deutschen Reichspost". TFT 26, S. 28, 1937.

geringe Erschütterungen entstehen. Erschütterungen werden aber auch von Fahrzeugen durch den Erdboden auf Häuser übertragen, ja selbst Flugzeuge verursachen durch die Luft Erschütterungen von Gebäuden. Viele Erschütterungen kann man wohl vermindern, aber nicht vollkommen beseitigen. Man wird immer mit gewissen Erschütterungen rechnen müssen und muß daher die Kontakte so ausbilden, schützen und pflegen, daß derartige Erschütterungen keinen schädlichen Einfluß haben.

Auch die edlen Kontakte, wie Relaiskontakte, die größtenteils aus reinem Silber bestehen, zeigen ähnliche Erscheinungen, wie Veränderung des Kontaktwiderstandes und damit Neigung zu Gesprächsschwund und Geräuschen, aber in geringerem Maße als unedle Kontakte. Von allen Gefahren ist neben Abbrand und Spitzenbildung der Kontakte die Verstaubungsgefahr am größten. Deshalb werden jetzt allgemein Doppelkontakte verwendet, die Federn senkrecht gestellt und die Relais gut eingekapselt. Hier tritt ein bemerkenswerter Unterschied hervor: edle Kontakte werden allgemein durch Kappen gut gegen Verstaubung geschützt, während man bei unedlen Schleifkontakten darauf verzichtet, weil durch den Schleifvorgang eine selbsttätige Reinigung der Kontakte erwartet wird, was aber nur bis zu einem gewissen Grade, nämlich, wenn keine festen Schmutzschichten vorhanden sind, zutrifft.

Da Edelkontakte die behandelten Kontakteigentümlichkeiten der Unedelkontakte in geringerem Maße zeigen, könnte man, um diesen Vorteil auch bei den Wählern zu erhalten, diese mit Edelkontakten ausrüsten. Die Kontakte dürfen aber wegen der geringen Verschleißfestigkeit während der Einstellung nicht schleifen, sondern müssen erst nach der Einstellung angedrückt werden. Abb. 62 zeigt derartige Wähler mit Edelkontakten in Betrieb. Die Kontaktbank ist silberplattiert, die Wählerarme haben Doppelsilberkontakte und werden durch einen kleinen Magnet während der Einstellung von der Kontaktbank abgehoben. Im übrigen ist der Wähler nicht verändert. Alle in den „Studien über Aufgaben der Fernsprechtechnik" gezeigten Wählerarten lassen sich in dieser einfachen Weise mit Edelkontakten ausrüsten. Man erreicht damit vielleicht eine etwas einfachere Kontaktbankpflege, doch dürfen derartige Kontakte ebensowenig wie Relaiskontakte verstauben oder verschmutzen. Sauberhaltung der Kontakte ist auch bei dieser Ausführung unbedingt erforderlich.

In den Wählerämtern gibt es, wie gezeigt worden ist, eine ganze Anzahl von Ursachen für das Entstehen von Geräuschen. Die Geräusche hängen außer vom System und von dessen Aufbau auch von der Art der Amtspflege ab, die die schädlichen Einflüsse des Betriebes, der Verstaubung, Verschmutzung und Abnutzung beseitigen soll. Bei der Pflege werden mitunter die eigentlichen Ursachen der Geräusche nicht richtig erkannt und falsche Maßnahmen, die natürlich zu keinem Erfolg führen können, eingeleitet. Es ist allerdings zuzugeben, daß die wirklichen Ursachen von Geräuschen, soweit sie auf ungenügender Kontaktgabe beruhen, schwierig zu ermitteln sind, weil die in Betracht kommenden Kontakte in vielen Fällen durch die geringste Bewegung oder Erschütterung zu ständig guten Kontakten werden können. Denn wenn bei der Untersuchung die Eingrenzung des Fehlers wirklich gelungen ist, kann es doch vorkommen, daß dieser plötzlich durch eine derartige Bewegung vollkommen verschwindet; die eigentliche

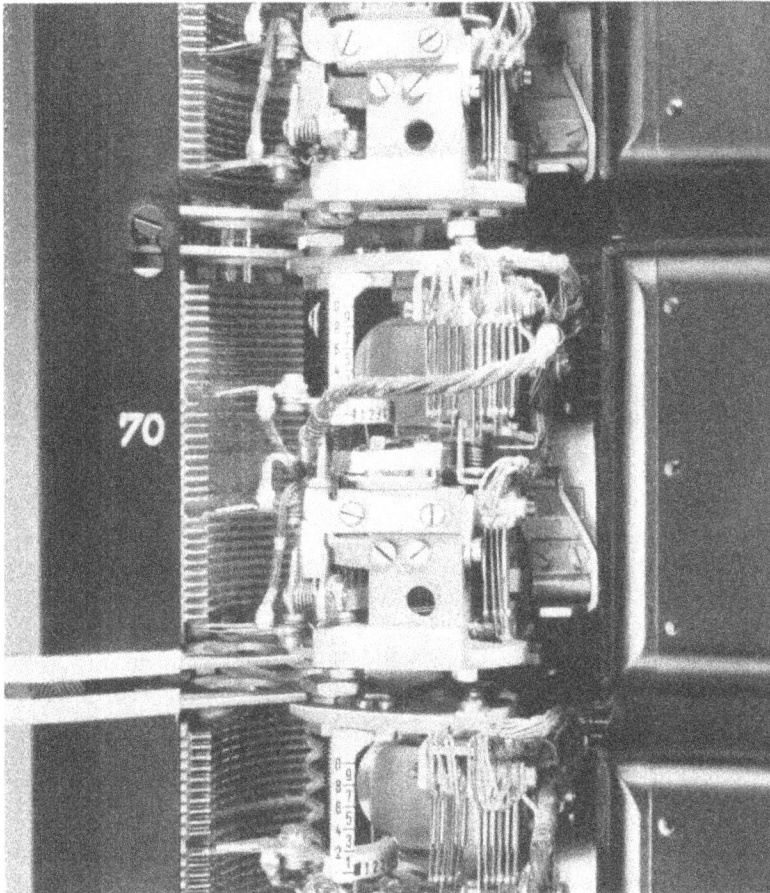

Abb. 62. Ausschnitt aus einem Gruppenwähler-Gestellrahmen mit Viereckwählern mit Edelkontakten.

Ursache kann dann nicht mehr ermittelt werden. Es ist daher zweckmäßig, die Ämter so zu pflegen, daß alle Ursachen von Geräuschen schon von vornherein unterbunden werden.

Das CCIF läßt, wie eingangs erwähnt, nur 2 mV Querspannung bei Kabeln als Geräuschspannung in den verschiedenen Leitungsabschnitten zu. Überträgt man dieses zulässige Maß für die Geräuschspannung auf die Wählerämter, so kann diese Bedingung im System und im Aufbau sowie bei einer gewissen Pflege eingehalten werden. Die erforderliche Pflege läßt sich durch einfache Maßnahmen und Einrichtungen, wie sie in dieser Arbeit angegeben worden sind, erheblich erleichtern.

12. Die Betriebsgüte der Wählerämter und die Verkehrsmessung und Störungsstatistik.

Die Betriebsgüte einer Anlage wird gekennzeichnet durch zwei Angaben über Verbindungsverluste, die auf zwei verschiedene Ursachen zurückzuführen sind, einmal durch zu geringe Ausrüstung, zum anderen durch Mängel in der Ausrüstung der Anlage. Im ersten Falle sind zu wenig Wähler oder Leitungen vorhanden, im zweiten Falle sind Wähler oder Leitungen mit irgendwelchen Fehlern behaftet. Man nennt die erste Art der Verluste Verkehrsverluste, die zweite Art Störungsverluste. Beide Arten werden als %-Satz der Belegungen angegeben. Im allgemeinen legt man den Anlagen eine Betriebsgüte zugrunde, bei der etwa 1% Verkehrsverluste und etwa 1% Störungsverluste zugelassen sind.

Die Werte der Betriebsgüte werden ermittelt und beurteilt durch Beobachtungen, Probeverbindungen, Messungen und Statistiken. Wird in den HVSt eine große Anzahl von Verbindungen vom Beginn des Aufbaues bis zum Schluß beobachtet und werden alle Unregelmäßigkeiten aufgeschrieben, so erhält man ein klares Bild über die Werte der Betriebsgüte der Anlage. Man schaltet sich beim Beginn in eine Verbindung ein, beobachtet besonders alle Erscheinungen beim Aufbau und bleibt möglichst bis zum Schluß darin, um noch Erscheinungen und Unregelmäßigkeiten während des Gespräches erfassen zu können. Dadurch erhält man die Verkehrsverluste, die Störungsverluste und eine weitere Art von Verlusten, die durch die Teilnehmer selbst entstehen, das sind Verluste durch Handhabungsfehler der Teilnehmer. Diese Art von Verlusten wird aber zur Beurteilung der Güte eines Amtes nicht herangezogen, weil sie unabhängig von der Ausrüstung der Anlage ist. Sie gibt aber ein Bild von der Geschicklichkeit, Anpassungsfähigkeit und Übung der Teilnehmer. Eine weitere Art, die Werte der Betriebsgüte zu ermitteln, sind Probeverbindungen. Es werden Verbindungen von verschiedenen Teilnehmern zu verschiedenen anderen Teilnehmern während der HVSt ausgeführt, wobei alle beobachteten Unregelmäßigkeiten ebenfalls aufgeschrieben werden. Hierbei müssen natürlich eigene Handhabungsfehler vermieden werden. Man erhält auch dann ein klares Bild über die Verkehrs- und Störungsverluste. Weitere Arten der Ermittlung sind Verkehrsmessungen und Störungsstatistiken, die aber auch noch die Unterlagen zur Verbesserung der Ausrüstung liefern.

Es können sehr verschiedene Messungen gemacht und Statistiken aufgestellt werden, die sowohl sehr wertvoll als auch wertlos sein können. Werden aus der jeweiligen Messung und der Statistik die notwendigen Folgerungen gezogen und wird der Betrieb entsprechend angepaßt, so können sie äußerst wertvoll sein. Werden aber Messungen und Statistiken nur ihrer selbst willen aufgestellt oder wird die Auswertung der Unterlagen und das Ziehen der Schlußfolgerungen daraus auf eine spätere Zeit, die meistens nicht kommt, verschoben, so sind sie in den meisten Fällen wertlos. Man kann viele verschiedenartige Messungen und Statistiken aufstellen, z. B. über Verkehr, Gesprächszählung, Störungen, Teilnehmerbewegung, Stromverbrauch usw. Hier soll nur die Bedeutung der Verkehrsmessung und Störungsstatistik behandelt werden.

Die Verkehrsmessung soll ein klares Bild über die Größe und Verteilung des Verkehrs, ebenso über die Leistung der Wähler in allen Wählerstufen und Gruppen eines Amtes geben, um daraus zu ersehen, ob das Amt in allen seinen Teilen dem Verkehr richtig angepaßt ist und in seiner Ausrüstung ausreicht. Eine allgemeine Übersicht über die Verkehrsverluste eines Amtes erhält man in einfacher Weise durch die Beobachtung der auftretenden und sich selbst anzeigenden sogenannten Durchdreher, die auftreten, wenn ein Wähler keinen freien Ausgang findet. Halten sich diese Verluste in erträglichen Grenzen, so ist eine genaue Untersuchung des Verkehrs und seiner Verteilung nicht erforderlich. Wachsen sie aber über ein gewisses Maß hinaus, so sind Verkehrsmessungen vorzunehmen. Treten Verluste nur in wenigen Gruppen auf und soll eine Verbesserung nur dort durchgeführt werden, so genügen Messungen nur in diesen Gruppen. Soll aber eine gründliche Prüfung des gesamten Amtes erfolgen, dann müssen unter Umständen alle Wählerstufen und alle Gruppen gemessen werden. Das ist aber eine erhebliche Arbeit; denn in einem 10000er-Amt im Millioner-System sind etwa 250 verschiedene Gruppen vorhanden. Man wird sich daher in vielen Fällen mit Messungen der Gruppen des in Betracht kommenden Amtsteiles begnügen. Bei der Messung ist nicht nur der Verkehr zu messen, sondern es sind auch die während dieser Zeit aufgetretenen Durchdreher zu beobachten, um die Leistung der Wähler ermitteln zu können und um festzustellen, ob die Verkehrsverteilung noch richtig ist. In den unvollkommenen Bündeln, die bekanntlich in großem Ausmaße angewendet werden, hängt die Wählerleistung nicht nur von der Bündelgröße sondern auch von der Gleichmäßigkeit des Verkehrszuflusses zu den Misch- und Staffelschaltungen ab. Hat sich in der Verkehrsverteilung im Zufluß zu den Misch- und Staffelschaltungen etwas geändert, so daß ein ungleichmäßiger Verkehrszufluß vorliegt, so kann dadurch, wenn die Ungleichmäßigkeit erheblich ist, die Wählerleistung ungünstig beeinflußt werden. Der Verkehr ist stets veränderlich, Teilnehmer melden sich ab, neue kommen hinzu, Unternehmen wechseln ihren Sitz, die Verkehrsinteressen verschieben sich, der Verkehr steigt und fällt, so daß eine Prüfung des Verkehrs und seiner Verteilung von Zeit zu Zeit geboten ist.

Verkehrsmessungen selbst sind verhältnismäßig einfach durch Schreibstrommesser zu machen, wobei stets der Verkehr einer zusammengehörigen Gruppe von Wählern gleichzeitig gemessen werden muß. Dabei sind, um die Leistung der Wähler ermitteln zu können, die Durchdreher in der vorhergehenden Wählerstufe in der Richtung zu der zu messenden Gruppe mit der

Zeit ihres Eintretens aufzuzeichnen. Die Diagramme müssen, wie auf Seite 17 der „Studien über Aufgaben der Fernsprechtechnik" beschrieben wurde, ausgewertet und dann die Schlußfolgerungen daraus gezogen werden. Entspricht die Leistung der Wähler den bekannten Werten und ist die Betriebsgüte ausreichend, so ist die Anlage in Ordnung. Ist die Wählerleistung zu gering, so müssen die Verkehrszuflüsse zu den Misch- und Staffelschaltungen geprüft und gegebenenfalls ausgeglichen werden. Ist die Wählerleistung richtig, aber die Betriebsgüte wegen der größeren Verluste nicht ausreichend, so ist der Verkehr gewachsen, und es muß ein Zubau von Wählern erfolgen mit einer Anpassung der Misch- und Staffelschaltungen. Ergibt sich auf Grund der Messungen eine zu geringe Zahl von Verbindungsleitungen, so ist, bevor neue Kabel verlegt werden, zu prüfen, ob nicht zweckmäßig durch Einführung des zweiadrigen Verkehrs genügend Leitungen für die Vergrößerung der Bündel gewonnen werden können oder ob durch Bildung vollkommener Bündel mit Mischwählern eine genügende Leistungssteigerung erreicht werden kann. Die beste Leistung einer Anlage wird erreicht, wenn alle Gruppen in allen Wählerstufen dem Verkehr richtig angepaßt sind.

Aus einer guten Störungsstatistik kann ersehen werden, wie groß etwa die Störungsverluste sind und wo die Pflege der Anlagen noch verbessert werden kann. Dazu genügt aber in der Statistik nicht die Angabe, daß ein bestimmtes Relais oder ein bestimmter Wähler gestört war, sondern es muß genau die Art der Störung angegeben werden, z. B. beim Relais ein bestimmter Kontakt, der mechanisch oder elektrisch gestört war, eine bestimmte Wicklung usw. oder aber bei Regelungsfehlern am Wähler eine bestimmte Klinke, Feder, Schnur oder Kontakt und Kontaktarm mit Kennzeichnung des Fehlers. Zeigen bestimmte Wähler häufiger Fehler, so müssen die Wähler besonders geprüft werden, weil vielleicht irgendein versteckter, nicht gleich erkennbarer Fehler vorliegen kann. Zeigen gleichartige Teile an vielen Wählern besonders große Störungszahlen, so sind diese Teile ebenfalls besonders zu untersuchen; denn es kann ein Mangel in der Pflege, z. B. in der Schmierung der Teile, vorliegen. Um ein weiteres Urteil über die Güte der Pflege zu erhalten, kann noch bei Fehlern unterschieden werden, ob sie auf Grund von Teilnehmerbeschwerden oder bei den Prüfungen gefunden wurden. Fehler sollen gefunden werden, bevor sie von Teilnehmern bemerkt und gemeldet worden sind, also möglichst bei Prüfungen und nicht durch Beschwerden, wobei allerdings die Häufigkeit der Prüfungen nicht übertrieben werden sollte. Wenn bei einer Prüfung keine Fehler gefunden wurden, war die Prüfung eigentlich überflüssig. Die Häufigkeit der Prüfungen muß in einem gesunden Verhältnis zu den gefundenen Fehlern stehen. Eine sorgfältige Störungsstatistik, aus der die Art der Störung klar ersehen werden kann, läßt die Betriebsgüte des Wählersystems und der Amtspflege deutlich erkennen. Was für die Störungsstatistik der Ämter gesagt wurde, gilt auch für die Störungsstatistik der Teilnehmereinrichtungen und des Netzes.

106

13. Die volkstümlichere Ausgestaltung des Fernsprechers.

Die volkstümlichere Ausgestaltung des Fernsprechers zu einem billigen
Wohnungsanschluß läßt sich nur durch bessere Ausnutzung der teuren Teilnehmerleitung und des Teilnehmeranschlusses mittels gemeinschaftlicher Einrichtungen für eine Gruppe von Teilnehmern erreichen. Demzufolge hat die
Deutsche Reichspost begonnen, Wohnungszentralen, Gemeinschaftsumschalter
genannt, für 1 Amtsleitung und 10 Teilnehmer mit schwachem Verkehr und
ohne Untereinanderverkehr der Sprechstellen, mit Wählerrelais im Umschalter
und ohne Batterie einzuführen. Die Grundgebühr ist für diese Teilnehmer ge-
senkt worden und beträgt z. B. statt 6 RM in größeren Netzen 3 RM monatlich,
wobei die Gesprächsgebühr unverändert 10 Pf je Gespräch blieb. Die zunächst
probeweise Einführung war ein großer Erfolg; denn der Teilnehmerzuwachs
war äußerst groß und nimmt noch ständig zu, weil der billige Gemeinschafts-
anschluß sich von einem Hauptanschluß praktisch nicht unterscheidet und
sich daher allgemeiner Beliebtheit erfreut. Eine beachtbare Abwanderung von
Hauptanschlüssen zu Gemeinschaftsanschlüssen trat nicht ein. Irgendwelche
Beanstandungen über zu große Belastung der Amtsleitung oder darüber, daß
der Partner nicht angerufen werden kann, sind nicht bekannt geworden. Die
allgemeine Einführung ist beschlossen und soll von Stadt zu Stadt erfolgen.

Der Gemeinschaftsumschalter ist in einem sehr zweckmäßigen Gehäuse untergebracht, das Abb. 63 zeigt. Man sieht zunächst das geschlossene
Gehäuse, dann dasselbe geöffnet mit abgenommenem Deckel, dann den auswechselbaren Relaissatz aus dem Gehäuse herausgenommen, mit besonderem
Schutzkasten, der plombiert wird und ein Fenster hat, an dem die Einstellung des Wählerrelais zu erkennen ist, und schließlich den Relaissatz mit
abgenommenem Schutzkasten. Unten im Gehäuse befindet sich die Kabel-
einführung mit der Anschlußleiste, an die auch die Weichen für den hoch-
frequenten Drahtfunk befestigt werden können. Bei der Montage wird das
Gehäuse ohne Relaissatz im Keller, Boden, im Kabelverzweiger oder einem

Abb. 63. Gemeinschaftsumschalter der Deutschen Reichspost.

sonstigen zweckmäßigen Ort befestigt; die Kabel werden eingezogen und die Drähte verbunden. Erst nach Beendigung aller Arbeiten, wenn die Inbetriebnahme erfolgen soll, wird der Relaissatz eingehängt. In Störungsfällen kann der Relaissatz leicht gegen einen anderen ausgetauscht werden. Abb. 64 zeigt unten die Anordnung der Gemeinschaftsumschalter in der Sprechstelle eines Münzfernsprechers.

In Abb. 65 ist die Schaltung des Gemeinschaftsumschalters mit der dazugehörigen Amtsübertragung grundsätzlich dargestellt. Während der Freizeit fließt ein Ruhestrom von der Amtsübertragung zum Gemeinschaftsumschalter über ein oder mehrere hochohmige L-Relais, die nur allein erregt sind. Diese Relais schalten die Teilnehmer für den Anruf über Widerstände an.

Nimmt ein Teilnehmer seinen Sprechhörer ab, so spricht das X-Relais in der Amtsübertragung an, während L im Gemeinschaftsumschalter abfällt. Das Wählerrelais W wird an die b-Leitung geschaltet, der Relaisunterbrecher mit den Relais I und II in der Amtsübertragung arbeitet und schaltet sowohl das Wählerrelais im Gemeinschafts-

Abb. 64. Anordnung der Gemeinschaftsumschalter in einer öffentlichen Fernsprechzelle.

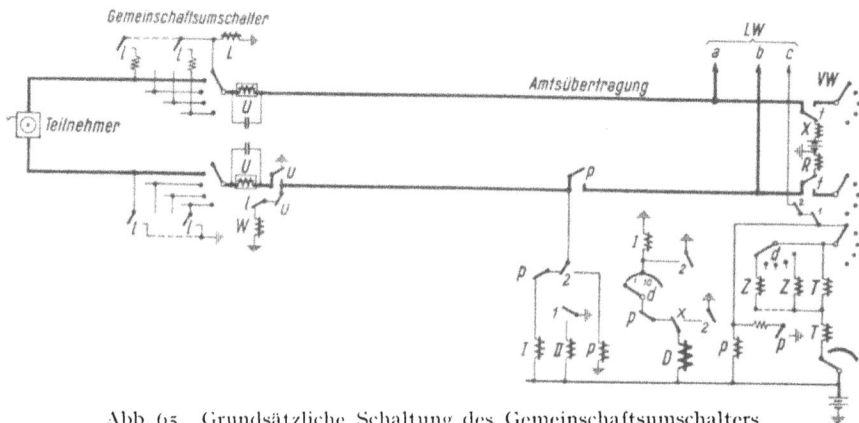

Abb. 65. Grundsätzliche Schaltung des Gemeinschaftsumschalters mit Amtsübertragung.

umschalter als auch den Drehwähler in der Amtsübertragung im Gleichlauf
weiter. Haben die Schaltarme des Wählerrelais den rufenden Teilnehmer
erreicht, so sprechen das U-Relais im Gemeinschaftsumschalter und das
P-Relais in der Amtsübertragung an, setzen die Wähler still und schalten die
Leitung durch, worauf im Amt der VW anläuft und die Verbindung mit den
GW herstellt. Der weitere Verbindungsaufbau erfolgt in bekannter Weise.
Der Drehwähler in der Amtsübertragung hat den Zähler des rufenden Teilnehmers eingeschaltet, der sowohl einfach (bei Ortsgesprächen) als auch mehrfach (bei Ferngesprächen) betätigt werden kann. Das P-Relais hat sich mit
seiner hochohmigen Wicklung gebunden. Bei der Auslösung fällt zunächst U
ab, dann kehrt der VW in seine Ruhelage zurück, worauf P abfällt und das
Wählerrelais W und der Drehwähler D mittels des Relaisunterbrechers in
die Ruhelage zurückkehren.

Wird ein Teilnehmer eines Gemeinschaftsanschlusses angerufen, so spricht
bei der Belegung das P-Relais an und L-Relais im Gemeinschaftsumschalter
fällt ab. Die dann eintreffenden Einstellstromstöße vom LW verlaufen über
die b-Leitung zum Wählerrelais, stellen dieses ein, worauf Rufstrom vom LW
über die a-Leitung geschickt wird. Meldet sich der Teilnehmer, so spricht U
an und schaltet die Leitung durch, worauf in LW der Rufstrom abgeschaltet
wird. Am Schluß des Gespräches fallen U und P ab, das Wählerrelais wird
durch den Relaisunterbrecher der Amtsübertragung in die Ruhelage zurück-
gebracht, in der L anspricht und den weiteren Drehvorgang unterbindet.
Solange Wähler aus der Ruhelage sind und der Relaisunterbrecher arbeitet,
kann die Leitung des Gemeinschaftsumschalters vom LW nicht belegt werden.

Dieselben Grundlagen, unter Verwendung der Wählerrelais, können auch
benutzt werden, um Gruppenstellen ohne Batterie für vollwertige Teilnehmer-
anschlüsse mit starkem Verkehr und Untereinanderverkehr bei voller Grundgebühr, die auch Wählsternschalter genannt werden, zu entwickeln. Derartige Gruppenstellen müssen dann entsprechend der Teilnehmerzahl und dem
Verkehr mit mehreren Amtsleitungen ausgerüstet werden. Sie sind sowohl
auf dem Lande als auch in Stadtanlagen
zu Ersparungen im Leitungsnetz zweckmäßig zu verwenden, wo sie dann als Unterzentralen kleinster Form anzusehen sind.
Bei Unterzentralen kann daher die Batterie
durch Verwendung des Wählerrelais erspart
werden. Es fragt sich zunächst, wieviel
Teilnehmer zweckmäßig an eine Gruppenstelle angeschlossen und wieviel Leitungen
zum Amt vorgesehen werden.

Eine Prüfung der möglichen Ersparnisse im Netz zeigt Abb. 66, aus der die
Ersparnisse bei Bildung von Gruppenstellen
mit 2 bis 5 Amtsleitungen zu ersehen sind.
Für die Berechnung wurde vorausgesetzt,

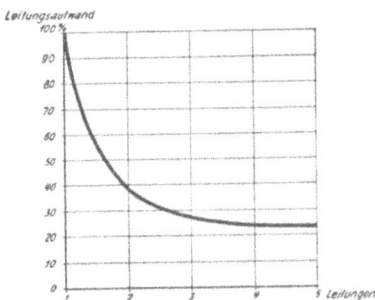

Abb. 66. Ersparnisse im Leitungsauf-
wand beim Zusammenfassen der
Sprechstellen eines Amtsbezirks zu
Gruppenstellen (gleichmäßige Ver-
teilung der Sprechstellen über den
Amtsbereich vorausgesetzt).

daß die Teilnehmer gleichmäßig über die Fläche des Amtsbereichs verteilt sind. Es wurde der Leistungsaufwand für den Fall festgestellt, daß alle Sprechstellen über 1 Leitung oder, zu Gruppenstellen zusammengefaßt, über 2, 3 usw. Leitungen an das Amt angeschlossen werden. Dabei wurde von dem Verkehrswert der betreffenden Teilnehmergruppe ausgegangen; die Leitungslängen der Zweigleitungen zwischen Gruppenstellen und Teilnehmersprechstellen wurden berücksichtigt. Wenn 100 % Leitungsaufwand den Zustand der unmittelbaren Verbindung aller Teilnehmer zum Amt angeben, so sinkt der Aufwand auf 38 %, wenn alle Teilnehmer zu Gruppen zusammengefaßt werden, die den Verkehr über 2 Amtsleitungen abwickeln. Faßt man die Gruppen so zusammen, daß jeweils 5 Leitungen zum Amt erforderlich sind, so ist nur ein Leitungsaufwand im Netz von 24 % des ursprünglichen Aufwandes notwendig. Es ergibt sich, daß der größte Zuwachs an Ersparnis eintritt, wenn man Gruppen bildet, die 2 oder 3 Leitungen zum Amt erfordern; darüber hinaus nimmt die Ersparnis nur noch wenig zu. Die Linie gibt nur mittlere Richtwerte an, weil

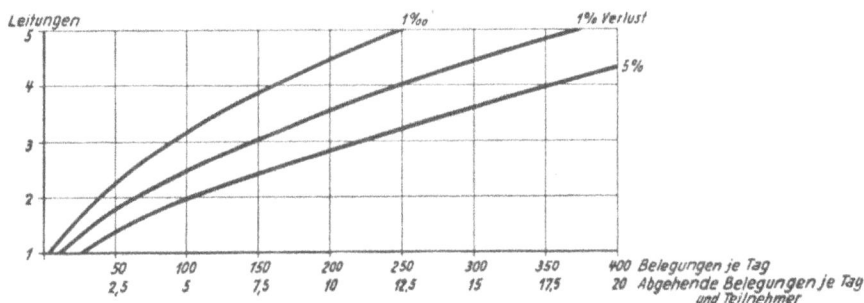

Abb. 67. Leistung der Leitungen nach Gruppenstellen mit 10 Teilnehmern (Konzentration = 12 %; mittlere Belegungsdauer = 2 min).

die Werte für den Leitungsaufwand noch abhängig sind von der Amtsgröße und der Betriebsgüte. Die Ersparnis wird größer bei großen Ämtern und kleiner Betriebsgüte, sie wird kleiner bei kleinen Ämtern und großer Betriebsgüte. Man wird daher im dekadischen Wählersystem zweckmäßig, wie bei den Wohnungszentralen, stets bis zu 10, höchstens 20 Teilnehmer vorsehen, die entsprechend ihrem Verkehr eine Anzahl Leitungen zum Amt erhalten.

Die Zahl der erforderlichen Leitungen zum Amt bei 10 Teilnehmern je Gruppenstelle, abhängig von der Stärke des Verkehrs und der Betriebsgüte, ist aus Abb. 67 zu ersehen, wobei Belegungen von 2 min mittlerer Dauer, 12 % Konzentration und abgehender gleich ankommendem Verkehr zugrunde gelegt sind. Es sind drei Linien dargestellt, die die erforderliche Leitungszahl bei 1 ‰, 1 % und 5 % Verlust für verschiedenen Verkehr erkennen lassen. Aus der Abbildung ergibt sich, daß z. B. für 5 abgehende Belegungen je Tag und Teilnehmer, also bei einem Verkehr, wie er im Mittel für Berlin zutrifft, bei 5 % Verlust 2 Leitungen genügen, während bei 1 ‰ Verlust 3 Leitungen erforderlich sind. Läßt man 1 % Verlust zu, so leisten 3 Leitungen sogar 7,5 abgehende Belegungen je Tag und Teilnehmer. Für den Fernverkehr kann man etwa 0,1 bis 0,2 Gespräche je Tag und Teilnehmer rechnen. Demnach werden für große Städte 2 bis 3 Leitungen zum Amt für Gruppenstellen mit 10 Teilnehmern, 3 bis 4 Leitungen für 20 Teilnehmer, je nach der zugrunde gelegten Betriebsgüte vollkommen genügen.

Abb. 68. Gruppenstelle mit Einstellung durch Abgreifer.

Bei der bisher besprochenen Technik war Durchwahl im LW vorausgesetzt; wenn aber die Wählersysteme Durchwahl nicht zulassen, kann die Auswahl der Teilnehmer und die Einschaltung des jeweiligen Zählers mit Hilfe eines sogenannten Abgreifers erfolgen. Die Ersparnisse im Amt sind aber nicht so groß wie bei Durchwahl, weil Anschlußnummern und Anschlußglieder nicht erspart werden. Während bei Durchwahl ein Kontakt und eine Nummer

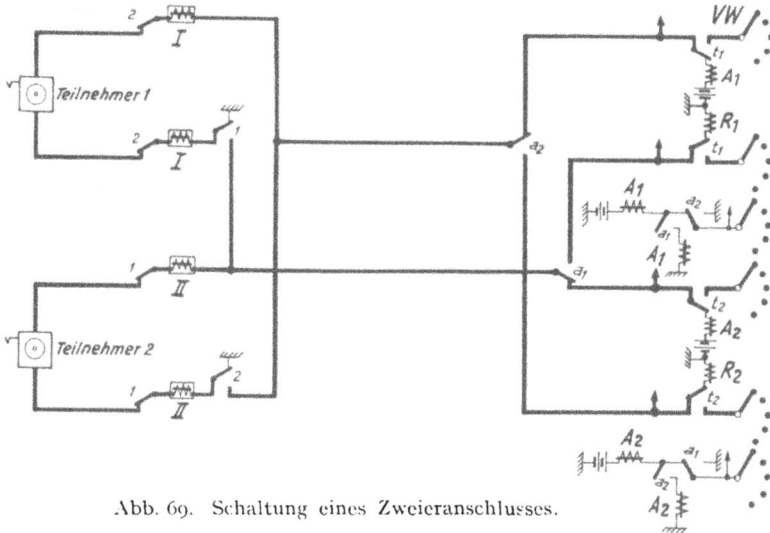

Abb. 69. Schaltung eines Zweieranschlusses.

für 10 Teilnehmer am LW genügen, sind hierbei 10 Kontakte und 10 Nummern am LW erforderlich. Abb. 68 zeigt grundsätzlich diese Anordnung. Der LW wird bei ankommenden Rufen eingestellt; der Abgreifer stellt sich dann auf den bezeichneten Kontakt am LW ein, und im Gleichlauf mit dem Abgreifer wird der Wähler im Gemeinschaftsumschalter ebenfalls betätigt. Die weiteren Vorgänge zeigen keine Besonderheiten.

Eine Abart dieser Anordnung ist der Zweieranschluß, bei dem im Amt ebenfalls Nummern und Glieder gewöhnlich nicht erspart werden. Die Anordnung ist aber einfach, weil die Auswahl nur zwischen zwei Teilnehmern zu erfolgen braucht, was ohne Wähler möglich ist. Die beiden Anschlüsse werden im Amt dadurch unterschieden, daß die Sprechleitungen der beiden Rufnummern am LW verschieden angeschlossen sind. Sind die Nummern z.B. 35 und 36, so sind bei einer Nummer die *a/b*-Adern vertauscht, so daß der Anruf einmal über die *a*-Ader, zum anderen über die *b*-Ader erfolgt. Abb. 69 zeigt diese Anordnung. Leitet einer der Teilnehmer eine Verbindung ein, so spricht das Relais (*I* oder *II*) in der Schaltkassette an und schaltet den anderen Teilnehmer ab. Der ihm zugehörige VW läuft durch Erregung der *R*- und

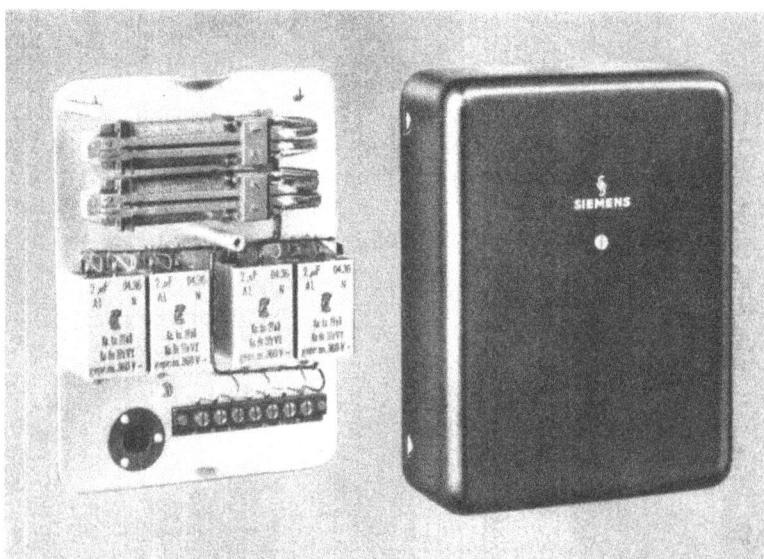

Abb. 70. Kassette eines Zweieranschlusses, offen und geschlossen.

A-Relais an und stellt die Verbindung mit einem I. GW her. Beim Anruf vom LW fließt der Rufstrom entweder über die *a*- oder *b*-Leitung, je nach der gewählten Nummer, und über das entsprechende Teilnehmergerät zur Erde. Spricht ein Teilnehmer, so wird der andere durch das entsprechende Relais (*I* oder *II*) stets gesperrt. Alle anderen Vorgänge zeigen keine Besonderheiten.

Man kann auch Zweieranschlüsse an nur einen Kontakt der LW anschließen, wobei dann die Aussendung des Rufstromes über die *a*- oder *b*-Leitung durch eine Zusatzziffer im LW bestimmt wird. Für abgehenden Verkehr wird stets der Zähler des rufenden Teilnehmers eingeschaltet. Bei 2 Nummern am LW sind auch 2 VW mit je einem Zähler vorhanden, die selbsttätig beim Abnehmen des betreffenden Teilnehmers in Betrieb gesetzt werden. Bei nur einer Nummer am LW ist auch nur 1 VW, aber mit 2 Zählern, vorhanden, die wieder selbsttätig eingeschaltet werden.

Abb. 70 zeigt die Ausführung der Zweier-Kassette, offen und geschlossen.

Die Einführung von Gemeinschaftsumschaltern und Gruppenstellen ohne Batterie hat für die Ausbreitung und wirtschaftliche Ausgestaltung des Fernsprechers die allergrößte Bedeutung.

14. Ausnutzungssteigerung des Fernsprechers.

Der Fernsprecher wird heute ganz allgemein noch nicht genügend ausgenutzt; denn er ist nur in den meisten Fällen weniger als 1% der zur Verfügung stehenden Zeit im Gebrauch. Es sollte daher angestrebt werden, die Ausnutzung nach Möglichkeit zu steigern und den Fernsprecher für alle Fragen des täglichen Lebens zu verwenden, was sich durch die Wählertechnik leicht ermöglichen läßt. Den Teilnehmern sollte die Möglichkeit gegeben werden, allgemein interessierende Tagesnachrichten sowie Börsen- und Sportnachrichten, weiter Wettermeldungen jederzeit durch Anruf besonderer Nummern für die Kosten eines Ortsgespräches zu erhalten. Ebenso kann durch Anruf einer besonderen Nummer die richtige Uhrzeit in leichtverständlicher Weise übermittelt werden. Der Rundfunk hat in dieser Richtung schon bahnbrechend gewirkt. Aber während der Rundfunk solche Nachrichten und Zeitangaben nur zu bestimmten Zeiten gibt, sollte der Fernsprecher diese Mitteilungen zu jeder beliebigen Zeit den Teilnehmern übermitteln. Der schon mit gutem Erfolg eingeführte Auftragsdienst könnte noch weiter ausgebaut werden. Das Herbeirufen von Droschken von den Halteplätzen sollte ohne besondere Vermittlung einer Beamtin unmittelbar möglich sein. Die Einschaltung von Sicherheitseinrichtungen, wie Feuermeldung und Polizeiruf, würde ebenfalls eine bessere Ausnutzung des Leitungsnetzes ermöglichen. Auch Telegrafengeräte, Uhrenregelung und Raumschutzeinrichtungen könnten über das Fernsprechnetz betrieben werden. Drahtfunk mit Programmauswahl über die Fernsprechleitungen würde demselben Zweck dienen. Ganz allgemein sollten Auskünfte und Hilfen aller Art im täglichen Leben möglich sein, so daß der Fernsprecher zum allgemeinen Helfer im Betriebe und im Haushalt würde, wodurch sowohl den Teilnehmern als auch den Verwaltungen gedient wäre. Im einzelnen kann über diese verschiedenen Maßnahmen folgendes gesagt werden.

Nachrichten.

Durch Anruf besonderer Nummern erreicht man Stellen, von denen wichtige Nachrichten von etwa 3 min Dauer übermittelt werden. Es können dies Tages-, Börsen- und Sportnachrichten oder Wettermeldungen sein. Die Teilnehmer werden alle nach Wahl der betreffenden Kennzahl parallel auf diese Nachrichtenstellen geschaltet, die so eingerichtet sind, daß die Teilnehmer wohl die Nachrichten gleichzeitig hören, sich selber aber untereinander nicht verständigen können, was durch niedrigohmige Anschalteglieder leicht zu erreichen ist. Die Nachrichten könnten zunächst bei der einfachsten Form der Einrichtungen von einer Beamtin dauernd gesprochen

werden. Dazu sind besondere Einrichtungen im Amt nicht erforderlich; es
werden entsprechend dem Gleichzeitigkeitsverkehr nur soviel Hörmöglich-
keiten wie nötig vorgesehen, so daß sich alle rufenden Teilnehmer gleichzeitig auf diese Stellen aufschalten können.

Die Beamtin, deren Arbeit durch die ständige Wiederholung derselben
Nachricht sehr anstrengend ist, kann durch eine Maschine ersetzt werden, die
die Nachrichten selbsttätig mit Sprache übermittelt. Die Teilnehmer kommen
bei ihrem Anruf zu einer beliebigen Zeit gewöhnlich mitten in eine Nachricht
hinein, die sie zunächst nur zum Teil hören, können aber so lange mithören,
bis sie die ganze Nachricht verstanden haben. Alle Nachrichten dauern etwa
3 min und werden ständig wiederholt. Zweckmäßig werden die Leitungen
von den Nachrichtenmaschinen an GW angeschlossen, so daß teure LW für
diesen Verkehr nicht benötigt werden. Die Anrufnummer ist daher wenig-
stellig, z. B. 01, 02, 03, 04, jede für verschiedene Nachrichten. Abb. 71 läßt

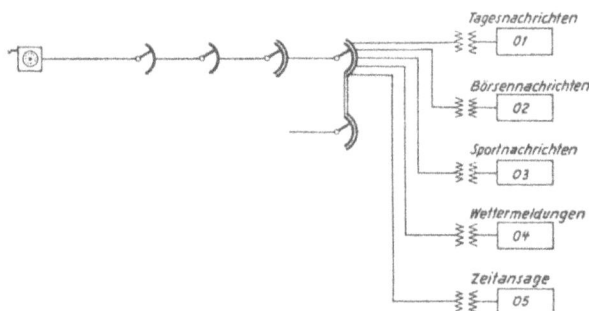

Abb. 71. Einfügung von Nachrichtenmaschinen in das Wählersystem.

die Anordnungen im Gruppenverbindungsplan grundsätzlich erkennen.
Zur Nachrichtenübermittlung können benutzt werden: Schallplatten-,
Stahlband- oder Tonfilmeinrichtungen.

Da derartige Nachrichten beliebig häufig gewechselt werden sollen,
müssen die alten Nachrichten leicht gelöscht und neue Nachrichten in einfacher Weise leicht aufgenommen werden können. Dazu eignen sich besonders
Stahlbandeinrichtungen, bei denen das Stahlband leicht derartigen Behand-
lungen unterworfen werden kann. Zwei Bänder sind in jeder Maschine vorhanden, die auf je zwei Trommeln auf- und abgewickelt werden und von denen
das eine abläuft und die Nachrichten gibt, während das andere, ohne Nachrichten zu geben, zurückgewickelt wird. Nach 1,5 min erfolgt eine Umschaltung des Nachrichtengebers und der Drehrichtung der Stahlbänder, so daß
ununterbrochen Nachrichten gegeben werden. Es ist für jedes Stahlband eine
Besprechungs-, Wiedergabe- und Löschspule vorhanden, die unmittelbar auf
das Stahlband wirken, wie Abb. 72 grundsätzlich erkennen läßt. Bei Neubesprechung werden durch Fernsteuerung von einem Besprechungsplatz die
Spulen ein- und umgeschaltet. Durch die Löschspule wird zunächst die alte
Nachricht mit einer hohen Frequenz gelöscht, dann wird über die Bespre-

chungsspule durch ein Mikrofon das Stahlband mit neuen Nachrichten besprochen, bis die Bänder gefüllt sind. Dann kann die Inbetriebsetzung der Maschine erfolgen, wobei mit der Wiedergabespule die Nachricht über Ver-

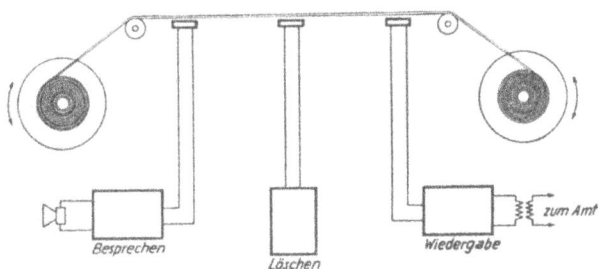

Abb. 72. Grundsätzliche Darstellung einer Nachrichtenmaschine.

stärker abgehört wird. Es ist zweckmäßig, mindestens zwei Maschinen vorzusehen, damit bei einlaufenden wichtigen Nachrichten die Neubesprechung auf einer freien Maschine erfolgen kann, um die Umwechselung der Maschinen ohne Wartezeit für die Teilnehmer vornehmen zu können. Die Zahl der gleichzeitig hörenden Teilnehmer kann beliebig gewählt werden und hängt nur von der Größe der vorgeschalteten Verstärker ab.

Zeitansage.

Die Übermittlung der Uhrzeit erfolgt in ähnlicher Weise durch Anruf einer besonderen Nummer über Gruppenwähler und Parallelschaltung aller anrufenden Teilnehmer. Die Angabe der Uhrzeit unterscheidet sich von der der Nachrichten insofern, als sich die Uhrzeit zwar mit jeder Minute ständig ändert, aber an allen Tagen stets dieselbe ist, so daß eine Veränderung von einem Tage zum anderen nicht vorgenommen zu werden braucht. Die Uhrzeit kann zunächst in einfacher Weise übermittelt werden durch Glocken- oder Summerzeichen, die von einer Hauptuhr gesteuert werden und Stunden und Minuten durch verschiedene Klangzeichen erkennen lassen, wobei die Minuten dekadisch unterteilt werden können. Die Übermittlung der Uhrzeit durch Glocken- oder Summerzeichen ist aber schwer verständlich, weil die Teilnehmer die Uhrzeit abzählen müssen. Aus diesem Grunde sind derartige Einrichtungen nicht allgemein eingeführt worden. Erst die Anwendung der Übermittlung durch Sprache hat die Nachricht verständlich gemacht und eine allgemeine Einführung ermöglicht. Hierfür lassen sich die schon angegebenen mechanischen Einrichtungen verwenden, die mit Schallplatten, Stahlbändern oder Tonfilm die Uhrzeit übermitteln. Da die Nachrichten nicht zu löschen sind, sondern stets erhalten bleiben, kann für diesen Zweck ein Tonfilm verwendet werden. Der Tonfilm, der aus 24 schmalen Streifen für die Stundenangaben und 60 Streifen für die Minutenangaben, in einem Blatt zusammengefaßt, besteht, ist auf einer sich dauernd drehenden Trommel angeordnet, wobei zwei Fotozellen, eine für Stunden- und eine für Minutenansage, die Sprache nacheinander auf dem beleuchteten Tonfilm abtasten. Nach jeder

Minute wird, gesteuert durch eine genau gehende Hauptuhr, die Minuten-
fotozelle, nach jeder Stunde die Stundenzelle um zwei Teilungen verschoben.
Die Verschiebung erfolgt gleichmäßig vorwärts und wieder zurück, wobei
beim Rückwärtsschalten die Zwischenteilungen benutzt werden. Angesagt
wird z. B. 9 Uhr 35, was in der betreffenden Minute 12 mal wiederholt wird.
Dann ertönt am Schluß jeder Minute ein Summerzeichen von 3 s Dauer,
dessen Ende den genauen Zeitpunkt der angesagten Minute angibt. Während
der Summerzeichen erfolgt die Umschaltung der Ansage. Beliebig viele Teilnehmer können auch die Zeit gleichzeitig hören, ohne sich gegenseitig zu
stören; die Zahl hängt von der Größe des vorgeschalteten Verstärkers ab. Die
Einrichtung in dieser Form hat sich in der Praxis sehr bewährt, ist weit
verbreitet und außerordentlich wirtschaftlich. Es hat sich bei Gesprächszählung gezeigt, daß bis zu 20% der Teilnehmer, die die Einrichtung erreichen können, die Uhrzeitangabe täglich in Anspruch nehmen.

Fernsprechauftragsdienst.

Der Fernsprechauftragsdienst soll den Fernsprechverkehr der Teilnehmer
zu allen Zeiten ermöglichen, auch wenn die Teilnehmer nicht zu Hause anwesend sind; er soll ganz allgemein den Teilnehmern zu allen Zeiten helfen
und sie unterstützen.

Die wichtigste Aufgabe ist zunächst, bei Abwesenheit der Teilnehmer
die Fernsprechanrufe entgegenzunehmen und den Inhalt den Teilnehmern
später zu übermitteln. Bei Abwesenheit der Teilnehmer für kürzere oder
längere Zeit, z. B. außerhalb der Geschäftszeit oder bei Reisen, lassen sie sich
auf den Auftragsdienst schalten, bei Rückkehr wieder zurückschalten. Der
Inhalt der Anrufe wird ihnen später in irgendeiner Form übermittelt, bei
kurzer Abwesenheit über den Fernsprecher, bei längerer Abwesenheit durch
schriftliche Nachricht. Es gibt viele Teilnehmer, deren Fernsprecher nicht
ständig beaufsichtigt sind, z. B. Rechtsanwälte, Zivilingenieure, Privatgelehrte
und viele andere, die in der Stadt ein Büro unterhalten, während sie auswärts
wohnen. Während ihrer Abwesenheit tritt für sie der Auftragsdienst ein.
Für diese Aufgaben ließe sich der Auftragsdienst zum richtigen Sekretär-
dienst entwickeln, der in allen Fällen ohne besonderen Auftrag Anrufe zu allen
Zeiten entgegennimmt, wenn der Anruf nach kurzer Zeit nicht beantwortet
wird, so daß es unbeantwortete Anrufe für derartige Teilnehmer überhaupt
nicht mehr gibt. Der Anruf läuft zunächst beim Teilnehmer ein; meldet er
sich nach kurzer Zeit nicht, so erscheint der Anruf an den Plätzen des Auf-
tragsdienstes, von wo aus der Anruf dann beantwortet wird. Meldet sich der
Teilnehmer inzwischen, so scheidet der Auftragsdienst selbsttätig aus, und der
Teilnehmer übernimmt dann die Beantwortung unmittelbar. Weiter ließe
sich der Auftragsdienst derartig ausbauen, daß auf Wunsch der Teilnehmer
wichtige Gespräche auf eine Schallplatte aufgenommen werden, wodurch ein
bleibendes Dokument entsteht.

Der Auftragsdienst übernimmt es weiter, die Teilnehmer morgens recht-
zeitig zu wecken, er gibt besondere Auskünfte, z. B. Wettervorhersagen, Zeit-

ansagen usw., soweit sie nicht schon selbsttätig durch mechanische Einrichtungen gegeben werden.

Droschkenruf.

Um das Herbeirufen von Droschken durch den Fernsprecher zu ermöglichen, werden zweckmäßig an den Droschkenhaltestellen Fernsprechgeräte aufgestellt, die unmittelbar durch die Teilnehmer in üblicher Weise angerufen werden können. Es können an sich gewöhnliche Teilnehmergeräte verwendet werden, die aber keinen Nummernschalter haben und daher nicht anrufen, sondern nur angerufen werden können und dann von den Kraftfahrern abgefragt werden. Für die Aufstellung derartiger Geräte braucht weder eine besondere Einrichtungsgebühr noch eine Benutzungsgebühr seitens der Kraftfahrer erhoben zu werden; denn die für das Gespräch fälligen Gebühren werden durch die Teilnehmer, die die Droschkenhaltestellen anrufen, bei jedem derartigen Gespräch bezahlt. Solche Geräte sind daher gewissermaßen umgekehrte Münzfernsprecher, die aber nur angerufen werden können. Damit die Teilnehmer die richtige Nummer wählen und der jeweilige Anruf zum nächsten Droschkenhalteplatz erfolgt, muß dem Teilnehmerverzeichnis ein besonderes Verzeichnis der Droschkenhalteplätze mit den Rufnummern, geordnet nach den Fernsprechämtern oder den Stadtgegenden beigefügt werden. Die Teilnehmer brauchen nur die Nummern der Droschkenhalteplätze in dem Anschlußbereich ihres eigenen Amtes oder ihrer Gegend zu suchen, weil dies die am nächsten liegenden Droschenhaltestellen sind. Ein derartiges Verzeichnis ist in der Tafel 9 angegeben. Sollten bei dem Anruf einer Drosch-

Amt	Droschkenhalteplatz	Rufnummer
Zentrum	A - Straße Ecke B - Straße	25 451
,,	A - Straße Ecke C - Straße	25 452
,,	A - Straße Ecke D - Straße	25 453
,,	E - Straße Ecke F - Straße	25 331
,,	E - Straße Ecke G - Straße	25 332
Norden	H - Straße Ecke J - Straße	34 761
,,	H - Straße Ecke K - Straße	34 762
,,	K - Straße Ecke L - Straße	34 763
,,	K - Straße Ecke M - Straße	34 764
Osten	N - Straße Ecke O - Straße	43 281
,,	O - Straße Ecke P - Straße	43 282
,,	P - Straße Ecke Q - Straße	43 283
,,	R - Straße Ecke S - Straße	43 171
Süden	T - Straße Ecke U - Straße	51 491
,,	U - Straße Ecke V - Straße	51 492
,,	W - Straße Ecke X - Straße	53 241
,,	X - Straße Ecke Y - Straße	53 242

Tafel 9.
Verzeichnis der Droschkenrufstellen.

kenhaltestelle Droschken nicht anwesend sein und deshalb der Anruf nicht beantwortet werden, so kann der Teilnehmer die nächste Stelle anrufen. Es kann aber auch eine selbsttätige Weiterschalteinrichtung zur nächsten Stelle vorgesehen werden, was eine Anpassung des Wählersystems an diesen Betrieb erfordert. In diesem Falle werden die Nummern in der Nähe liegender Droschkenhaltestellen fortlaufend zugeordnet und hintereinander an den LW angeschlossen, so daß in einfacher Weise eine Weiterschaltung bei Nichtbeantwortung des Anrufes nach einigen Sekunden erfolgen kann. Auch im Besetztfalle könnte eine Weiterschaltung zur nächsten Stelle erfolgen. Wird auf die Weiterschaltung verzichtet, so reichen die gewöhnlichen Einrichtungen der selbsttätigen Ämter für die Einführung des Droschkenrufes ohne jede Anpassung vollkommen aus.

Feuer- und Polizeimeldung.

Die Feuer- und Polizeimeldung durch Fernsprecher ist in den Fällen dringender Gefahr, bei der sie nur in Betracht kommt, durch die natürliche Erregung des Meldenden unbefriedigend. Da in solchen Fällen keine Zeit vorhanden ist, wird die zu wählende Nummer im Verzeichnis gewöhnlich nicht gefunden, weiter wird schlecht gewählt und das Warten auf Antwort steigert die Nervosität des Meldenden, der dann seine Meldung in großer Hast, meistens unverständlich und unvollständig abgibt. Mechanische Melder, die dem Fernsprecher vorgeschaltet werden und die die Verbindung selbsttätig mit der Feuerwehr oder der Polizei herstellen und dann weiter nach einer Sicherheitsstromstoßreihe von 12 Stromstößen die eigene Nummer des Melders übermitteln, so daß Wählen und Sprechen nicht erforderlich, aber möglich ist, beseitigen diesen Mangel und entlasten vollkommen den Meldenden. Der Melder wird durch einfaches Ziehen an einem Griff ohne Zeitverlust für den Meldenden in Betrieb gesetzt, wobei am Schauzeichen ersehen werden kann, ob der Melder unter Strom steht und arbeitet. Diese Melder lassen sich jedem Fernsprechanschluß ohne weiteres vorschalten, arbeiten mit Arbeitsstrom und sind betriebsbereit, solange der Fernsprechanschluß betriebsbereit ist. Der Melder gibt zuerst die Stromstoßreihen zum Anruf der Feuerwehr oder Polizei, z. B. 34, dann als Sicherheit gegen Falschmeldungen eine Reihe von 12 Stromstößen, die von keinem Teilnehmer mit seinem Nummernschalter erzeugt werden kann, und dann Stromstoßreihen, die die Nummer des eigenen Melders angeben, z. B. 444. Die Feuer- oder Polizeiwache ersieht daraus, von wo aus die Meldung erfolgt ist. Eine gesprochene Meldung ist nicht erforderlich, kann aber, wenn Zeit dafür vorhanden ist, nach Ablauf des Melders als Ergänzung jederzeit erfolgen. Sollen derartige Melder zur größeren Sicherheit mit Ruhestrom überwacht werden, so müssen Zusatzeinrichtungen mit Speisebrücken beim Teilnehmer und im Amt vorgesehen werden, wodurch ein gewisser Mehraufwand erforderlich wird.

Telegrafie.

Uhrenregelung läßt sich ebenfalls über die Fernsprechleitung einführen, ebenso lassen sich Raumschutzeinrichtungen oder Telegrafengeräte, z. B. Fernschreiber, vorsehen, wozu aber eine Speisebrückenanordnung erforderlich ist. Über den durch die Speisebrücke gebildeten neuen Stromkreis lassen sich alle möglichen Telegrafengeräte betreiben, es muß nur Vorsorge getroffen werden, daß durch die Telegrafieströme keine Beeinflussung der Fernsprechverbindungen entsteht.

Drahtfunk.

Die Fernsprecheinrichtungen lassen sich auch für die Übertragung von Rundfunkprogrammen, Drahtfunk genannt, mit Vorteil verwenden. Das Programm wird im Amt den Leitungen zugeführt und beim Teilnehmer über besondere Schaltstellen abgenommen, ohne daß Verbindungseinrichtungen des Amtes belegt werden. Es gibt Drahtfunk mit Niederfrequenz und mit Hochfrequenz. Wird bei Drahtfunkübertragung mit Niederfrequenz eine Fernsprechverbindung hergestellt, so wird selbsttätig die Drahtfunkübertragung unterbrochen. Erst nach Beendigung des Gespräches wird die Übertragung wieder hergestellt. Es lassen sich auch mehrere Programme übertragen, deren Auswahl vom Teilnehmer erfolgt. Zu diesem Zweck wird jedem Teilnehmer im Amt ein kleiner Wähler zugeordnet, der nacheinander die verschiedenen Programme an die Leitung anschaltet. Die Auswahl erfolgt entweder durch Betätigen der Gabel an dem Teilnehmergerät oder durch eine besondere Erdungstaste.

Bei der Übertragung mit Hochfrequenz erfolgt keine Unterbrechung der Übertragung durch Fernsprechverbindungen. Die Programmauswahl erfolgt wie bei Rundfunk durch Einstellung von Wellenschaltern. Die Hochfrequenzübertragung erlaubt den Anschluß weiterer Teilnehmer in der Nachbarschaft, die selbst keinen Fernsprechanschluß haben.

Die Vorteile dieser Drahtfunkübertragungen sind reiner Empfang der Sendungen ohne störende atmosphärische Einflüsse und einfache Einrichtungen bei den Teilnehmern.

Lautsprecher.

Es ist möglich, dem Teilnehmer zu gestatten, nach Bedarf einschaltbare Lautsprecher an ihren Teilnehmergeräten zu verwenden. Derartige Lautsprecher in Verbindung mit einem besonderen Besprechungsmikrofon erleichtern das Fernsprechen, weil beide Hände frei sind, und es ist dadurch die Möglichkeit gegeben, sich frei zu bewegen, zu schreiben und zu sprechen, Akten nachzuschlagen und daraus Auskünfte zu erteilen. Weiter bietet die Einrichtung den Vorteil, daß eine größere Anzahl von Personen im Raum an einem Gespräch sich beteiligen und hören können, wie sich der Partner äußert. Die Einrichtungen werden durch einfachen Tastendruck beliebig ein- und ausgeschaltet. Abb. 73 zeigt die Einrichtung. Neben dem Teilnehmergerät sieht man das Besprechungsmikrofon mit den Steuertasten und dem Lautstärkeregler, dann den Lautsprecher und an der Wand den Beikasten, der alle erforderlichen Steuermittel enthält.

Bei der Einführung der Lautsprecher sind gewisse Schwierigkeiten zu überwinden; denn es muß auf eine Verhinderung der Rückkoppelung geachtet werden, damit nicht der Lautsprecher das eigene Mikrofon beeinflußt, was durch Rückkoppelungssperren, ähnlich den Echosperren in den Fernleitungen, erreicht wird. Die Rückkoppelungssperre läßt nur den Verkehr einer Richtung durch und arbeitet entweder hart mit Relais, durch das plötzliche Ansprechen der Relais, oder weich mit Röhren, deren Gitterspannung in bekannter Weise verlagert wird.

Abb. 73. Teilnehmergerät mit Lautfernsprecher.

Von solch einem Lautsprecher darf man aber keine Rundfunksprache erwarten, weil die Übertragungsmittel nicht so vollkommen sind wie dort und auch gewöhnlich keine Rundfunksprecher mit klarer Sprache die Mikrofone besprechen.

Alle diese beschriebenen Einrichtungen regen das Wirtschaftsleben an, machen den Fernsprecher sowohl für die Teilnehmer als auch für die Verwaltung wertvoller, steigern den Verkehr und damit die Einnahmen der Verwaltungen. Es sollte daher die Einführung dieser Einrichtungen nach Möglichkeit gefördert werden.

15. Die Steigerung der Wirtschaftlichkeit der Schrittwählersysteme.

Seit Beginn der Wählertechnik bestand dauernd das Bestreben, die Systeme immer wirtschaftlicher aufzubauen und die Wähler so gut wie nur irgend möglich auszunutzen, möglichst ohne die Einfachheit und Übersichtlichkeit der Schrittwählersysteme zu gefährden. Zu diesem Zwecke sind viele Vorschläge für den verschiedenartigsten Verbindungsaufbau der Schrittwählersysteme mit Hebdrehwählern und Drehwählern, mit verschiedenen Wählerkonstruktionen sowie für die Ausnutzungssteigerung der Wähler selbst gemacht worden, die sowohl Vorteile als auch Nachteile zeigten. Man kann aus diesen vielen Bestrebungen etwa folgende große Gruppen zusammenfassen:

Wirtschaftlicherer Aufbau der Systeme

durch Erfüllung nur zweckmäßiger Forderungen,
durch allgemeine Verwendung einfacher Drehwähler,
durch Kreislauf beim Verbindungsaufbau,
durch gemeinsame Schalt- und Steuermittel,
durch verschiedene Wählerkonstruktionen,
durch Ausnutzungssteigerung der Wähler mittels Bündelung und
mittels Mehrfachausnutzung.

Aus diesen vielen Bestrebungen, bei denen noch viele Untergruppen unterschieden werden können, sollen die interessantesten mit ihren Vor- und Nachteilen geschildert werden.

Die natürlichsten Bestrebungen, das gewöhnliche Schrittwählersystem mit Hebdrehwählern durch Vereinfachung und Erfüllung nur zweckmäßiger Forderungen immer wirtschaftlicher und übersichtlicher zu gestalten, hat zu Erfolgen geführt, wie sie schon in den „Studien über Aufgaben der Fernsprechtechnik" Seite 248 behandelt wurden, wobei man unter zweckmäßigen Forderungen solche versteht, die die jährlichen Betriebskosten in irgendeiner Weise herabsetzen. Den größten Einfluß auf die erforderlichen Betriebsmittel haben bekanntlich die zu erfüllenden Forderungen. Werden nur wirklich zweckmäßige Forderungen erfüllt, alle unzweckmäßigen und damit unwirtschaftlichen gestrichen, so kann die Aufgabe mit einem Mindestaufwand an Betriebsmitteln gelöst werden. Auf dieser Grundlage benötigt heute dieses System in den Wählerstufen nur noch je 4 Relais bei den I. GW, je 3 Relais bei allen anderen GW und je 6 Relais bei den L.W. Dieser Weg hat sich bisher als am zweckmäßigsten von allen Vorschlägen erwiesen; denn dadurch sind nicht Verwicklungen, sondern Vereinfachungen entstanden.

Man hat nun versucht, an Stelle der Hebdrehwähler große Drehwähler auch mit 100 Kontakten allgemein im System zu verwenden. Die Schwierigkeit besteht beim Verbindungsaufbau darin, daß bei einem Nummernstromstoß gleich einem Hebschritt des Hebdrehwählers, der 0,1 s dauert, der Drehwähler 10 Schritte machen muß, weil die 100 Kontakte der 10 Richtungen zu je 10 Kontakten in einem Kreisbogen hintereinander liegen. Ein derartiger Wähler müßte, wenn alle zulässigen Abweichungen bei der Nummerngabe eingerechnet werden, mindestens 125 Schritte/s machen, was bis vor kurzer Zeit von keinem Wähler erfüllt wurde. Aus diesem Grunde wurden sogenannte Bezeichner eingeführt, die aus kleinen 10 kontaktigen Drehwählern bestehen, deren Kontakte mit den 10 Richtungen des Drehwählers verbunden sind. Durch die Nummernstromstöße wird der Bezeichner eingestellt, er bezeichnet am Drehwähler die gewählte Richtung, der Drehwähler stellt sich darauf ein und sucht eine freie Leitung dieser Richtung aus. Am LW werden durch den Bezeichner sowohl die Zehner als auch die Einer bezeichnet. Reichte dann die Drehgeschwindigkeit der Wähler immer noch nicht aus, so war man gezwungen, ein Register mindestens als Speicher für die Gesamtverbindung vorzusehen, wodurch sich der Verbindungsaufbau weiter verwickelte. Man hat auch Drehwähler mit mehreren Gruppen von Kontaktarmen gebaut, die parallel die Kontakte absuchen, wodurch die erforderliche Schrittgeschwindigkeit herabgesetzt wird. Es ist dann aber eine Auswahl der Kontaktarme erforderlich. Um also Drehwähler mit nicht genügender Geschwindigkeit an Stelle der Hebdrehwähler verwenden zu können, waren Hilfseinrichtungen, wie Bezeichner und Register oder Kontaktarmwähler, erforderlich, die den wirtschaftlichen Erfolg wieder in Frage stellten, besonders auch mit Rücksicht auf die dadurch eintretenden Verwicklungen im Aufbau.

In Abb. 74 ist unter *a* zunächst der einfache Verbindungsaufbau des gewöhnlichen Hebdrehwählersystems gezeigt, unter *b* ist das System mit Drehwählern dargestellt, wobei die Bezeichner *B* und das unter Umständen erforderliche Register *R* angedeutet sind.

Erst durch die Entwicklung des schon in den „Studien über Aufgaben der Fernsprechtechnik" Seite 140 beschriebenen Motorwählers mit seiner hohen Geschwindigkeit von 200 Schritten/s war es möglich, Hebdrehwähler durch Drehwähler ohne Bezeichner und Register zu ersetzen. Der Verbindungsaufbau des Motorwählersystems entspricht daher wieder dem des einfachen Hebdrehwählersystems, wie er in Abb. 74a angegeben ist.

Es sind auch kleine 10 kontaktige Drehwähler zum Verbindungsaufbau derart verwendet worden, daß ein Hebdrehwähler in 10 derartige Drehwähler, je einen Drehwähler für die 10 Richtungen, aufgelöst wurde. Für den Nummernempfang und für die Steuerung der Drehwähler ist ein weiterer 10 kontaktiger Drehwähler verwendet worden, der durch die Nummernwahl eingestellt wurde und der dann den Drehwähler der gewählten Richtung in Betrieb setzte. Diese Lösung verlangt erhebliche Mittel; denn es sind 10 Einzelantriebe für die 10 Wähler der Richtungen mit 10 Bürstensätzen erforderlich. Zur Vereinfachung hat man die 10 Antriebe zu einem zusammengefaßt, wodurch ein großer Drehwähler mit einem Antrieb, aber mit 10 Bürstensätzen, einem Bürstensatz je Richtung, entstand. Für die Auswahl der Bürstensätze blieb der 10 kontaktige Nummernempfänger bestehen. Die erste Art der Aufteilung eines Hebdrehwählers in 10 Drehwähler erfordert einen großen Aufwand, läßt aber unter bestimmten Voraussetzungen eine Mehrfachausnutzung des

Wählers zu, die später noch behandelt wird. In beiden Arten sind Zeitschwierigkeiten bei der Einstellung nicht vorhanden, aber es wird der Relaisaufwand und die Schleifkontaktzahl in den Sprechleitungen sowie die Zahl der Bürstensätze und Kontakte selbst gegenüber einem gewöhnlichen Hebdrehwähler vergrößert.

Eine weitere Art, Hebdrehwähler durch Drehwähler zu ersetzen, führte zu den sogenannten Kreislaufsystemen, bei denen der Verbindungsaufbau wohl zunächst durch Hebdrehwähler, die Sprechverbindung aber über besondere Verbindungswege erfolgt, die nach dem Verbindungsaufbau durch die Hebdrehwähler über einfache Drehwähler hergestellt werden, worauf die Hebdrehwähler wieder frei werden.

Zur Erklärung derartiger Systeme ist es zweckmäßig, das System wählerstufenweise zu erläutern. Zunächst sei in einem gewöhnlichen Schrittwählersystem mit VW, GW und LW nur die Leitungswählerstufe nach dem Kreislaufsystem eingerichtet. Ist der GW der letzten Stufe eingestellt, so führt die belegte Leitung zu einer Speisebrückenübertragung. Zum weiteren Verbindungsaufbau wird die Übertragung über einen Wählersucher und einen kleinen Drehwähler mit einem freien Hebdrehwähler als LW verbunden, der keine Sprechadern, sondern nur Zeichenadern führt. Er wird durch die Zehner- und Einerstromstöße auf den gewünschten Teilnehmerkontakt eingestellt. Ist der Teilnehmer besetzt, so wird das Besetztzeichen von der Übertragung gegeben; ist der Teilnehmer frei, so wird sein VW angereizt, sich auf die richtige Übertragung einzustellen. Rufen und Speisen erfolgt von der Übertragung aus. Der LW wird in beiden Fällen sofort wieder frei. Die Sprechströme verlaufen über den VW zur Übertragung und weiter bis zum Rufenden in gewöhnlicher Weise. Der Verbindungsaufbau ist in Abb. 74c gezeigt. Je 100er-Gruppe sind für gleichzeitige Einstellungen drei einfache LW vorgesehen. Bei dieser Anordnung muß der VW für mittleren Verkehr 20 Kontakte haben, 10 für abgehende und 10 für ankommende Verbindungen. An Stelle von 10 LW mit Speisebrückenübertragungen sind jetzt 3 einfache LW vorhanden, dazu 10 besondere Speisebrückenübertragungen mit 10 einfachen Drehwählern, nur 3kontaktig zur Auswahl eines freien LW; ferner sind die VW um je 10 Kontakte zu vergrößern.

Die Vergrößerung der VW, die die Anlage besonders verteuert, wird vermieden, und das Kreislaufsystem wird wirtschaftlicher, wenn man nicht nur die LW sondern auch die letzte GW-Stufe im Kreislauf umgeht, wie es in Abb. 74d dargestellt ist. In gleicher Weise, wie schon gezeigt, endet die Leitung vom vorletzten GW wieder auf einer Speisebrückenübertragung mit Wählersucher, der einen freien GW aussucht. Der GW wird bei der Nummernwahl eingestellt, dann der nachfolgende LW. Beim Besetztsein des Teilnehmers wird das Besetztzeichen wieder von der Übertragung gegeben; bei Freisein wird der I. VW angereizt, einen freien II. VW zu belegen, der seinerseits die betreffende Übertragung aufsucht. Die Einstellwähler werden dann wieder frei. Die Teilung des Vielfachfeldes in abgehende und ankommende Verbindungen erfolgt nicht mehr an den I. VW sondern an den II. VW, die deshalb mit größerer

Kontaktzahl auszurüsten sind. Um Kreuzverbindungen zu vermeiden, erfolgt die Einstellung der I. und II. VW innerhalb der einzelnen Gruppen nacheinander, da Zeit nach der Nummernwahl vorhanden ist, wobei an der Übertragung die einzelnen Gruppen besonders gekennzeichnet werden. Erforderlich sind je 1000er-Gruppe bei gewöhnlichem Verkehr etwa 6 bis 7% Speisebrückenübertragungen mit Wählersuchern, 1% einfache GW, 3% einfache LW. Die I. VW bleiben unverändert 10teilig, dagegen müssen die II. VW in ihrer Anzahl und Kontaktzahl vergrößert werden. Man benötigt etwa 25% II. VW, die 30 bis 50 Kontakte haben müssen. Es tritt eine Ersparnis

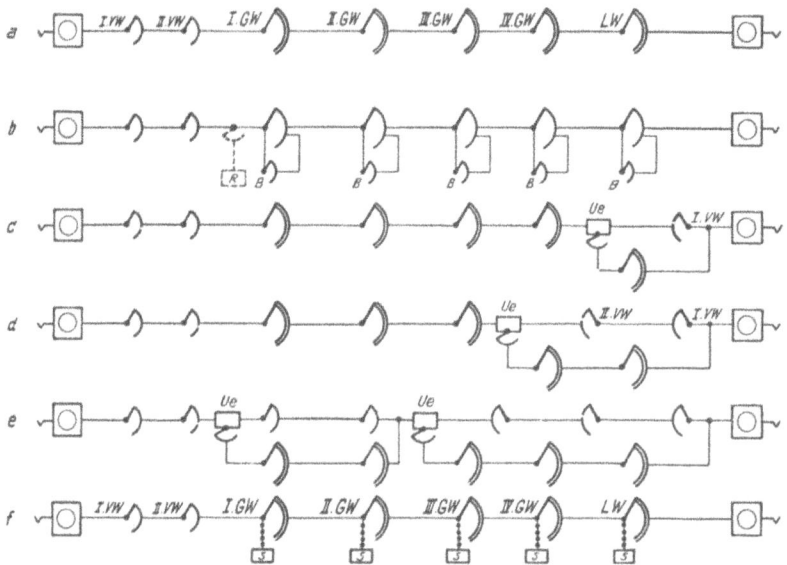

Abb. 74. Schrittschaltwählersysteme mit verschiedener Wählersteuerung.

a = Gewöhnliches Schrittschaltwählersystem mit Hebdrehwählern oder Motorwählern,
b = Drehwählersystem mit Bezeichnern und Registern,
c = Kreislaufsystem mit kleinem Kreislauf,
d = Kreislaufsystem mit mittlerem Kreislauf,
e = Kreislaufsystem mit großen Kreisläufen,
f = System mit gemeinsamen Schaltmitteln.

ein, die aber zum Teil durch den verwickelten Verbindungsaufbau aufgehoben wird. Mit dieser Lösung wird gleichzeitig ein alter Wunsch verwirklicht, die teure Speisebrückenübertragung in den vielen LW in die in geringerer Zahl vorhandenen Wähler der letzten Gruppenwahlstufe zu legen, wozu sonst besondere Zeichenadern zwischen GW und LW erforderlich werden, die den Vorteil wieder aufheben.

Man kann nun den Kreislauf immer größer machen und noch mehr Gruppenwahlstufen darin einbeziehen, wobei dann weitere Stufen mit Drehwählern für das Aufsuchen der Leitung und die Herstellung der Sprechverbindung erforderlich werden. Man kann sogar die ganze Sprechverbindung im Kreislauf herstellen und z. B. für eine Gruppeneinheit von 10000 Teilnehmern sowohl einen großen Kreislauf für den abgehenden als auch für den ankommenden und Durchgangsverkehr bilden, wie Abb. 74e erkennen läßt. Auch die Vorwahlstufe kann darin einbezogen werden. Die Schwierigkeiten bei der Herstellung der Sprechverbindung, bei der Steuerung der Drehwähler, bei der Verhütung von Kreuzverbindungen und beim Verständnis für die Systeme wachsen aber mit der Größe des Kreislaufs. Ob derartige Systeme mit großem Kreislauf mit ihrer Verwicklung im Verbindungsaufbau und auch in der Pflege in der Praxis gut unterhalten werden können, ständig einen guten Betrieb ergeben und sich bewähren, darüber müssen noch Erfahrungen gesammelt werden.

Weitere Bestrebungen, die Systeme wirtschaftlicher zu gestalten, bestanden darin, Schalt- und Steuermittel, die nur zum Verbindungsaufbau, nicht aber während des Gespräches benötigt werden, z. B. die Stromstoßrelais, aus den Wählerrelaissätzen herauszunehmen und zu einer gemeinsamen Gruppe für mehrere Wähler zu vereinigen. Der Wähler, der gerade eingestellt wird, benutzt vorübergehend die gemeinsame Gruppe. Die Anschaltung dieser Gruppe an die Wähler kann entweder über besondere Wähler, die die Systeme wieder verteuern und den wirtschaftlichen Gewinn aufheben, oder mit unmittelbarer Anschaltung unter Sperrung der anderen zu einer Gruppe zusammengefaßten Wähler erfolgen. Dadurch wird aber die Zugänglichkeit der Wähler herabgesetzt, was nur durch Zubau weiterer Wähler gemildert werden kann, wodurch der wirtschaftliche Vorteil ebenfalls herabgesetzt wird. Abb. 74f zeigt diese Anordnung mit den gemeinsamen Schaltsätzen S. Bei einfachen, gut durchentwickelten Systemen, die nur zweckmäßige Forderungen erfüllen und deshalb wenige Relais je Wähler benötigen, kann diese Maßnahme keinen besonderen Nutzen bringen.

Es ist weiter versucht worden, verschiedene der gezeigten Vorschläge, z. B. b und e in einem System zu vereinigen. Man kann ganz allgemein zu allen diesen Vorschlägen sagen, was an Aufwand gewonnen wird, geht durch die entstehende Verwicklung wieder verloren.

Die Konstruktion der Wähler ist vielfach umgeformt worden, besonders hat man versucht, das Vielfachfeld mit seinen vielen Lötstellen zu vereinfachen und die Zahl der Lötstellen weitgehend zu vermindern. Das Vielfachfeld wurde z. B. aus blanken Drähten durchgehend für einen ganzen Wählerrahmen gebildet, mit denen die Wählerbürsten unmittelbar Kontakt machen. Man hat auch geschichtete Blechstreifen, die mit Kontaktansätzen das Vielfachfeld der Wähler bildeten, durch den Wählerrahmen geführt, wobei es möglich war, Wähler zu beiden Seiten des Feldes anzuordnen und dieses daher von beiden Seiten auszunutzen. Natürlich wurde durch derartige Maßnahmen im Vielfachfeld an Lötstellen gespart, doch wurde dafür eine unerwünschte Verwicklung im Aufbau der Wähler eingetauscht. Da ein bewegter, verwickelter Wählermechanismus erhöhte Pflege erfordert, ein ruhendes Vielfachfeld auch mit vielen Lötstellen aber nicht, neigt man dazu, lieber den Wähler und nicht das Vielfachfeld auf Kosten des Wählers zu vereinfachen. Da auch das Vielfachfeld eines 100 kontaktigen Hebdrehwählers nur etwa 14% des gesamten Wertes ausmacht, ist es viel wirkungsvoller, den größeren Posten

125

zu vermindern, was durch Umformung der zu erfüllenden Forderung mit Erfolg durchgeführt wurde. Dazu kommt noch die einfache Konstruktion des Hebdrehwählers in der Form des sogenannten Viereckwählers, dessen Vielfachschaltung durch Bandkabel mit leicht zugänglichen Lötstellen ausgeführt wird.

Um die Ausnutzung der Wähler weitest gehend zu steigern, wird in allen Systemen das allgemein anerkannte Bündelungsgesetz, „Zunahme der Leistung mit der Größe der Bündel", angewendet. Die Wähler werden überall zu möglichst großen vollkommenen oder unvollkommenen Bündeln durch Mischwähler und Mischschaltungen zusammengefaßt, wobei die Grenze da gegeben ist, wo die Zunahme an Gewinn durch die Verwickelung im Verbindungsaufbau aufgehoben wird. Mehr als 100 Wähler in einem Bündel zu vereinigen, lohnt nicht, weil die Zunahme an Leistung dann nur noch sehr klein ist.

Die Mehrfachausnutzung der Wähler stand ebenfalls von Anfang an im Vordergrunde des Interesses; denn die mehrfache Ausnutzung erscheint zunächst wirtschaftlich sehr vorteilhaft. Da aber die Mehrfachausnutzung nicht mit einfachen Mitteln, sondern nur mit erheblichen Aufwendungen zu erreichen ist, die mit Verwickelungen im Aufbau und unter Umständen in der Konstruktion oder in der Schaltung verbunden sind, so daß der Gewinn aufgehoben wird, ist es verständlich, daß im einfachen Schrittwählersystem die Bestrebungen bisher zu keinem rechten Erfolg geführt haben.

Unter Mehrfachausnutzung kann man zunächst die Ausnutzung desselben Vielfachfeldes durch mehrere Verbindungen verstehen, die über voneinander unabhängige Bürstensätze geführt werden. Man kann aber darunter auch eine Aufteilung großer Wähler in mehrere kleine Wähler verstehen, wenn über die zu einem aufgeteilten großen Wähler gehörenden kleinen Wähler mehrere Verbindungen gleichzeitig bestehen können. Die erste Art der Mehrfachausnutzung führt zu verwickelten Konstruktionen, die zweite Art zu verwickelten Schaltungen. Für die Ausnutzung des gleichen Vielfachfeldes für mehrere Verbindungen gibt es die verschiedensten Vorschläge, die sich teils in der Praxis eingeführt und teils nicht eingeführt haben. Zwei Vorschläge der letzten Art für die Mehrfachausnutzung eines Drehwählers mit einseitigem Abgriff der Bürsten und eines Hebdrehwählers mit doppelseitigem Abgriff zeigt Abb. 75. Das Einstellglied bewegt sich vor- und rückwärts, wobei die Bürsten entweder die Kontakte auf getrennten Seiten oder auf getrennten Stellen abtasten. Man erspart bei zwei Wählern ein Vielfachfeld, das bei geschichteten und gelöteten Feldern nur 5% bei Drehwählern und 7% bei Hebdrehwählern, bezogen auf zwei Wähler, ausmacht. Das Vielfachfeld eines Wählers erfordert gegenüber den Relais und den Schaltwerken den kleinsten Anteil. Da die Wähler durch die verwickeltere Konstruktion um diesen Betrag wahrscheinlich teurer werden, ist hierbei kein Gewinn zu erwarten. Diese Bestrebungen, das Vielfachfeld in dieser Art doppelt auszunutzen, führten nicht zu befriedigenden Ergebnissen.

Eine mehrfache Ausnutzung eines großen Vielfachfeldes erhält man dann, wenn man das Feld in mehrere kleinere Vielfachfelder aufteilt und mit getrennten Antrieben und Bürstensätzen versieht, also große Wähler in kleine auflöst, wobei keine Verwickelungen der Konstruktion, wohl aber in der Schaltung entstehen, weil jeder kleine Wähler wieder sein eigenes Vielfachfeld behält, aber besonders gesteuert werden muß. Man kann dann über jedes Teil-Vielfachfeld, d. h. über jeden kleinen Wähler, eine Verbindung führen; man muß aber eine Steuerung derartig vorsehen, daß die Verbindungen über die jeweils richtigen Wähler geleitet werden, wobei besonders

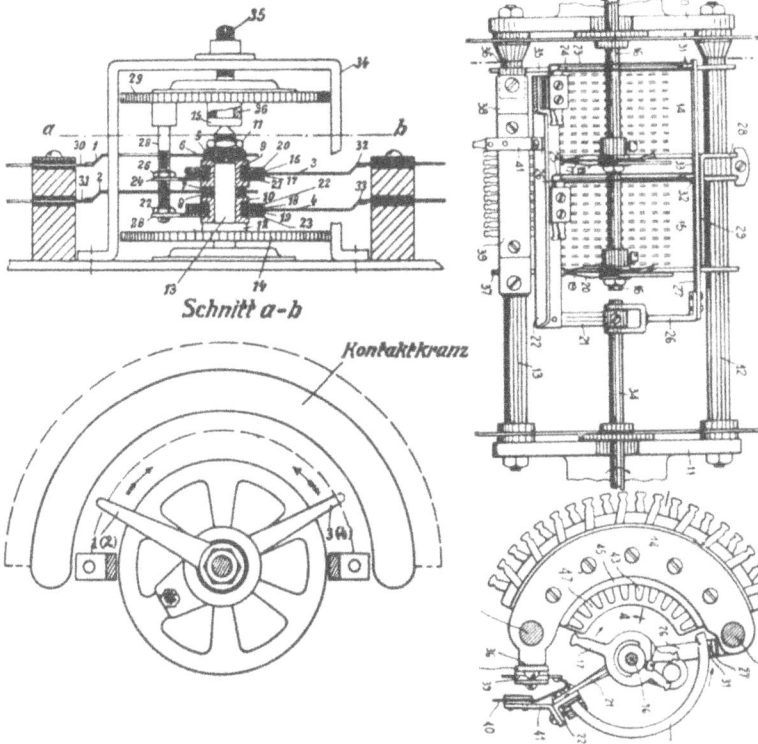

Abb. 75. Wähler mit zwei voneinander unabhängigen Bürstensätzen (links: Drehwähler; rechts: Hebdrehwähler).

die Verhinderung von Kreuzverbindungen zu beachten ist. Die Aufteilung der Vielfachfelder läßt sich bei Relaiswählern leicht durchführen, weil das Vielfachfeld eines Relaiswählers nicht durch mechanischen, sondern elektrischen Aufbau gebildet wird, so daß sich die Aufteilung durch Lötung ermöglichen läßt. Da aber Relaiswähler viel teurer und von Natur aus schwieriger zu verstehen sind als gewöhnliche Schrittschaltwähler, soll die Untersuchung der Aufteilung zunächst an mechanisch zusammengefaßten Vielfachfeldern, die verständlicher und für große Anlagen wirtschaftlicher sind, durchgeführt werden. Als Beispiel sei die Aufteilung 100 kontaktiger Hebdrehwähler in je 10 gewöhnliche Drehwähler mit je 10 Kontakten gezeigt, wodurch die Möglichkeit besteht, bis zu 10 Verbindungen über das aufgeteilte Vielfachfeld zu führen. Verwicklungen in der Konstruktion entstehen nicht, weil gewöhnliche Drehwähler mit eigenem Vielfachfeld genommen werden. Die Untersuchung wird an einer I. GW-Stufe durchgeführt, die VW-Stufe soll zunächst davon nicht berührt werden. Es seien 100 I. GW für 2000 Teilnehmer angenommen, die in 10 Rahmen zu je 10 Hebdrehwählern unterteilt sind, von denen zunächst ein Rahmen mit 10 Hebdrehwählern aufgeteilt werden soll.

In Abb. 76 ist links die bekannte einfache Anordnung der Vorwahlstufe und der I. GW einer Gruppe, bestehend aus 100kontaktigen Hebdreh-

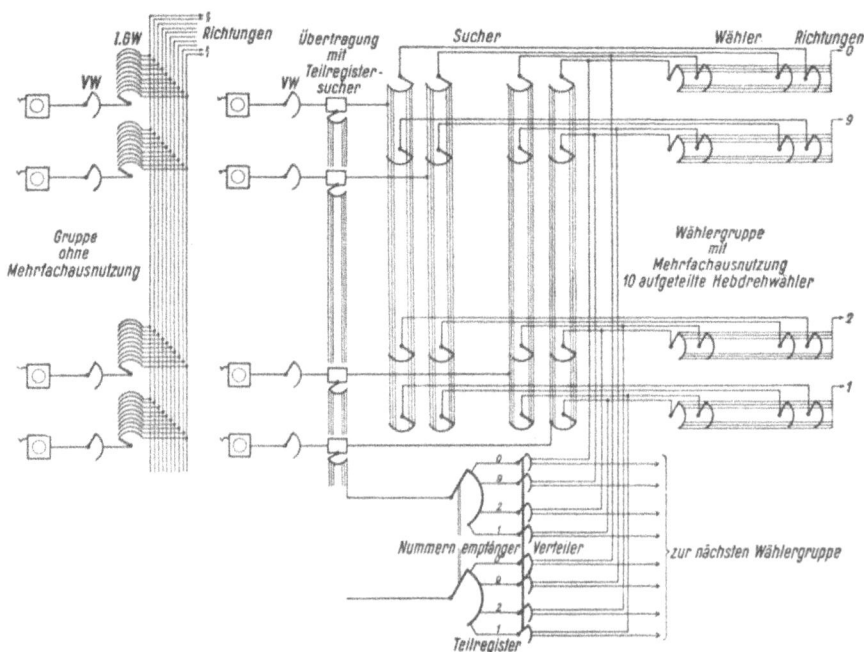

Abb. 76. Mehrfachausnutzung der Wähler.

wählern ohne Mehrfachausnutzung, grundsätzlich dargestellt, rechts für die gleiche Aufgabe die gewöhnliche Vorwahlstufe mit I. GW, aber mit der Aufteilung der Hebdrehwähler in kleine Drehwähler. Gezeigt ist die Aufteilung eines Rahmens von 10 Hebdrehwählern, herausgenommen aus der großen Gruppe, in zunächst je 10 Drehwähler, also zusammen 100 Drehwähler. Die Drehwähler sind ebenfalls in 10 Rahmen zu je 10 Wählern zusammengefaßt, deren Vielfachfelder zu 10 verschiedenen Richtungen führen, je Rahmen eine Richtung, entsprechend den wählbaren Dekaden von 1 bis 0. Wird eine Richtung gewählt, so wird ein Wähler dieser Richtung angereizt, eine freie Leitung auszusuchen. Um nun diesen eingestellten Wähler mit dem rufenden Teilnehmer zu verbinden, ist ein weiteres Schaltglied erforderlich,

128

das den Rufenden heraussucht und die Verbindung mit dem eingestellten Wähler herstellt. Dafür können ebenfalls wieder 10kontaktige Drehwähler als Sucher verwendet werden. Die Zahl der Sucher entspricht derjenigen der Wähler; denn sie sind unmittelbar miteinander verbunden. Ein 100kontaktiger Hebdrehwähler wird daher in 20 Drehwähler, 10 Wähler und 10 Sucher mit je 10 Kontakten aufgeteilt. Die Sucher sind ebenfalls wieder in 10teilige Rahmen zusammengefaßt, aber derart, daß die einzelnen Sucher, die mit den Wählern der gleichen Richtung verbunden sind, stets ein anderes Vielfachfeld zur Verfügung haben, so daß eine gute Mischung aller Zugänge entsteht. Eine teilweise Zusammenfassung der Zugänge an den Suchern ist ebenso möglich wie eine solche an den Ausgängen der Wähler. Die Einstellung und Steuerung der Wähler und Sucher, die unter bestimmten Bedingungen zu erfolgen hat und die deshalb mit Hilfe von Teilregistern ausgeführt wird, kann am besten durch Beschreibung eines Verbindungsaufbaues erläutert werden.

Beim Belegen einer Speisebrückenübertragung vor dem I. GW über die Vorwahlstufe wird der zu dieser Übertragung gehörende 10teilige Teilregistersucher angereizt, ein freies Teilregister anzuschalten. In dem Beispiel ist zunächst für 10 aufgeteilte Wähler ein eigenes Teilregister vorgesehen. Das Teilregister besteht aus einem 10teiligen Nummernempfänger, der durch die Nummernstromstöße der Teilnehmer eingestellt wird. Nach der Einstellung auf die gewählte Richtung wird durch das Teilregister ein freier Wähler der entsprechenden Richtung, dessen Sucher aber Zugang zu dem rufenden Teilnehmer haben muß, angereizt, eine freie Leitung zu suchen. Gleichzeitig läuft auch der Sucher und stellt sich auf den rufenden Teilnehmer ein, dessen Leitung durch das Teilregister besonders bezeichnet wird. Damit der richtige Wähler und Sucher angereizt werden, hat der Nummernempfänger des Teilregisters 10 Eingänge und 10 Arme, die von den Teilregistersuchern je nach ihrer Gruppe benutzt werden. Am Nummernempfänger des Teilregisters ist daher schon die Gruppe gekennzeichnet, aus der der Ruf kommt, so daß unmittelbar der richtige Wähler und Sucher in der gewählten Richtung angereizt werden können. Nach beendetem Vorgang, während dessen das Teilregister und damit die ganze Wählergruppe gesperrt waren, wird das Teilregister für eine neue Belegung und Einstellung frei. Bei dieser Anordnung besteht die Möglichkeit, viel mehr als nur 10 Verbindungen über die aufgeteilten Wähler herzustellen.

Um Kreuzverbindungen beim gleichzeitigen Einstellen der Sucher derselben Gruppe durch verschiedene Teilregister zu verhindern, können entweder die Einstellungen innerhalb einer Gruppe nacheinander erfolgen, was bei großen Gruppen aber Zeitschwierigkeiten verursacht, oder aber es werden besondere Prüfkreise mit Einzelspannungen ohne jede Erdverbindung gebildet, die sich nicht gegenseitig beeinflussen können. Man verwendet zweckmäßig Wechselstrom hierfür, weil sich damit in der einfachsten Weise Einzelspannungen herstellen lassen. Alle Möglichkeiten für das Auftreten von Kreuzverbindungen sind damit aber noch nicht beseitigt. Man muß noch teilweise Phasenverschiebungen von 180⁰ und verschieden gepolte Einweggleichrichter im Prüfstromkreis verwenden.

Es ist die Frage aufzuwerfen, ob die Aufteilung der Wähler zur Steigerung der Leistung in dieser Form wirtschaftlich ist.

Zur Beantwortung der Frage muß man die Leistung derartig aufgeteilter Wähler der Leistung der alten Anordnung gegenüberstellen und weiter die erforderlichen Aufwendungen dafür mit denen der alten Anordnung vergleichen. Die Aufwendungen sollen so genau wie möglich, ohne aber auf Einzelheiten einzugehen, geschätzt werden, weil es nicht auf Einzelheiten ankommt, wenn große Unterschiede vorliegen.

10 Stück 100kontaktige I. GW leisten im gewöhnlichen System bei doppelter Vorwahl, also in großen vollkommenen Bündeln, je 45/60 VE oder zusammen 7,5 VE. Die aufgeteilten Wähler bilden in jeder Richtung 10er-Bündel, die einzeln höchstens 3,25 VE leisten. Diese Leistung wird aber durch die Art der Vielfachschaltung mit anderen Bündeln der gleichen Richtung herabgesetzt. Eine weitere Herabsetzung der Leistung tritt dadurch ein, daß bei freien Leitungen der gewählten Richtung unter Umständen kein Sucher vorhanden ist, der Zugang zu dem Rufenden hat, weil der betreffende Sucher durch einen anderen Teilnehmer besetzt ist. Wenn die Eingänge zu den Suchern nicht zusammengefaßt sind, ist überhaupt für 10 Übertragungen nur eine Möglichkeit vorhanden, über diese Gruppe von Wählern in die betreffende Richtung zu kommen. Diesen verkehrshemmenden Einfluß, rückwärtige Sperrung genannt, muß man je nach der Zusammenfassung der Ein- und Ausgänge mit 15 bis 30% in Rechnung setzen. Hier sollen nur 20% angenommen werden, so daß eine Leistung von $3,25 \cdot 0,8 = 2,6$ VE besteht. Wegen der Verkehrsschwankungen tritt aber diese Leistung nicht in allen Bündeln gleichzeitig auf, so daß zur Berechnung der Gesamtleistung noch der bekannte Gruppenabzug gemacht werden muß, der in diesem Falle 25% beträgt. Die Leistung der gesamten Gruppe ist daher $2,6 \cdot 10 \cdot 0,75 = 19,5$ VE. Das bedeutet, daß in den einzelnen Richtungen je Rahmen bis 8 Wähler, in der ganzen Gruppe bis 35 Wähler sich gleichzeitig im Verkehr befinden können. An Leistung stehen sich demnach gegenüber 7,5 VE in der alten Anordnung und 19,5 VE in der neuen Anordnung, woraus sich etwa die 2,6-fache Leistung ergibt.

Als erforderlicher Aufwand sind in Rechnung zu setzen für die alte Anordnung 10 Stück 100kontaktige Hebdrehwähler, für die neue Anordnung 200 Stück 10kontaktige Drehwähler mit den dazugehörigen Relais, dazu Teilregistersucher und ein Teilregister mit den erforderlichen Steuergliedern. Da der Preis eines Hebdrehwählers etwa gleich 3,5 Drehwählern einschließlich Relais ist, entsteht ein Aufwand für Wähler und Sucher von $\frac{200}{3,5} = 57$ Hebdrehwählern. Dazu kommen 33 einfache wenigadrige Teilregistersucher, über die nicht gesprochen und deren Zahl später noch nachgewiesen wird, und das Teilregister mit den Steuergliedern, die zusammen etwa gleich 8 Hebdrehwählern geschätzt werden, so daß ein Gesamtaufwand für eine Wählergruppe von 65 Hebdrehwählern erforderlich ist. Einer 2,6fach größeren Leistung steht demnach ein 6,5facher Mehraufwand gegenüber, was nicht befriedigt.

Der leistungsmindernde Einfluß der rückwärtigen Sperrung kann herabgesetzt werden, wenn ein Ausgleich im Besetztfalle zwischen den Wählergruppen erfolgen kann. Zu diesem Zweck wird die feste Zuteilung der Teilregister zu den Wählergruppen aufgehoben. Hinter dem Nummernempfänger im Teilregister werden Verteilerwähler eingefügt, die die Verbindung erst mit den verschiedenen Wählergruppen herstellen. Gewöhnlich werden die Teilregister auf gewissen Wählergruppen stehen und diese ständig für Verbindungen benutzen. Nur wenn eine rückwärtige Sperrung auftritt, schaltet der Verteiler das Teilregister auf eine andere freie Wählergruppe, über die dann die Verbindung hergestellt wird. Dabei braucht nicht die ganze Wählergruppe frei zu sein, sondern nur der betreffende Wähler der gewählten Richtung, so daß daher mehrere Teilregister in einer Wählergruppe Verbindungen herstellen können, sie müssen nur verschiedene Wähler benutzen. Dadurch wird die Zahl der gleichzeitig herstellbaren Verbindungen vergrößert und der Einfluß der rückwärtigen Sperrung vermindert. Da aber die Eingänge zu den zu einer Gruppe zusammengefaßten Wählergruppen in diesem Beispiel nur 75 VE führen können, können nur bis höchstens 4 Wählergruppen zu einer großen Gruppe vereinigt werden. Der Ausgleich zwischen den Wählergruppen ist daher beschränkt, so daß die rückwärtige Sperrung nicht vollkommen beseitigt ist. Trotzdem soll diese in den nachfolgenden Überlegungen vernachlässigt werden. Eine Wählergruppe leistet dann je Richtung 3,25 VE, vermindert nur um die Verkehrsschwankungen, deren Einfluß dann 22% ist. Gesamtleistung $3,25 \cdot 10 \cdot 0,78 = 25,3$ VE. Die Leistung gegenüber gewöhnlichen Wählern ist dann das $\frac{25,3}{7,5} = 3,4$fache. Es können dann je Rahmen 10, je Wählergruppe 42 Verbindungen gleichzeitig bestehen. Der Aufwand ist durch die eingefügten Verteiler größer geworden; er wird, da jetzt 3,3 Register mit Verteiler je Wählergruppe erforderlich sind, wie noch nachgewiesen wird, etwa gleich 3 Hebdrehwählern zu bewerten sein. Es ist also ein Gesamtaufwand von 68 Hebdrehwählern vorhanden. Einer 3,4fachen Leistung steht ein 6,8facher Aufwand gegenüber. Die Aufteilung ist wirtschaftlich etwas günstiger geworden, aber auch nicht befriedigend. Selbst wenn man den Einfluß der Verkehrsschwankungen nicht berücksichtigen wollte, steht einer $\frac{32,5}{7,5} = 4,3$fachen Leistung ein Aufwand von 6,8fach gegenüber, was wirtschaftlich auch nicht befriedigt. Bei II. oder III. GW mit Misch- und Staffelschaltung wird die Wirtschaftsrechnung etwas günstiger. 10 GW leisten in derartigen unvollkommenen Bündeln je 30/60 VE oder zusammen 5 VE. Der Leistungsvergleich ergibt das $\frac{25,3}{5} = 5$fache; der Aufwandsvergleich ist derselbe, nämlich das 6,8fache. Das Ergebnis ist wohl etwas besser, aber auch nicht befriedigend.

Man könnte darauf hinweisen, daß die Leistung je 10er-Bündel etwas größer sei als 3,25 VE, weil 2 bis 3 Bündel der Wählergruppen sich gegenseitig aushelfen können. Diese Mehrleistung wird aber durch die Vielfachschaltung vermindert und durch die rückwärtige Sperrung, die deshalb bei der Rechnung vernachlässigt wurde, aufgehoben. Auf die genaue Feststellung der Leistung der Bündel kommt es gar nicht so an; denn weniger Wählergruppen als bisher errechnet können kaum genommen werden, weil sonst der Einfluß der rückwärtigen Sperrung sehr stark ansteigen würde. Mehr Wählergruppen können aber auch nicht genommen werden, weil in zusammengefaßten Wählergruppen dieses Beispiels nur 100 Zugänge vorhanden sind, die nicht mehr als 75 VE leisten können. Es liegen daher Grenzen nach beiden Seiten vor.

Bei einem Amtsaufbau mit derartigen Wählergruppen ist folgendes bemerkenswert, wobei gleichzeitig die erforderliche Zahl von Wählern und Registern ermittelt werden soll.

Für einen Verkehr von 75 VE je 2000er-Gruppe sind als I. GW, da jede Wählergruppe 25,3 VE leistet, 3 Wählergruppen erforderlich. Die nächstgrößere Ausrüstung wären 4 Wählergruppen, die 100 VE leisten. Zur Prüfung, ob 3 Wählergruppen für die gleichzeitige Herstellung der Verbindungen ausreichen, sind $\frac{75 \cdot 60}{1,5} = 3000$ Verbindungen, die je 0,1 bis 0,3 s Durchschaltezeit benötigen, zugrunde zu legen, wobei mit einer durchschnittlichen Belegungsdauer von 1,5 min gerechnet wurde. Aus Vorsicht wird mit 0,3 s gerechnet. Das ergibt $\frac{3000 \cdot 0,3}{3600} = 0,25$ VE, wofür 3 Möglichkeiten zur gleichzeitigen Herstellung von Verbindungen ausreichen. Die Zahl der Möglichkeiten ist aber viel größer, weil mehrere Teilregister in derselben Wählergruppe Verbindungen herstellen können. Die Zahl der Teilregister errechnet sich für I. GW bei einer mittleren Belegungszeit von 5 s mit $\frac{3000 \cdot 5}{3600} = 4,16$ VE, wofür 10 Teilregister genügen; denn kurze Verzögerungen des Wählzeichens haben keine Bedeutung. 100 Registersucher und 10 Teilregister müssen auf 3 Wählergruppen verrechnet werden, das macht je Wählergruppe 33,3 Teilregistersucher und 3,3 Teilregister. Für die II. oder III. GW, die zu 1000 Teilnehmern gehören, müssen etwa 34 VE geleistet werden, wozu 2 Wählergruppen erforderlich sind, die jedoch 50 VE leisten können. Die Zahl gleichzeitig herstellbarer Verbindungen errechnet sich zu $\frac{1350 \cdot 0,3}{3600} = 0,11$ VE, wofür 2 Möglichkeiten genügen. Die Zahl der Teilregister errechnet sich bei 2 s Belegungszeit zu $\frac{1350 \cdot 2}{3600} = 0,75$ VE, wofür 4 Teilregister erforderlich sind.

Zur Überprüfung, welche Zahl von Verbindungen in den Gruppenwahlstufen stehen können, ergibt die Rechnung folgendes:

	Alte Anordnung	Neue Anordnung
75 VE für I. GW	100 Verbindungen	126 Verbindungen
34 VE für II. und III. GW	52 Verbindungen	84 Verbindungen

Die Ausrüstung reicht daher aus. Bei den II. und III. GW sind wegen der großen Einheiten größere Reserven vorhanden. Die Stufen in der Ausrüstung betragen stets eine Wählergruppe mit 25 VE Leistung, was sehr groß ist, wodurch sich eine gute wirtschaftliche Anpassung an alle möglichen Verkehrsfälle nicht recht ermöglichen läßt; die unvermeidlichen Reserven werden daher vielfach recht groß sein.

In manchen Verkehrsfällen wird die Zahl der Ausgänge aus den einzelnen Richtungen der Wählergruppen nicht ausreichen. Im gewöhnlichen Wählersystem gehen aus einer Gruppe mit 100 I. GW je 100 Leitungen in jede Richtung, die nach Bedarf zusammengefaßt werden können. Aus drei Wähler-

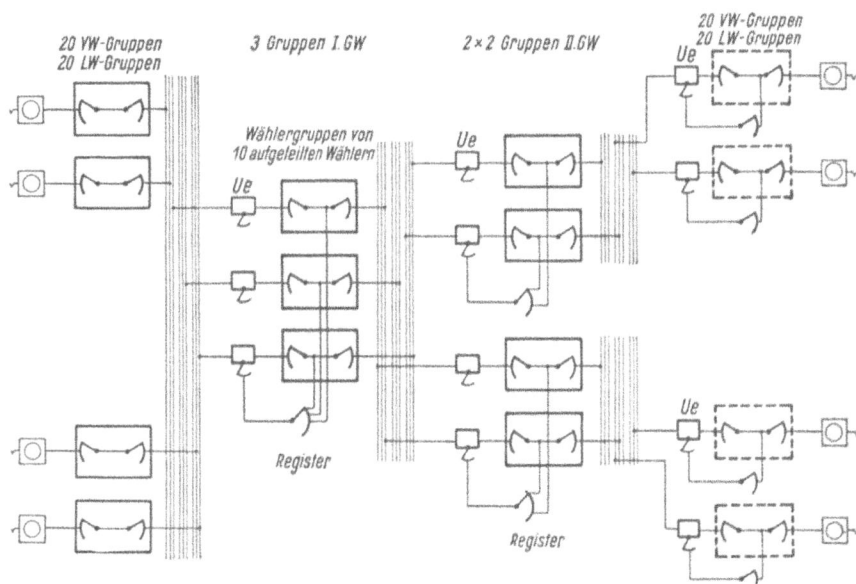

Abb. 77. Amt für 2000 Teilnehmer mit Wählergruppen mit Mehrfachausnutzung (je 10 aufgeteilte Hebdrehwähler).

gruppen von I. GW mit aufgeteilten Wählern für dieselbe Leistung gehen aber nur 30 Leitungen in jede Richtung. Fließt ein großer Teil des Verkehrs nur in eine Richtung, so reicht die Zahl der Ausgänge nicht aus. Man muß dann entweder nicht angeschlossene Richtungen zur Aushilfe heranziehen und den Teilnehmern bei der Wahl der zur Aushilfe herangezogenen nicht angeschlossenen Richtung das Besetztzeichen von der Übertragung geben, oder aber die zusammengefaßten Wähler unterteilen.

Das ganze Amt einschließlich Vorwahlstufe, bei der das Vielfachfeld der Wähler für den Verkehr dieser Stufe in beiden Richtungen unterteilt ist, kann man sich in Einheiten von Wählergruppen von 10 aufgeteilten Hebdrehwählern eingeteilt denken, in denen Teilregister je Stufe die Steuerung der Verbindungen übernehmen. Abb. 77 zeigt die Ausrüstung eines Amtes für

2000 Teilnehmer. Es sind 20 Wählergruppen als VW vorhanden, je eine für 100 Teilnehmer, die aber auch als LW arbeiten, 3 Wählergruppen als I. GW, je 2 Gruppen mit je 2 Wählergruppen als II. GW. Ein derartiges Amt mit Mehrfachausnutzung der Wähler ist aber teurer als ein Amt mit gewöhnlichen Wählern. Die Verteuerung kann etwa in einer Größenordnung von nahezu 50% angenommen werden. Besonders ungünstig wirkt sich hierbei, wie erwähnt, die große Wählereinheit mit einer Leistung von 25 VE aus, die nicht verkleinert werden kann. Es gibt daher nur Ausbaustufen von 25 VE, wodurch in den meisten Fällen viel zu große Reserven vorgesehen werden müssen. Die VW- und LW-Stufen, die beide zusammen gewöhnlich 6 bis 8 VE erfordern, werden dann für 25 VE vorgesehen, was eine 3- bis 4fach zu große Leistung ist. In der GW-Stufe müssen z. B. für 30 VE zwei Einheiten, die 50 VE leisten, für 55 VE drei Einheiten, für 80 VE vier Einheiten genommen werden. Die Anpassungsfähigkeit derartiger Systeme an alle möglichen Betriebsfälle der Praxis läßt wegen der großen Einheiten sehr zu wünschen übrig.

Mit Relaiswählern oder Koordinatenwählern können die Aufteilung der Wähler und der Aufbau des Amtes in gleicher Weise erfolgen; man hat sich alle Wähler als Relaiswähler vorzustellen, wodurch sich aber die Anlage weiter verteuert, weil der Grundwert der Relaiswähler erheblich größer als der der Hebdrehwähler ist. Nimmt man den günstigsten Fall an, daß die Aufteilung des großen Relaiswählers in kleinere ohne Mehrkosten erfolgt — eigene Relais zu jedem kleinen Wähler sind erforderlich und kommen natürlich hinzu —, so stehen sich ein Gewinn an Leistung durch die Aufteilung von 3,4fach und Mehrkosten gegenüber ungeteilten Relaiswählern von 4,3fach gegenüber. Wenn in den Wählerstufen Misch- und Staffelschaltungen verwendet werden, steht ein Leistungsgewinn von 5fach einem Aufwand von 4,3fach gegenüber. Dieser geringe Vorteil wird durch die unvermeidlichen Reserven wieder aufgehoben. Man kann für eine Wählergruppe gegenüberstellen:

	Schrittwählersystem		Relaissystem, günstigste Annahme	
	Leistungsgewinn	Mehraufwand	Leistungsgewinn	Mehraufwand
I. GW	3,4fach	6,8fach	3,4fach	4,3fach
II./III. GW	5 ,,	6,8 ,,	5 ,,	4,3 ,,

Leistungsgewinn und Mehraufwand sind hier nur je Wählergruppe errechnet und gegenübergestellt. Beim Amtsaufbau entstehen aber, wie erwähnt, durch die großen Einheiten teilweise sehr große Reserven, die den Aufwand erheblich heraufsetzen. Bei 1000 Gruppen der II. oder III. GW kann der Mehraufwand gegenüber dem bisher je Wählergruppe errechneten 80% betragen, bei 2000 Gruppen der 1. GW 25%. Eine Wirtschaftlichkeit kann daher nicht nachgewiesen werden.

Es wäre noch zu prüfen, ob die großen Reserven der Wählergruppen grundsätzlich erforderlich sind, oder ob diese in irgendeiner Weise durch Verkleinerung der Wählergruppen und durch Änderung der Vielfachschaltung von Suchern und Wählern vermindert werden könnten.

Die Vielfachschaltung der Sucher- und Wählerkontakte kann verschieden ausgeführt werden, wie Abb. 78 erkennen läßt. Es sind nur die 4 Schaltmöglichkeiten dargestellt, ohne die zusätzlichen Steuerglieder. Man kann die Vielfachschaltung der Sucher und Wähler waagerecht ausführen, wie bei *a* dargestellt, senkrecht wie bei *b*, oder gemischt wie bei *c* und *d*. Es könnte

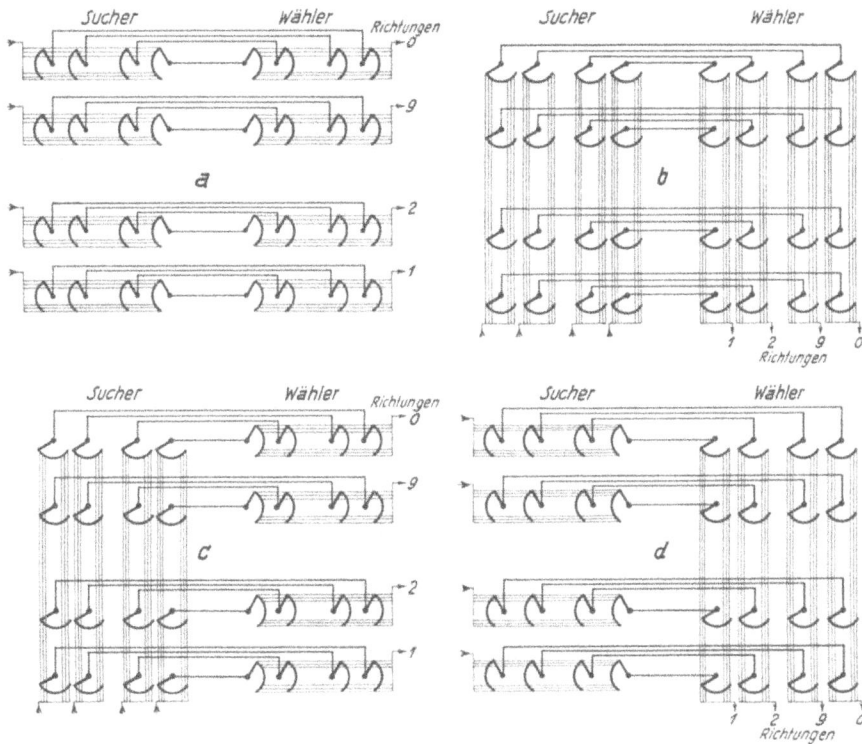

Abb. 78. Vielfachschaltung von Wählergruppen von je 10 aufgeteilten Hebdrehwählern.
a, b = ohne Verkehrsausgleich,
c, d = mit Verkehrsausgleich.

darauf hingewiesen werden, daß man auch die Verbindung zwischen Sucher und Wähler ändern könnte. Das kommt aber auf dasselbe hinaus, wobei jedoch die Änderung der Vielfachschaltung ein anschaulicheres Bild ergibt. Die Vielfachschaltung der Kontakte, wie bei *a* und *b* dargestellt, ist nicht brauchbar, weil keine genügende Zugänglichkeit zu den verschiedenen Richtungen vorhanden ist; denn aus demselben Sucher-Vielfachfeld kann nur der Verkehr in einer bestimmten Richtung weiterfließen. Es sind nur die Vielfachschaltungen unter *c* und *d* brauchbar. Schaltung *c* wurde schon behandelt, sie erlaubt aber keine Verkleinerung der Wählergruppe, weil dann Richtungen ausfallen würden. Bei Schaltung *d* wäre zunächst eine Verkleinerung der

Wählergruppe denkbar. Es wird aber dann die Zugänglichkeit herabgesetzt und der Einfluß der rückwärtigen Sperrung vergrößert. Wenn in der Schaltung d nicht 10, sondern z. B. nur 5 Wähler aufgeteilt werden, können ankommend und abgehend nur 50 Leitungen miteinander verbunden werden, was sowohl in den GW-Stufen als auch in den VW-Stufen nicht ausreicht. Um 100 Leitungen richtig erreichen zu können, müssen dann entweder die Sucher und Wähler 20 Kontakte erhalten, wozu dann noch zusätzliche Steuerglieder kommen, um die 10 Richtungen an den Wählern beherrschen zu können, oder aber die Vielfachschaltung muß unterteilt werden und darf nur über wenige Wähler erfolgen. 20 kontaktige Sucher und Wähler mit den zusätzlichen Steuergliedern aber heben einen Teil des Gewinnes wieder auf, während durch die Unterteilung des Vielfachfeldes die Zugänglichkeit herabgesetzt und der Einfluß der rückwärtigen Sperrung stark vergrößert wird.

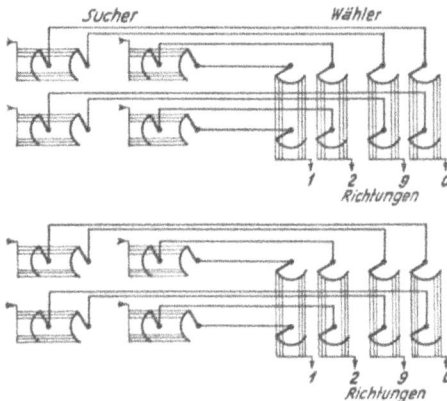

Abb. 79. Unterteilung einer Wählergruppe mit 10 aufgeteilten Hebdrehwählern.

Die Möglichkeit der Unterteilung der Zu- und Ausgänge einer Wählergruppe ist in Abb. 79 besonders dargestellt. Die Unterteilung der Zugänge ist im praktischen Betrieb nicht möglich, weil die Zugänge keine Ausgänge zu allen Richtungen erhalten können. Die Unterteilung der Ausgänge ist wohl möglich, hat aber keinen Zweck, wenn nicht mehr als 10 Ausgänge, sogar beim vollen Ausbau der Wählergruppen, infolge der 10 kontaktigen Wähler in Anspruch genommen werden.

Aus allen diesen Überlegungen geht hervor, daß eine Verminderung der großen Reserven durch Einschränkung der aufgeteilten Wähler und damit der Zugänglichkeit praktisch in dieser Form nicht möglich ist. Die Zugänglichkeit der Zu- und Ausgänge selbst bei vollem Ausbau der Wählergruppen ist sowieso kleiner als bei nicht aufgeteilten Wählern. Eine Gruppe von 100 gewöhnlichen I. GW ohne Mehrfachausnutzung gestattet, bis 100 Leitungen in jeder Richtung in Anspruch zu nehmen. Drei Wählergruppen mit Mehrfachausnutzung als I. GW für denselben Verkehr dagegen gestatten nur bis zu 30 Leitungen je Richtung zu belegen. Wenn sich der Verkehr auf alle Richtungen etwa gleichmäßig verteilt, ist diese Einschränkung noch zulässig; sie ist ungenügend, wenn Richtungen bevorzugt werden. Es müssen dann besondere Maßnahmen vorgesehen werden.

Die Anordnung von Wählern und Suchern aufgeteilter Hebdrehwähler zueinander kann aber noch in anderer als der bisher untersuchten Form erfolgen. Doppelte, hintereinander geschaltete Wählschaltwerke können bekanntlich auf vier verschiedene Arten miteinander in Verbindung gebracht werden, und zwar nach Abb. 80 als:

a) doppelte Wähler,
b) doppelte Sucher,
c) Wähler und Sucher,
d) Sucher und Wähler.

Die letzte Art d) ist in den bisher untersuchten Beispielen eingehend mit ihren Einflüssen behandelt worden. Auf die anderen drei Verbindungsarten a) bis c) können alle diese Untersuchungen in derselben Weise ausgedehnt werden, wobei natürlich gewisse Unterschiede entsprechend den Eigenarten in der Anordnung der Wähler und Sucher eintreten werden. In grundsätzlicher Beziehung, besonders mit Rücksicht auf Anwendung und Leistung, wird sich aber an dem Ergebnis nicht viel ändern; denn Wählaufgaben können sowohl mit Suchern als auch mit Wählern gelöst werden. Da Wähler und Sucher in allen Fällen stets 10kontaktig angenommen sind, ist weder im Aufwand noch in der Leistung ein sehr abweichendes Ergebnis zu erwarten.

Eine weitere Veränderung in der Anordnung der Wähler und Sucher kann man dadurch erreichen, daß man mehr als 10 Wählschaltwerke, z. B. 20, 30 oder 40 auf das gleiche Vielfachfeld schaltet, oder aber Wähler mit mehr als 10 Kontakten verwendet. Man wird aber finden, daß mit einer Leistungssteigerung bei irgendeiner Anordnung eine Steigerung im Aufwand und umgekehrt verbunden ist, so daß grundsätzliche Vorteile nicht erreicht werden.

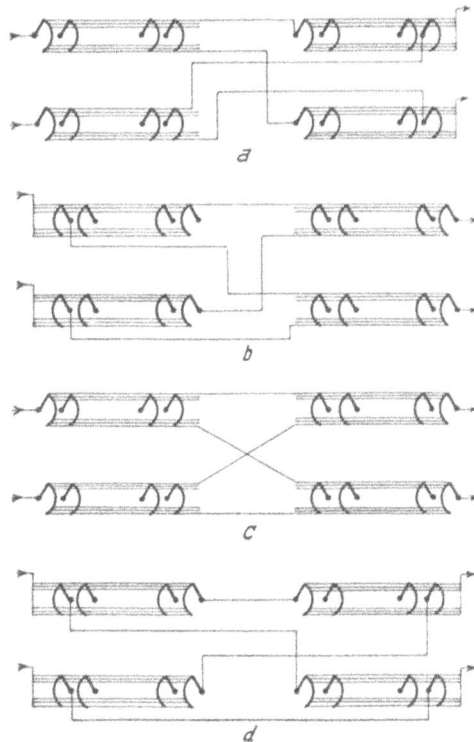

Abb. 80. Möglichkeiten der Anordnung von Wählern und Suchern bei aufgeteilten Hebdrehwählern.

a = doppelter Wähler,
b = doppelter Sucher,
c = Wähler und Sucher,
d = Sucher und Wähler.

Die Verwicklung des Verbindungsaufbaues und der Schaltung bei der Mehrfachausnutzung der Wähler ist gegenüber der gewöhnlichen einfachen Anordnung auch mit Rücksicht auf die zentralen Steuerglieder ganz erheblich. Die Verständlichkeit aller Vorgänge ist sehr herabgesetzt. Da die Aufwendungen, besonders unter Berücksichtigung der Reserven durch die großen Einheiten, den Gewinn an Leistung bei weitem aufheben, ist es erklärlich, daß sich die Mehrfachausnutzung der Wähler bei einfachen Schrittwähler-systemen bisher nicht in der Praxis einführen konnte.

Es wird mitunter angenommen, daß im gewöhnlichen Hebdrehwähler-system eine Zusammenfassung von Nummernwahlstufen durch Ersparung derartiger Stufen wirtschaftliche Vorteile bringt. Es müssen dann aber zu-sätzliche Aufwendungen gemacht werden, um die Auswahl nachfolgender freier Wähler zu ermöglichen. Es fragt sich, sind dadurch wirklich Vorteile zu erreichen?

In großen Anlagen bildet eine Gruppe von 10 000 Teilnehmern eine Einheit. Um diese Teilnehmer innerhalb der Gruppe auszuwählen, werden zwei Grup-penwahlstufen und eine Leitungswahlstufe verwendet. Die beiden Gruppen-wahlstufen können zu einer Gruppenwahlstufe zusammengefaßt werden, in der nach Art der LW die Wähler sowohl durch die Nummernwahl gehoben als auch anschließend gedreht werden. Der dann erreichte Kontakt führt zu den LW der gewählten 100er-Gruppe, und es ist jetzt erforderlich, diese Leitung mit einem freien LW dieser Gruppe zu verbinden. Die Frage ist, ob die Mittel zur Auswahl eines freien LW geringer als diejenigen der ersparten Wahlstufe sind.

Nimmt man für einen gewissen Verkehr zu der 10 000er-Gruppe an, es seien 500 und dann folgend 600 GW sowie je 100er-Gruppe 10 LW erforder-lich, so würden bei der Zusammenfassung der Gruppenwahlstufen 500 GW genügen. Die erforderliche Auswahl eines freien LW könnte auf verschiedene Weise erfolgen, durch Wähler oder Sucher in einfacher oder doppelter Wahl. Zunächst soll die Auswahl mit einem 10 kontaktigen Drehwähler erfolgen, der je Kontakt der GW vorgesehen werden müßte. Es stehen sich gegenüber an:

Ersparnis 600 GW mit je 100 Kontakten, zusammen 60 000 Kontakte,
Aufwand 500 · 100 = 50 000 Drehwähler mit je 10 Kontakten, zusammen
   500 000 Kontakte.

Der Aufwand ist viel zu groß; die Lösung in dieser Form kann gar nicht in Betracht gezogen werden. Wollte man die Zahl der Drehwähler durch ge-wisse Vielfachschaltungen der Gruppenwählerkontakte vermindern, so steigt damit die Zahl der Besetztfälle. Man kann nur die Drehwähler eines GW etwas zusammenfassen, indem der Wähler mit sehr vielen Kontaktarmen ausgerüstet wird. Dadurch wird wohl die Zahl der Schaltwerke etwas ver-mindert, nicht aber die Zahl der Kontakte. Das Ergebnis ist praktisch nicht verändert.

Nimmt man Sucher und ordnet sie den LW zu, so müßten diese 500-kontaktig sein, um jeden GW erreichen zu können. Es ergibt sich ein Auf-wand von 1000 Suchern mit 500 Kontakten, zusammen 500 000 Kontakte. Der Aufwand ist ebenfalls viel zu groß. Außerdem fehlt in unmittelbar be-tätigten Systemen die Zeit für die Einstellung der Sucher zwischen den Stromstoßreihen. Man muß die Sucher unterteilen und doppelte Sucher verwenden. Nimmt man 20- und 25kontaktige Sucher hintereinander, so müssen sich diese gleichzeitig einstellen und mit 75 Schritten/s arbeiten. Es entsteht ein Aufwand von

1000 Drehwählern mit 20 Kontakten, zusammen 20000 Kontakten und
600 Drehwählern mit 25 Kontakten, zusammen 15000 Kontakten.

Demnach stehen sich gegenüber:

600 Hebdrehwähler mit 60000 Kontakten und
1600 Drehwähler mit   35000 Kontakten.

Dazu muß aber noch ein Mehraufwand für die teure Verkabelung der GW gerechnet werden; denn die gewöhnliche einfache Vielfachschaltung der Wählerkontakte eines Rahmens muß durch eine besondere Einzelverkabelung aller Kontakte ersetzt werden.

Auch diese Lösung bringt keine besonderen Vorteile. Es wird nur eine Gruppenwahlstufe durch doppelte Drehwählerstufen ersetzt. Abb. 81 zeigt

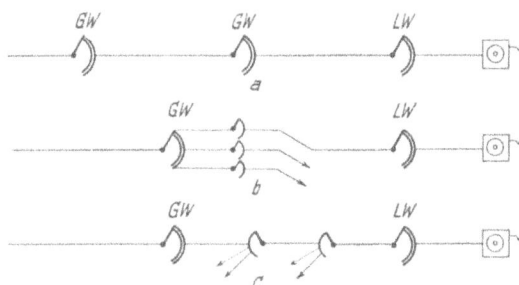

Abb. 81. Zusammenfassung von Wählerstufen in einer Amtseinheit
von 10000 Teilnehmern.
a = gewöhnliche Anordnung ohne Zusammenfassung,
b = Zusammenfassung mit Auswahl durch Drehwähler,
c = Zusammenfassung mit Auswahl durch doppelte Sucher.

die möglichen Anordnungen. Da auch die anderen möglichen Lösungen mit doppelter Wahl, mit Wählern und Suchern keine Vorteile bringen, ist eine Zusammenlegung von Wählerstufen in dieser Form nicht zu empfehlen.

Es kann nun auf die Nummernempfänger im Sprechweg ganz verzichtet und nur rückwärts vom LW über Drehwähler die rufende Leitung aufgesucht werden, wofür dann aber besondere Einstellwege vorgesehen werden müssen. Man kommt dann zu den Kreislaufsystemen, die auch auf die Leitungs- und Vorwahlstufen ausgedehnt werden können, wie sie bei Abb. 74 mit verschieden großen Kreisläufen schon behandelt worden sind.

Alle untersuchten Möglichkeiten für die vorteilhaftere Ausgestaltung der Wählersysteme haben Vor- und Nachteile. Sind z. B. Vorteile im Aufwand vorhanden, so muß gewöhnlich dafür eine größere Verwicklung im Verbindungsaufbau mit in Kauf genommen werden. Das einfachste und verständlichste System mit unmittelbarer Wählereinstellung ohne jede Verwicklung, mit Erfüllung nur zweckmäßiger Forderungen, mit großer Ausnutzung der Wähler durch Bündelung ist am vorteilhaftesten und hat sich bisher in der Praxis technisch und wirtschaftlich am besten bewährt.

16. Vereinheitlichung der Betriebsforderungen von Wählersystemen.

In den „Studien über Aufgaben der Fernsprechtechnik", Seite 106, ist ein Wählersystem entwickelt und dargestellt worden, das nur Mindestforderungen erfüllt, das sind solche Forderungen, die für einen allereinfachsten Betrieb unbedingt erforderlich sind, ohne die ein solcher überhaupt nicht möglich wäre. Dieses einfachste System muß noch mit den Betriebsforderungen erweitert werden, die die Fernsprechverwaltungen auf Grund ihrer Erfahrungen im Betrieb stellen. Diese zusätzlichen Betriebsforderungen sind nun außerordentlich zahlreich, und jede Verwaltung stellt ganz verschiedene Forderungen, die sehr voneinander abweichen, so daß ganz verschiedene Wählersysteme entstehen. Es ist in den „Studien", Seite 248, nachgewiesen worden, daß die Betriebsforderungen einen großen Einfluß auf die Wirtschaftlichkeit der Systeme haben, und es sollten deshalb nur solche Forderungen gestellt und erfüllt werden, die einen wirklichen Wert haben und die die jährlichen Betriebskosten in irgendeiner Weise herabsetzen.

Die große Verschiedenartigkeit der Wählersysteme hatte in den Anfängen der Wählertechnik noch keinen allzu großen Einfluß auf den Betrieb; denn die vielen Systeme arbeiteten unabhängig voneinander nur jedes in seinem eigenen sehr begrenzten Bereich. Das Zusammenarbeiten im Fernverkehr erfolgte nur mittelbar über handbediente Fernplätze in jeder Anlage, so daß ein unmittelbares Zusammenarbeiten nicht vorhanden war. Mit dem Eindringen der Wählertechnik in den Fernverkehr und mit dem dadurch verursachten unmittelbaren Zusammenarbeiten der Systeme über die Fernleitungen mittels der Fernwahl und der erforderlichen Zeichengabe nähert sich das gesamte Fernsprechwesen des In- und Auslandes einem Zustand, der einer großen, weitverzweigten Anlage gleicht, in der alle Ämter und alle Systeme unmittelbar miteinander zusammenarbeiten müssen. Dieses Zusammenwirken aller Systeme wird dann um so besser und auch wirtschaftlicher ohne Aufwendung besonderer Mittel gelingen, je angeglichener aneinander die Systeme mit ihren Betriebsforderungen sind. Es wäre deshalb zu prüfen und in Erwägung zu ziehen, einheitliche Betriebsforderungen für alle Systeme bei allen Verwaltungen anzustreben.

Ein Schritt in dieser Richtung ist schon durch das CCIF „Réunions d'Oslo", Tome 11, Seite 88, gemacht worden; denn bei der Einführung der Tonfrequenzfernwahl auf zwischenstaatlichen Fernleitungen müssen auch die Wählersysteme der Ortsanlagen bestimmte Forderungen erfüllen, ohne die ein derartiger Verkehr nicht recht möglich wäre. Hierdurch wird schon eine gewisse Einheitlichkeit angestrebt. Mit Rücksicht darauf sind folgende

Betriebsforderungen als Empfehlungen durch das CCIF für alle Systeme grundsätzlich aufgestellt worden:

a) Die Hörzeichen in den Ortsanlagen sollen bestimmte Forderungen erfüllen, und zwar soll nur noch ein unterbrochener Summerton mit etwa 450 Hz verwendet werden, der nur durch den Rhythmus die verschiedenen Zeichen erkennen läßt. Für das Ruf- und Besetztzeichen ist je ein bestimmter Rhythmus mit den zulässigen Abweichungen festgelegt worden, während das Wählzeichen über Fernleitungen künftig nicht mehr gegeben werden soll. Ein Dauerton darf über Fernleitungen grundsätzlich nicht gegeben werden.

b) Für die Stromstoßgabe ist die Geschwindigkeit mit 10 Stromstößen je Sekunde und einer zulässigen Abweichung von $\pm$ 1 Stromstoß festgelegt.

Weiter sind folgende Betriebsforderungen vorgeschlagen, denen die meisten Verwaltungen schon zugestimmt haben:

c) Die Zahl der Stromstöße auf Fernleitungen soll der gewählten Nummer entsprechen, wobei 1 Stromstoß die Zahl 1,

9 Stromstöße die Zahl 9 und

10 Stromstöße die Zahl 0 bedeuten.

Buchstaben werden für die Wahl nicht verwendet.

d) Das Stromstoßverhältnis ist mit seinen zulässigen Abweichungen festzulegen.

Diese Empfehlungen bedeuten einen großen Fortschritt zur Vereinheitlichung der Betriebsforderungen der Wählersysteme, und die Bestrebungen sollten zweckmäßigerweise fortgesetzt werden, um auch die anderen grundsätzlichen Betriebsforderungen nach Möglichkeit zu regeln. Dabei wären in erster Linie diejenigen Betriebsforderungen auf die Möglichkeit ihrer Vereinheitlichung zu prüfen, die einen Einfluß beim unmittelbaren Zusammenarbeiten der Systeme, also beim Fernverkehr haben. Zu diesen Forderungen sind zu rechnen:

1. Aufschalten auf besetzte Teilnehmerleitungen, Anbieten der Fernverbindung und unter Umständen Trennen der Ortsverbindung.

2. Herstellen der Fernverbindungen innerhalb der Ortsanlagen nicht mehr über Vorschalteschränke, sondern über Wähler.

3. Auswahl freier Leitungen bei Mehrfachanschlüssen und sofortiger Ruf.

4. Die Art der Auslösung der Verbindung vom Rufenden und Gerufenen.

Weitere Regelungen würden sich für folgende Betriebsforderungen empfehlen, die allerdings nur einen mittelbaren Einfluß auf das gute Zusammenarbeiten der Systeme im Fernverkehr haben:

5. Art der Gesprächszählung.

6. Speisung der Teilnehmergeräte, zweiadriger Verkehr.

7. Durchwahl im LW.

8. Stellenzahl, Erweiterung und Dezentralisierung.

9. Leitungs- und Wählerausnutzung.

Zu diesen zweckmäßig zu regelnden Betriebsforderungen, deren Bedeutung und erforderliche Aufwendungen in den „Studien" Seite 248 schon behandelt sind, ist kurz folgendes zu sagen:

Zu 1. Aufschalten auf besetzte Teilnehmer, Anbieten der Fernverbindung und unter Umständen Trennen der Ortsverbindung werden bei den verschiedenen Verwaltungen ganz verschieden gehandhabt. Teilweise wird aufgeschaltet, dann angeboten und darauf getrennt, teilweise wird aufgeschaltet, angeboten und nicht getrennt, teilweise wird aufgeschaltet und ohne anzubieten sofort getrennt, teilweise wird weder aufgeschaltet noch angeboten noch getrennt. Aufschalten erfolgt teilweise nur auf Ortsverbindungen, teilweise auf Orts- und Fernverbindungen, wobei mitunter in beiden Fällen nur ortsbesetzt, mitunter auch orts- und fernbesetzt gegeben wird. Aufschalten, Anbieten und Trennen in irgendeiner dieser Formen hatten Bedeutung, als die Fernverbindungen noch mühselig von Hand über verschiedene Durchgangsämter hergestellt werden mußten, wodurch sehr viel Zeit beim Aufbau der Fernverbindung erforderlich war. Nach der Einführung der Wählertechnik mit der Fernwahl, durch die eine Fernverbindung in derselben kurzen Zeit wie eine Ortsverbindung hergestellt wird, haben Aufschalten, Anbieten und Trennen keinerlei Bedeutung mehr, stören nur die Teilnehmer und setzen die Leistung der Fernleitungen durch Verhandlungen der Fernbeamtin mit dem im Gespräch befindlichen Teilnehmer mehr herab als durch den wiederholten Verbindungsaufbau im Besetztfalle. Da auch die Zahl der Besetztfälle bei Mehrfachanschlüssen mit Auswahl freier Leitungen, zwischen denen der größte Teil des Fernverkehrs erfolgt, sehr klein ist, kann man daher unbedenklich auf Aufschalten, Anbieten und Trennen verzichten und auch Fernverbindungen einfach wie Ortsverbindungen herstellen. Besondere Fernverbindungen, wie z. B. XP-, R- und V-Verbindungen, werden über Hilfsplätze hergestellt, wie sie in „Studien über Aufgaben der Fernsprechtechnik" II. Teil Fernverkehr, Seite 186, beschrieben wurden. Sollten außerdem gelegentlich einmal besondere Fälle vorkommen, in denen ein Eintreten in bestehende Verbindungen erforderlich wird, so können dafür besondere Maßnahmen, z. B. am Hauptverteiler, getroffen werden.

Zu 2. Beim Auf- und Abbau von Fernverbindungen verursacht ein Vorschalteschrank stets Verzögerungen. Um die geringste Leerlaufarbeit auf den Fernleitungen zu erreichen, um weiter unabhängig vom Personal mit den unvermeidlichen Fehlern zu sein und auch zur Steigerung der Wirtschaftlichkeit sollten die Fernverbindungen in den Ortsanlagen über Wähler hergestellt werden.

Zu 3. Mehrfachanschlüsse führen zu Nebenstellenanlagen, denen mehrere Amtsleitungen zugeordnet sind. Beim Anrufen derartiger Anschlüsse sollte stets selbsttätig eine freie Amtsleitung ausgesucht werden, wodurch die Zahl der Besetztfälle und damit die Leerlaufarbeit in der Anlage und auf Fernleitungen stark herabgesetzt wird. Nur bei Auswahl einer freien Leitung kann ohne Nachteile auf Aufschalten, Anbieten und Trennen im Fernverkehr verzichtet werden. Nach Belegen einer Amtsleitung über einen LW sollte sofort Rufstrom gesendet werden, um Fehlverbindungen und Belegen derselben Leitung in der Nebenstellenanlage zu vermeiden sowie um allgemein die Wartezeit besonders auf den Fernleitungen herabzusetzen.

Zu 4. Die Auslösung einer Verbindung kann verschieden erfolgen, entweder die Verbindung löst aus, wenn beide Teilnehmer eingehängt haben, oder sie löst aus, wenn einer von beiden eingehängt hat, oder die Auslösung erfolgt abhängig nur vom Rufenden. Die erste Art der Auslösung hemmt den Verkehr, weil zum Aufbau einer neuen Verbindung oder zum Anruf erst beide Teilnehmer einhängen müssen. Die zweite Art bringt gewisse Gefahren, wenn beim Angerufenen Umlegungen von Verbindungen, wie bei Nebenstellenanlagen, erfolgen sollen. Die dritte Art vermeidet die vorhergehenden Erscheinungen, hat aber eine gewisse Blockierungsgefahr des Angerufenen zur Folge, die aber, wie die bisherigen Erfahrungen der Praxis gezeigt haben, äußerst klein ist. In der Praxis sind trotz weiter Verbreitung irgendwelche Beanstandungen bisher nicht bekannt geworden. Wenn es aber trotzdem wünschenswert erscheinen sollte, können hiergegen entweder Lampenzeichen oder zentrale Freischalteglieder vorgesehen werden, die nach einer gewissen Zeit blockierte Teilnehmer freigeben. Die letzte Art der Auslösung, abhängig vom Rufenden, ist besonders auch mit Rücksicht auf den Fernverkehr die empfehlenswerteste und sollte überall eingeführt werden, wie sie schon von vielen Verwaltungen angenommen wurde. Es kann noch eine Nachrufmöglichkeit vorgesehen werden, damit das Fernamt jederzeit in der Lage ist, den Teilnehmer nochmals nach dem Einhängen zu rufen, ohne die Verbindung neu aufbauen zu müssen.

Zu 5. Es gibt die verschiedensten Berechnungsarten der Gebühren, zunächst die alten Pauschaltarife mit der verschiedenartigsten Staffelung, dann Gesprächszählertarife, in denen sich noch verschiedene Untergruppen unterscheiden lassen, und Zeittarife. Die Pauschaltarife und deren Abarten stammen größtenteils noch aus der Handamtstechnik, machen in der Anwendung mit ihren verschiedenen Staffeln Schwierigkeiten und ergeben nicht immer eine gerechte Verteilung der Gebühren auf alle Teilnehmer entsprechend deren Verkehr. Mit der Wählertechnik wurden meistens Gesprächszähler- und teilweise Zeittarife eingeführt; denn diese Technik bietet zwanglos eine selbsttätige Gebührenerfassung durch Gesprächszähler. Als verbreitetste Art hat sich der Gesprächszählertarif mit einer festen Grundgebühr, die die Kapitalkosten deckt, und mit Gesprächsgebühren, die die Unterhaltungskosten decken, eingeführt. Zeittarife im Ortsverkehr sind nur vereinzelt eingeführt worden. Sie können eine gerechte Verteilung der Gebühren ergeben, machen aber Schwierigkeiten, wenn Fern- und Vorortsgespräche mitverrechnet werden sollen. Der Gesprächszählertarif ist der beste Tarif, der sich allen gebührentechnischen Betriebsforderungen leicht anpassen läßt, besonders auch im Fern- und Vorortsverkehr, wobei durch Mehrfachzählung die Gesprächsgebühren ebenfalls mit Zählern erfaßt werden können. Es würde sich daher empfehlen, diesen Tarif allgemein anzuwenden.

Die Gesprächszähler selbst werden ganz verschieden erregt, mit besonderer Zusatzbatterie oder mit der gewöhnlichen Amtsbatterie. Die Übertragung der Meldung des Gerufenen zum Rufenden für die Zählung erfolgt zweckmäßig über die stromlosen Sprechleitungen zwischen den Ämtern mit Potentialumkehr, womit auch eine Schlußzeichenübertragung zum Fernamt gegeben ist. Es empfiehlt sich nicht, auch die Richtung des Speisestromes zum rufenden Teilnehmer umzukehren, weil damit Gefahr für Knackgeräusche besteht. Die Zählung sollte nur mit der gewöhnlichen Amtsbatterie erfolgen.

Zu 6. Die Speisung der Teilnehmergeräte sollte aus einer Speisebrückenübertragung erfolgen, mit hoher Spannung und hohen Brückenwiderständen, damit der Einfluß der verschiedenen Leitungswiderstände möglichst gering ist und die Aufwendung besonderer Mittel für den Ausgleich, wie Eisenwasserstoffwiderstände, vermieden wird. Zweckmäßig wird die Speisebrücke sowohl am I. GW oder einer Übertragung als auch am LW angeordnet, damit in allen Fällen die Speisung vom eigenen Amt erfolgt, ohne besondere Übertragungen in den Verbindungsleitungen zu benötigen. Man erhält einfache Verhältnisse auf den Verbindungsleitungen und kann leicht mittels Glimmlampen zweiadrigen und doppeltgerichteten Verkehr einführen. Die Speisebrücke selbst soll möglichst aus nur einem Relais mit 2 Wicklungen bestehen, weil dadurch die bestmögliche Symmetrie erreicht wird. Vorgeschlagen werden 60 V Spannung, $2 \times 500\ \Omega$ Brückenwiderstand und stromlose Sprechadern zwischen den Speisebrücken.

Zu 7. Durchwahl im LW ist sehr empfehlenswert und sollte gefordert werden. Man erreicht damit die wirtschaftlichste Lösung für den Anschluß von Wohnungszentralen oder Gemeinschaftsumschaltern, von Gruppenstellen oder Wähl-Sternschaltern jeder Größe und von Serienanschlüssen. Es werden dadurch die Ämter praktisch um eine Wählerstufe, ohne deren Aufwand, vergrößert.

Zu 8. Man sollte grundsätzlich aus wirtschaftlichen Gründen nicht gleiche Stellenzahl für alle Teilnehmer fordern, sondern jeder Teilnehmer soll mit der geringsten Stellenzahl erreichbar sein und die Systeme sollen mit der geringsten Nummernreserve arbeiten. Es muß dann eine leichte Erweiterungsmöglichkeit ohne jede Begrenzung an jeder beliebigen Stelle gefordert werden, um mit den geringsten Mitteln die unbegrenzte Erweiterung zu erreichen. Dazu gehört auch eine weitgehende Dezentralisierung bis zu den kleinsten Unterämtern, die überall ohne besondere Mittel möglich sein muß.

Zu 9. Zur bestmöglichen Ausnutzung von Wählern und Leitungen muß die Einfügung von großen, möglichst 100er-Bündeln durch Bildung von großen vollkommenen und unvollkommenen Bündeln mit Mischwählern und Mischschaltungen möglich sein.

144

Das ist eine Reihe von wichtigen grundsätzlichen Betriebsforderungen, deren Erfüllung sich aus einer jahrzehntelangen Praxis als zweckmäßig erwiesen hat. Ihre allgemeine Annahme, besonders derjenigen, die Einfluß auf den Fernverkehr haben, wäre im Interesse eines einheitlichen Betriebes sehr zu empfehlen. Später, wenn die Regelung fortgeschritten ist, könnten dann noch weitere Betriebsforderungen, die geringere Bedeutung haben, geprüft werden. Solche Forderungen sind z. B.:

Fangen böswilliger Teilnehmer.

Selbsttätige Abschaltung fehlerhafter Wähler, Leitungen und Teilnehmer-
anschlüsse.

Störungsanzeige, Überwachung des Rufstromes und der Summerzeichen.

Prüfung der Wähler und Leitungen.

Art der Verkehrsmessung.

Festlegung der Sicherheit von Relais, Wählern und Kraftanlagen.

17. Die Spannungsregelung bei Pufferung.

In den Selbstanschlußämtern wird gewöhnlich nur eine sehr geringe Abweichung von der Nennspannung mit $\pm 5\%$ zugelassen. Diese geringe zulässige Abweichung ist bedingt durch die Abnahme der Sicherheiten in den vielen verwickelten Stromkreisen mit zunehmender Abweichung, besonders auch mit Rücksicht auf das Zusammenarbeiten mit vielen Ämtern, deren Batterien in dem verschiedensten Ladezustand sein können und deshalb verschiedene Spannung haben. Die Schwierigkeit in der Einhaltung dieser geringen Abweichung liegt in der starken Zunahme der Batteriespannung bei der Ladung, abhängig vom Ladestrom und Ladezustand, die weit über das zulässige Maß hinausgeht. Bei der Entladung treten derartige Schwierigkeiten nicht auf. Bei überwachten Ämtern erfolgt die Regelung der Amtsspannung gewöhnlich durch Hand, in fernüberwachten Ämtern muß sie selbsttätig erfolgen. Die erforderlichen Maßnahmen sollen behandelt werden.

Die Spannung einer Zelle und damit der Batterie steigt mit dem Ladestrom und mit zunehmendem Ladezustand stark an und liegt gewöhnlich weit über der zulässigen Abweichung. Am Ende der Ladung, wenn diese mit vollem Ladestrom erfolgte, ist eine Spannung von über 2,75 V je Zelle vorhanden, was ganz erheblich über dem zulässigen Wert von 2,1 V liegt. Die Endspannung beträgt aber nur 2,25 V je Zelle, wenn die Batterie mit nur $1/100$ des Nennladestromes aufgeladen wurde. Dazwischen erhält man alle Spannungen, abhängig vom Ladestrom und Ladezustand. Die Spannung einer Zelle ist daher während des Ladens sehr verschieden. Welche Spannungen beim Laden und Entladen vorhanden sind, zeigen die Schaulinien in Abb. 82, aus denen die jeweilige Spannung einer Zelle bzw. einer 30-Zellen-Batterie, wie sie gewöhnlich bei Wählerämtern verwendet wird, abhängig vom jeweiligen Ladestrom und vom Ladezustand der Batterie selbst

zu ersehen ist. Die zulässigen Spannungsgrenzen selbsttätiger Fernsprech-
ämter von ± 5% sind strichpunktiert eingetragen, woraus deutlich zu ersehen ist, daß praktisch ohne besondere Maßnahmen ein ordentlicher Pufferbetrieb nicht möglich ist, weil zunächst mit starken Ladeströmen viel zu
hohe Spannungen entstehen und mit den unter Umständen anwendbaren
sehr kleinen Ladeströmen wegen der erforderlichen langen Ladezeiten auch
nicht gearbeitet werden kann.

Die Spannung der Batterie bei der Entladung ist ebenfalls vom Entladestrom und Ladezustand abhängig, aber bei weitem nicht in dem Maße
wie bei der Ladung, wie es auch in Abb. 82 für die verschiedenen Lade-

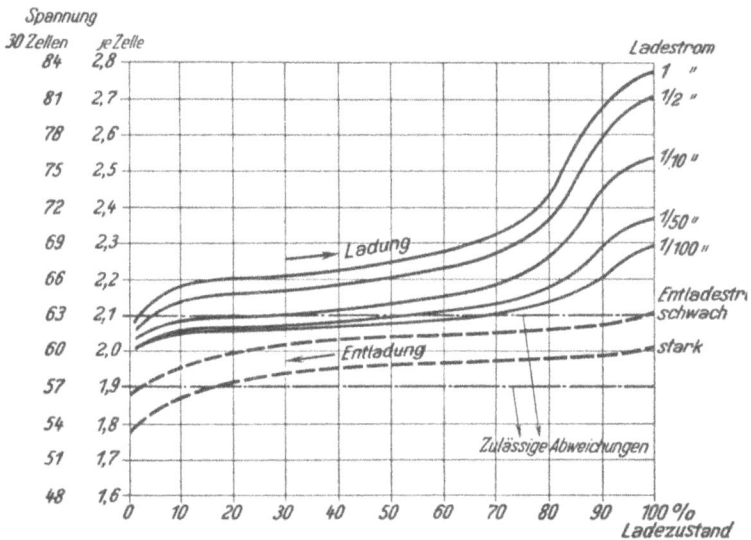

Abb. 82. Lade- und Entladespannung einer Zelle oder einer Batterie,
abhängig vom Lade- oder Entladestrom und vom Ladezustand.

zustände der Batterie in den Schaulinien für die schwache und starke Entladung gezeichnet ist. Die Spannungsschwankungen bei der Entladung liegen
größtenteils innerhalb der zulässigen Abweichungen und machen deshalb
keine besonderen Schwierigkeiten.

Eine gepufferte Batterie, wenn sie ohne besondere Mittel in gewöhnlicher Weise eingeschaltet wäre, würde im Betrieb besondere Eigenschaften
zeigen, die aus Abb. 82 ohne weiteres abgeleitet werden können. Angenommen, der Ladezustand der Batterie sei 50% und es wird mit vollem Ladestrom
geladen, so beträgt die Spannung einer Batterie mit 30 Zellen 67,5 V. Wenn
stärkerer Strom für die Verbraucher benötigt wird, sinkt die Spannung der
Batterie. Wird der halbe Ladestrom für die Verbraucher benötigt, so sinkt
die Spannung der Batterie von 67,5 auf 66 V. Wird noch größerer Strom
benötigt, z. B. mehr als der Ladestrom, so daß die Batterie selbst noch Strom
liefern muß, so sinkt die Spannung auf etwa 58,5 V. Es gelten dann nicht

146

mehr die Schaulinien für die Ladung, sondern für die Entladung. Diese Spannungsänderungen vollziehen sich aber nicht plötzlich, sondern langsam, abhängig von der Kapazität der Batterie.

Da aus Abb. 82 klar zu ersehen ist, daß mit einem Pufferbetrieb die eingangs angegebenen zulässigen Abweichungen nicht ohne weiteres einzuhalten sind, fragt es sich, mit welchen Mitteln kann ein Pufferbetrieb unter Einhaltung der zulässigen Abweichungen bei Erreichung eines möglichst hohen Ladezustandes einwandfrei ermöglicht werden.

Die Spannungsregelung ist bei Zweibatteriebetrieb einfach, weil die große Zunahme der Spannung bis zum vollen Ladezustand für den Betrieb unschädlich ist; denn die auf Ladung geschaltete Batterie wird nie gleichzeitig auf Entladung geschaltet. Wird aber eine vollgeladene Batterie auf Entladung geschaltet, so sinkt die Spannung auf die Entladelinien und liegt dann in den zulässigen Grenzen.

Schwierigkeiten treten erst auf, wenn nur mit einer Batterie gearbeitet wird, die während des Betriebes auch geladen und daher gepuffert werden muß.

Ein Pufferbetrieb mit nur einer Batterie wird aus wirtschaftlichen Gründen besonders für kleine fernüberwachte Unterämter gefordert. Natürlich läßt sich in derartigen Ämtern auch der Zweibatteriebetrieb anwenden, ohne daß Personal in den Unterämtern erforderlich wird; denn die Aus- und Einschaltung der Ladung, die Umschaltung der Batterie und die Spannungsmessung lassen sich durch Fernsteuerung und Fernmessung über die vorhandenen Verbindungsleitungen vornehmen, doch ist der erforderliche Aufwand hierfür nicht unerheblich. Da in kleinen Ämtern unter Umständen die Kosten für die Kraftanlage größer als diejenigen für die gesamten selbsttätigen Einrichtungen sein können, muß man versuchen, die Aufgabe mit nur einer Batterie, mit Pufferung und selbsttätiger Spannungshaltung in der einfachsten Weise und mit den geringsten Mitteln zu lösen.

Außer der richtigen Spannungsregelung soll aber die Batterie stets in möglichst vollgeladenem Zustand gehalten werden, damit bei Ausfall des Netzes jederzeit die größtmögliche Reserve vorhanden ist.

Man könnte zunächst, um die Aufgabe zu erleichtern, für Anlagen mit Pufferbetrieb eine größere als die angegebene Spannungsabweichung fordern, aber auch diese Maßnahme ist nicht recht empfehlenswert, weil die Anlagen dadurch verteuert werden. Man kann aber eine geringe Überschreitung der zulässigen Spannungsgrenze bei kleinem Ladestrom bis auf 10 oder 15% zulassen, wenn beim Einleiten einer Verbindung die Sicherheit gegeben ist, daß die Batteriespannung durch den dann einsetzenden Entladestrom nahezu auf die Entladespannung und damit auf die zulässigen Spannungsgrenzen sinkt, was bei kleinen Anlagen möglich ist.

Ein einfaches Mittel, bei kleinen Anlagen die Batterieeigenschaften zu berücksichtigen, würde zunächst darin liegen, die Batterie nur in der freien Zeit, in der keine Verbindungen bestehen, zu laden. In dem Augenblick, wo im Amt eine Verbindung eingeleitet wird, wird die Ladung sofort abgeschaltet, so daß als Spannung für den Aufbau der Verbindungen, für das Gespräch und für die Auslösung nur die Entladespannung zur Verfügung steht. In der freien Zeit kann stets auf Volladung geschaltet werden, weil in diesem Zustand die Spannung der Batterie auf den Betrieb praktisch ohne Einfluß ist. Eine Überladung der Batterie wird dadurch vermieden, daß beim Erreichen des höchsten Ladezustandes und damit der höchsten Betriebsspannung die Ladeeinrichtung keinen Ladestrom mehr liefert. Diese Ladeeinrichtung würde zunächst alle gestellten Aufgaben bei störungsfreiem Betrieb erfüllen; sie führt aber zu Schwierigkeiten, wenn gewisse Fehler im Betrieb entstehen. Treten z. B. Fehler im Leitungsnetz auf, die Dauerbelegungen im Amt verursachen, so wird dadurch die Batterie entladen und die Aufladung verhindert. Man muß daher, um diese Störungen zu vermeiden, während des Betriebes laden.

Um die Aufgabe einwandfrei zu lösen, sind viele Versuche ausgeführt worden, von denen sich bisher folgende bewährt haben.

Eine einwandfreie Art der Spannungsregelung wird durch die Verwendung von Gegenzellen im Entladekreis erreicht, die abhängig von der Batteriespannung im Entladekreis ein- und ausgeschaltet werden. Gegenzellen nehmen keine eigene Ladung an, haben aber eine gegenelektromotorische Kraft von etwa je 2 V. Steigt z. B. die Spannung einer 30-Zellen-Batterie bei der Ladung auf 63 V, so werden 2 Gegenzellen eingeschaltet, die die Entladespannung auf 59 V verringern. Ist die Batteriespannung auf 67 V angestiegen, so können 2 weitere Gegenzellen eingeschaltet werden, die die Entladespannung wieder auf 59 V verringern. Mit diesen 4 Gegenzellen darf die Spannung der Batterie bis auf 71 V ansteigen. Man könnte noch eine weitere Stufe mit 2 Gegenzellen vorsehen, wodurch die Spannung der Batterie auf 75 V kommen könnte. Das Ein- und Ausschalten der Gegenzellen geschieht bei großen Anlagen mit Überwachung durch Zellenschalter von Hand; bei kleinen fernüberwachten Anlagen muß die Schaltung selbsttätig erfolgen. Man begnügt sich aus wirtschaftlichen Gründen aber mit einer Gruppe von 2 Gegenzellen für den Störungsfall, während für die Steuerung des Ladestromes eine Widerstandsschaltung verwendet wird. Als Schaltmittel werden Kontaktspannungsmesser oder Spannungsrelais benutzt, deren Arbeiten durch Eisenwasserstoffwiderstände sicherer gestaltet wird. Die Schaltkontakte der Steuerrelais müssen kräftig sein und genügende Sicherheit und kleinen Widerstand haben. Die Einrichtung arbeitet nach Abb. 83 folgendermaßen:

Zunächst sind die Gegenzellen im Entladekreis ständig unabhängig von der Batteriespannung eingeschaltet. Beim Erreichen der Batteriespannung von 67 V, der eine Entladespannung von 63 V entspricht, wird das Relais *I* erregt, schaltet den Widerstand *Wl* in den Ladestromkreis ein und setzt damit den Ladestrom herab, so daß nur mit geringem Strom weitergeladen wird, durch den die Spannung gemäß Abb. 82 nur noch wenig ansteigen kann. Bei Absinken der Batteriespannung auf 62 V fällt das Relais *I* ab und schaltet wieder vollen Ladestrom ein. Fällt das Netz oder bei irgendeiner Störung der

Ladestrom und damit die Ladung aus, so fällt das Relais *II* ab und schließt die Gegenzellen kurz. Die dauernd eingeschalteten Gegenzellen und die Steuerung der Ladung über den Widerstand geben die Sicherheit, daß bei Netzausfall die Batterie sich in gutem Ladezustand befindet.

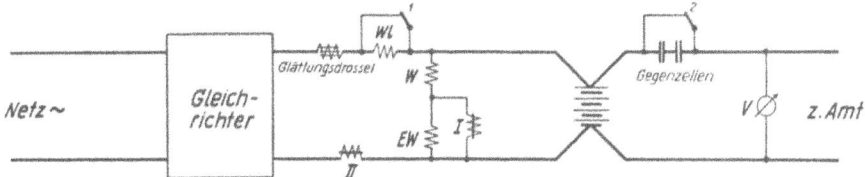

Abb. 83. Pufferung mit Gegenzellen und Regelung des Ladestroms durch Widerstand.

I Relais für Widerstandsschaltung,
II = Relais für Gegenzellenschaltung,
EW = Eisenwasserstoffwiderstand,
W, W1 Widerstände.

Für einfache Verhältnisse in kleinen Anlagen kann man sich mit einer Anpassung der Kennlinie des Netztransformators begnügen, derart, daß mit steigender Batteriespannung der Ladestrom stark abnimmt, d. h. die Kennlinie muß möglichst steil verlaufen. Da aber damit die Einhaltung der oberen Spannungsgrenze mit zunehmender Größe der Anlage nicht immer garantiert werden kann, empfiehlt sich, dazu noch eine sogenannte Regeldrossel zu verwenden.

Die Anwendung einer Regeldrossel, die je eine Wicklung im primären und sekundären Ladekreis hat, setzt den Ladestrom beim Erreichen der zulässigen höchsten Spannung von 66 V auf einen kleinen Wert herab, so daß die weitere Ladung mit kleinem Strom und damit kleinem Spannungsanstieg erfolgt. Abb. 84 zeigt die Schaltung der Regeldrossel mit primärer und sekundärer Wicklung im Ladekreis. Bei niederer Batteriespannung und daher großem Ladestrom ist die Drossel gleichstromgesättigt und hat im primären Wechselstromkreis einen sehr kleinen Scheinwiderstand. Sinkt der Gleichstrom mit zunehmender Batteriespannung ab, so wird der Scheinwiderstand plötzlich unterhalb der Sättigung primär größer, der primäre Strom sinkt und damit der Ladestrom. Die in Bild 84 gezeichnete Schaulinie „mit Regeldrossel" läßt den plötzlichen Abfall des Ladestromes beim Erreichen der Batteriespannung von 66 V erkennen. Die weitere Ladung erfolgt mit geringem Strom, um das Ansteigen der Batteriespannung zu mildern. Die Spannung steigt im Laufe der weiteren Ladung wohl etwas an; sie fällt aber, wenn Verbindungen eingeleitet werden. Kurzzeitige Überschreitungen der zulässigen Spannung sind daher erlaubt. Ohne Drossel würde die Ladung weiter nach der Linie „ohne Regeldrossel" verlaufen. Sinkt die Spannung, so setzt plötzlich bei etwa 60 V die volle Ladung wieder ein. Für steigende Batteriespannung gilt die ausgezogene Linie, für fallende Batteriespannung die gestrichelte. Die Regeldrossel ergibt eine einwandfreie Ladung der Batterie bis nahezu zum vollen Ladezustand und hält die Batteriespannung während des Betriebes in den geforderten Grenzen.

Für ganz kleine Ämter, wie Gruppenstellen, kann man sich auch mit schwacher Dauerladung begnügen, die entweder von einer kleinen Ladeeinrichtung oder über die Verbindungsleitung vom Hauptamt aus erfolgt. Die Ladung kann bei einer Ladeeinrichtung dauernd bestehen oder über Verbindungsleitungen während des Bestehens einer Verbindung abgeschaltet werden. Man muß dann aber Vorsorge treffen, daß Störungen oder Dauerbelegungen angezeigt werden, damit eine vollkommene Entladung der Batterie

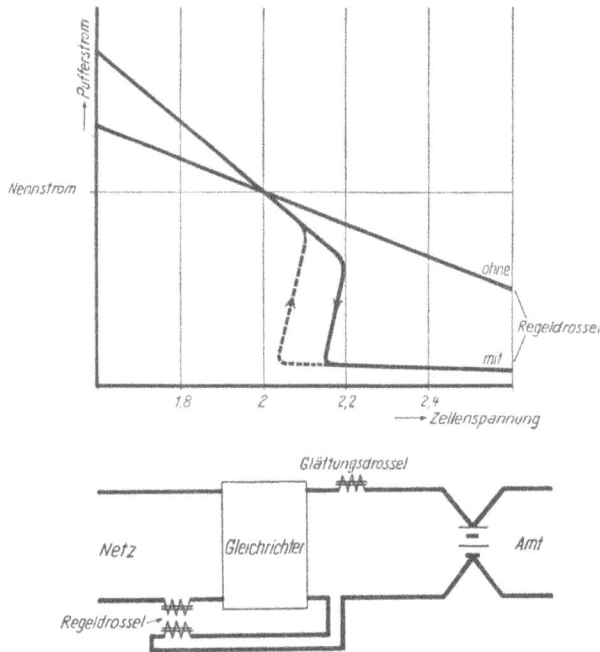

Abb. 84. Spannungshaltung bei Pufferung mit Regeldrossel.

verhindert werden kann. Der Ladestrom wird so geregelt, daß die Batterie ständig überladen wird, um den erforderlichen Betriebsstrom und die Selbstentladung zu decken. Die Batterie muß dementsprechend viel Säureüberschuß und Großoberflächenplatten haben.

Für solche kleinen Ämter verwendet man schon mitunter Netzanschlußgeräte ohne jede Batterie oder arbeitet ohne jede eigene Stromquelle, indem Wählerrelais über die Verbindungsleitungen gesteuert werden, wie es unter „Die volkstümlichere Ausgestaltung des Fernsprechers" gezeigt wurde. Netzanschlußgeräte erfordern für die Spannungshaltung ähnliche Mittel, und es wird die Regeldrossel verwendet, wozu aber noch weitere Glättungsmittel zur Minderung der Geräusche erforderlich werden.

Wenn die Netzspannungen schwanken, werden die Ladegeräte entsprechend der mittleren Spannungslage angeschlossen. Sind die Netzschwankungen erheblich, so können Spannungsgleichhalter vorgesehen werden,

die mit Hilfe zweier Drosseln Schwankungen der Netzspannung bis ± 15%
noch ausgleichen.

Nach diesen Ausführungen gilt für die Spannungsregelung in Selbstanschlußämtern folgendes:

Bei Zweibatteriebetrieb ist die Spannungsregelung einfach, weil Ladung
und Entladung stets getrennt erfolgen. Bei Pufferung in überwachten Ämtern
erfolgt die Spannungsregelung durch Ein- und Ausschalten von Gegenzellen
im Entladekreis von Hand. In fernüberwachten Ämtern wird selbsttätige
Spannungsregelung vorgesehen. Dazu können verwendet werden Gegenzellen und Widerstände, deren Ein- und Ausschaltung von Kontaktspan-
nungsmessern oder Spannungsrelais gesteuert werden, ferner Regeldrosseln
und große Transformatoren; mit gewissen Einschränkungen kann schwache
Dauerladung in Betracht gezogen werden.

18. Münzfernsprecher.

Münzfernsprecher sind öffentliche Fernsprecher, die der ganzen Bevölkerung ohne weiteres zugänglich sein sollen und bei denen Gespräche
geführt werden können, wenn dafür eine der Gebühr entsprechende Münze
in eine Kassette eingeworfen wird. Vom Münzfernsprecher machen nicht
nur Sprechgäste Gebrauch, die keinen eigenen Fernsprecher besitzen, sondern
auch Sprechgäste mit eigenem Fernsprecher, wenn sie sich außerhalb seines
Bereiches befinden. Die weiteste Verbreitung der Münzfernsprecher an allen
öffentlichen Plätzen, Postanstalten usw. liegt demnach im Interesse der gesamten Bevölkerung und sollte nach Möglichkeit gefördert werden. Auch
die Fernsprechverwaltungen haben ein großes Interesse an der weitesten
Verbreitung; denn an den Münzfernsprechern werden bei richtiger Aufstellung viele Gespräche geführt, wodurch eine gute Wirtschaftlichkeit derartiger Einrichtungen ohne weiteres gewährleistet wird. Die große Bedeutung der Münzfernsprecher geht allein schon daraus hervor, daß in Ländern
mit gut entwickeltem Fernsprechbetrieb später etwa 10% aller Anschlüsse
als Münzfernsprecher erwartet werden.

Es gibt zahlreiche Arten von Münzfernsprechern, die unter ganz verschiedenen Bedingungen arbeiten und untergebracht sind, von den einfachsten Geräten, die ohne jede Umkleidung an irgendeiner geschützten Wand
befestigt sind, bis zu den verwickelten, die sogar Ferngespräche über jede
beliebige Entfernung zulassen, in besonderen schalldichten Fernsprechzellen.
Da die Wirtschaftlichkeit der Münzfernsprecher, die an leicht zugänglichen,
belebten Orten aufgestellt sind, wie erwähnt feststeht, kann für die Fernsprecher selbst und für ihre Unterbringung in den Fernsprechzellen schon
ein gewisses Kapital aufgewendet werden, um Geräte und Zellen zweckmäßig
auszugestalten.

Die Überwachung der Münzfernsprecher durch Beamtinnen, die heute
im Zeitalter der Wählertechnik nicht nur nicht mehr zeitgemäß sondern auch,

was viel wichtiger ist, nicht so wirtschaftlich ist wie die Verwendung selbsttätiger Geräte, soll hier nicht berücksichtigt werden, ebenso wird auf Münzfernsprecher für Nachbarorts- und Fernverkehr nicht eingegangen, die im 2. Teil der „Studien über Aufgaben der Fernsprechtechnik" behandelt sind.

Münzfernsprecher für den Ortsverkehr können eingeteilt werden in öffentliche Münzfernsprecher, die ohne weiteres unter Verantwortung der Verwaltung der ganzen Bevölkerung zugänglich sind, und bedingt öffentliche Münzfernsprecher, die bei Privaten unter deren Verantwortung aufgestellt und unter gewissen Bedingungen zugänglich sind.

Münzfernsprecher bestehen zunächst in ihrer einfachsten Form aus einem gewöhnlichen Fernsprechgerät und einer zusätzlichen Kassiereinrichtung für die Münzen, wobei natürlich die beiden Geräte zu einem vereinigt werden können. Der Aufbau und die Ausstattung der Kassiereinrichtung richten sich

Abb. 85. Einfache Kassiervorrichtung in Verbindung mit einem Fernsprechgerät.

nach den Bedingungen, die erfüllt werden sollen; denn auch von einem einfachen Gerät wird die Erfüllung verschiedener Bedingungen gefordert, weil ganz verschiedene Verbindungen auch im eigenen Ort hergestellt werden sollen. Hauptsächlich werden natürlich Verbindungen zu Teilnehmern des Ortsnetzes hergestellt, dann aber auch Sonderverbindungen zu Auskunfts-, Aufsichts-, Störungs-, Beschwerde-, Rechnungs- und Nachrichtenstellen, zur Polizei und Feuerwehr, zu Rettungsstellen und anderen. Wenn für alle Sonderverbindungen dieselbe Gebühr entrichtet werden soll wie für gewöhnliche Ortsgespräche, wird die Kassiervorrichtung einfach. Abb. 85 zeigt eine derartige einfache Kassiervorrichtung in Verbindung mit einem Fernsprecher, Abb. 86 einen Münzfernsprecher, in dem beide Teile zusammengebaut sind. Gewöhnlich ist bei diesen einfachen Geräten beim Abheben das Mikrofon kurzgeschlossen und nur der Fernhörer eingeschaltet, so daß wohl gehört, aber nicht gesprochen werden kann. Es können zunächst ohne weiteres und ohne Geldeinwurf alle gewünschten Verbindungen gewählt werden. Meldet sich der Teilnehmer oder die gewünschte Stelle, was im Fernhörer gehört werden kann, so muß zum Sprechen eine Münze eingeworfen werden, wodurch das Mikrofon freigegeben wird. Damit keine Verzögerung beim

152

Einwerfen des Geldes durch Suchen nach passenden Münzen entsteht, wenn sich der gewünschte Teilnehmer meldet, wird die Münze vorher auf die Einwurfsöffnung gesteckt (Abb. 85 u. 86), wo sie zunächst stecken bleibt und, wenn die Verbindung nicht erfolgreich ist, wieder zurückgenommen werden kann. Erst beim Melden des Gerufenen wird die Münze durch einen kräftigen Druck in die Kassiereinrichtung befördert. In Abb. 85 erfolgt die notwendige Kuppelung zwischen Fernsprechgerät und Kassiervorrichtung elektrisch, in Abb. 86 mechanisch. Diese einfachen Münzfernsprecher sind nicht für ankommende Gespräche geeignet, weil zum Sprechen in diesem Falle ebenfalls eine Münze eingeworfen werden müßte. Sie eignen sich auch nicht recht für Netze, in denen selbsttätige und handbediente Anschlüsse gemischt vorhanden sind, weil beim Anrufen eines handbedienten Platzes zum Sprechen eine Münze eingeworfen werden muß und dieses Geld dann verloren ist, wenn der gewünschte Teilnehmer,

Abb. 86. Kassiereinrichtung mit Fernsprechgerät (zusammengebaut).

der über den Platz erreicht werden soll, besetzt ist. Derartige Münzfernsprecher lassen natürlich kostenlos Verbindungen zu, bei denen nur gehört und nicht gesprochen wird, wie z. B. bei der Zeitansage und bei der Nachrichtenübermittlung.

Für die bisher beschriebenen einfachen Geräte sind gewisse Bedienungsanweisungen erforderlich, die den Teilnehmer über die Art der Bedienung und des Hineindrückens der Münze aufklären. Bedienungsanweisungen bedeuten aber gewisse Schwierigkeiten für den ungeübten Sprechgast, der die Anweisungen lesen und verstehen soll. Je weniger Anweisung erforderlich und je einfacher die Bedienung der Münzfernsprecher ist, um so besser wird sich der Betrieb abwickeln.

Einen vollkommen selbsttätig arbeitenden Münzfernsprecher, der praktisch ohne jede besondere Anweisung bedient werden kann und

Abb. 87. Öffentlicher Münzfernsprecher für Ortsverkehr.

der alle nur möglichen Bedingungen erfüllt, zeigt Abb. 87 geschlossen und Abb. 88 geöffnet. Die Münze wird zunächst eingeworfen, wodurch der Nummernschalter zur Wahl freigegeben wird, und der gewünschte Teilnehmer gewählt. Beim Melden des Gerufenen kann ohne eine weitere Betätigung gesprochen werden wie bei einem gewöhnlichen Fernsprecher. Wenn das Ge-

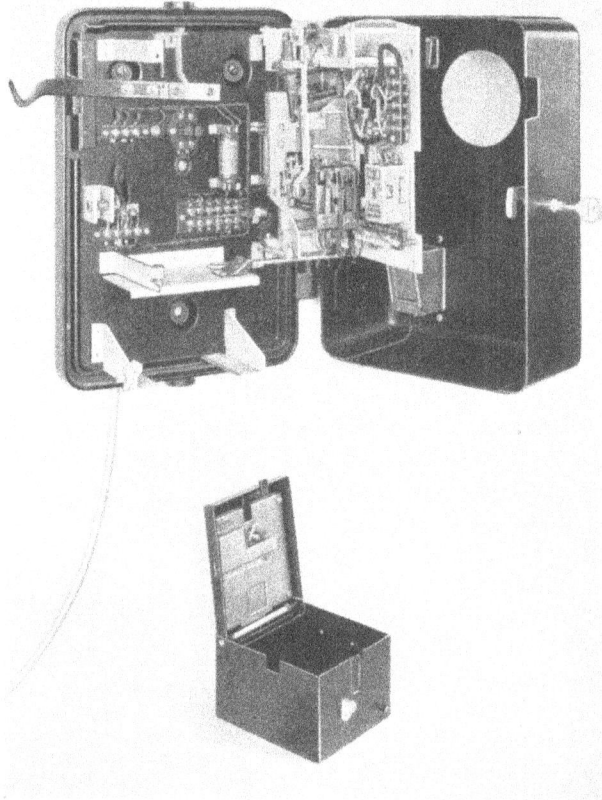

Abb. 88. Öffentlicher Münzfernsprecher für Ortsverkehr
(geöffnet; Kassette herausgenommen).

spräch zustande kam und es gebührenpflichtig war, wird das Geld selbsttätig ohne jede besondere Maßnahme am Schluß des Gespräches kassiert. Kam das Gespräch nicht zustande oder war es ein gebührenfreies Dienstgespräch, z. B. zur Auskunfts-, Aufsichts- und Störungsstelle oder zu irgendwelchen handbedienten Plätzen, so wird das Geld selbsttätig beim Einhängen des Fernhörers zurückgegeben. Irgendwelche Betriebsanweisungen sind deshalb nicht erforderlich, weil der Münzfernsprecher selbsttätig arbeitet, die Verbin-

dung auf Gebührenpflicht überprüft und die Münze selbsttätig
kassiert oder zurückgibt. Dieser
Münzfernsprecher ist vollkommen;
denn er kassiert auch im Verbindungsverkehr über handbediente
Plätze hinweg das Geld nur dann,
wenn das Gespräch zustande kam
und gebührenpflichtig war. Er ist
auch für ankommende Gespräche
geeignet, die möglich sind ohne
Einzahlung einer Gebühr, so daß
er vollkommen einen Ortsfernspre-
cher ersetzt.

Die bisher besprochenen Geräte können auch bei Privaten
unter deren Verantwortung in Ho-
tels, Pensionen und Geschäften aufgestellt werden. Der Inhaber hat
den Schlüssel zur Kassette und
kann diese beliebig oft entleeren.
Der Verwaltung gegenüber bezahlt
er außer der Grundgebühr mit Zuschlag den Betrag, den sein Gesprächszähler im Amt anzeigt. Für
Aufstellung bei Privaten werden
demnächst in Deutschland noch
zwei andere einfache Münzfernsprecher eingeführt, die in Abb. 89
u. 90 als Tisch- und Wandgeräte
gezeigt sind. Sie arbeiten mit
selbsttätiger Kassierung und geben
das Geld zurück, wenn die Verbindung nicht zustande kam oder ge-
bührenfrei war. Die Kassierung
erfolgt abhängig von der Zählung
im Amt. Die Herstellung höher-
wertiger Verbindungen, wie Nach-
barorts- und Fernverbindungen,
wird zunächst durch Sperrvorrich-
tungen am Nummernschalter verhindert. Derartige Verbindungen
sind aber trotzdem möglich; denn
durch einen besonderen Schlüssel
kann die Sperrvorrichtung außer

Abb. 89. Tischmünzfernsprecher für
Wohnungen, Gaststätten usw.

Abb. 90. Wandmünzfernsprecher für
Wohnungen, Gaststätten usw.

Betrieb gesetzt werden. Der Inhaber des Anschlusses, der den Schlüssel besitzt, kann daher den Münzfernsprecher für derartige Verbindungen freigeben, wodurch auch die Kassierung für alle Gespräche wirkungslos wird.

Die öffentlichen Münzfernsprecher der Verwaltungen müssen mit einer guten Münzprüfeinrichtung ausgestattet sein, weil sie ohne jede Überwachung arbeiten, während bei den bei Privaten aufgestellten das nicht in demselben Maße erforderlich ist; denn die Sprechgäste sind größtenteils bekannt und werden in einem gewissen Umfange überwacht. In Zweifelsfällen hat der Inhaber außerdem die Möglichkeit, sich durch Öffnen der Kassette von der Güte der Münzen zu überzeugen.

Die Unterbringung der Münzfernsprecher ist ebenso verschieden wie die Münzfernsprecher selbst. Sie muß mit einiger Sorgfalt vorgenommen werden, weil gewisse Gefahren, besonders Diebstahl der Geräte und des Geldes, bestehen. Münzfernsprecher bei Privaten werden in deren Räumen so aufgestellt, daß möglichst eine gewisse Überwachung vorhanden ist. Münzfernsprecher der Verwaltungen werden in den Verkehrszentren an allen öffentlichen, leicht zugänglichen und der öffentlichen Überwachung unterworfenen Plätzen, z. B. in Bahnhöfen, Postanstalten und besonderen Fernsprechräumen aufgestellt. Zum Schutz der Münzfernsprecher gegen Witterungseinflüsse und auch zum Schutz des Sprechgastes gegen Mithören seiner Gespräche durch fremde Personen werden möglichst schalldichte Sprechzellen errichtet. Mitunter wird auf den Schutz des Sprechgastes gegen Mithören weniger Rücksicht genommen und das Gerät nur in kleinen Gehäusen an den Wänden großer Hallen, z. B. Bahnhöfen, befestigt, wie es in Italien der Fall ist und wie Abb. 91 erkennen läßt. Der Münzfernsprecher ist in einem kleinen, nur ihn allein schützenden Gehäuse untergebracht, das auch noch das Sprechstellenverzeichnis enthält, das zweckmäßig gegen unbeabsichtigtes Mitnehmen an einer Kette liegt. Diese Art der Unterbringung der Geräte ist allerdings nur in Gebäuden und offenen Hallen möglich, wo der Münzfernsprecher gegen den unmittelbaren Einfluß der Witterung geschützt ist. In großen Hallen, z. B. von Bahnhöfen, findet man aber auch mitunter Münzfernsprecher ohne jeden Schutzkasten.

Abb. 91. Münzfernsprecher in kleinem Gehäuse für Bahnhöfe, offene Hallen usw.

156

Für die Aufstellung der Münzfernsprecher an den öffentlichen Plätzen und großen Verkehrszentren, wo sie den Unbilden der Witterung ausgesetzt sind, werden besondere wasser- und schalldichte Fernsprechzellen errichtet. Die Zellen werden aus möglichst vielen durchsichtigen Glasscheiben zusammengesetzt, damit sowohl der Sprechgast das Teilnehmerverzeichnis gut

Abb. 92.
Englische Fernsprechzelle.

Abb. 93. Fernsprechzelle der DRP.
mit Briefmarkenautomaten.

lesen und den Fernsprecher gut bedienen kann, als auch zum Schutz der Einrichtungen und des Geldes gegen Diebstahl und der Zellen gegen gelegentliche Verunreinigung. Damit auch in der Dunkelheit der Sprechgast gut sehen kann und der Schutz durch öffentliche Beobachtung möglich bleibt, werden die Zellen zweckmäßig beleuchtet. Die Ausstattung der Zellen zum bequemen Sprechen, z. B. Tisch zum Nachschlagen des gesicherten Fernsprechverzeichnisses und zum Aufzeichnen von Notizen sowie Sitzgelegenheit, muß so gewählt werden, daß Mißbräuche vermieden werden. In den Ländern, wo der Fernsprech- und Postbetrieb in einer Verwaltung vereinigt sind, können die Sprechzellen auch zweckmäßig gleich für den Postbetrieb mit verwendet werden, z. B. als Briefmarken- und Postkartenautomaten sowie zum Anbringen von Postkästen für Briefeinwurf. Abb. 92 zeigt eine englische

157

Fernsprechzelle, Abb. 93 und Abb. 64 die Fernsprechzelle der Deutschen Reichspost, bei denen, wie sofort zu ersehen ist, die genannten Erfahrungen berücksichtigt worden sind. An wichtigen Verkehrszentren, z. B. großen Bahnhöfen, wird man eine große Anzahl von Münzfernsprechern dem Verkehrsbedürfnis entsprechend aufstellen. Hier kann dann eine Gruppenteilung der Münzfernsprecher vorgenommen werden, so daß einige nur für Ortsverkehr, andere auch für Vororts- und Fernverkehr vorgesehen sind.

Münzfernsprecher sind für das ganze Wirtschaftsleben sehr wichtig, und es wird von ihnen eine große Entwicklung erwartet.

19. Betriebserfahrungen in Selbstanschlußämtern.

Erfahrungen in der Fertigung, Pflege und Organisation.

Erfahrungen, die erst im praktischen Betriebe gemacht werden, sind, soweit sie ungünstig liegen, stets recht kostspielig und bereiten viel Verdruß. Derartige ungünstige Erfahrungen sollten zur Vermeidung von späteren Enttäuschungen und Unkosten sorgfältig gesammelt und in Erinnerung behalten werden, damit sie bei allen künftigen Entwicklungen und auch von der nachfolgenden Generation berücksichtigt werden können; denn wenn die gleichen recht kostspieligen Erfahrungen später noch einmal gemacht werden sollten, ist das nicht nur recht mißlich, sondern gar nicht zu verantworten.

In der langjährigen Entwicklung der Selbstanschlußtechnik sind sehr viele, teilweise recht kostspielige und damit wertvolle Erfahrungen gesammelt worden, die nicht vergessen werden sollten. Hier soll über einige bemerkenswerte und besonders charakteristische Erfahrungen, die seit etwa 1910 gemacht wurden, berichtet werden. Gleichzeitig wird auch angegeben, wie sie in der Praxis, soweit besondere Maßnahmen erforderlich waren, berücksichtigt wurden. Natürlich können nur die wichtigsten von ihnen behandelt werden, weil die Aufzählung sonst viel zu weit führen würde. Bei der Betrachtung des Nachstehenden ist noch zu beachten, daß die Erfahrungen teilweise vor vielen Jahren gemacht wurden, zu einer Zeit also, als die Kenntnis der Eigenschaften der Werkstoffe, überhaupt der gesamten Zusammenhänge der Selbstanschlußtechnik, noch nicht so vollkommen war wie heute; denn die heutigen Erkenntnisse bauen sich zum großen Teil auf den früher gesammelten Erfahrungen auf. Da die vorliegenden Erfahrungen sowohl die Fertigung als auch die Pflege der Einrichtungen und die Organisation der Anlagen umfassen, sollen sie in folgenden Gruppen behandelt werden:

1. Erfahrungen an Relais.
2. Erfahrungen an Wählern.
3. Erfahrungen in der Pflege.
4. Erfahrungen in der Organisation.
5. Erfahrungen bei den Teilnehmern.
6. Erfahrungen beim Aufbau.

Später wird dann über Erfahrungen in der Schaltungstechnik berichtet.

1. Erfahrungen an Relais.

a) Kurz nach der Einschaltung eines der ersten selbsttätigen Ämter wurden, nachdem die allgemeinen Überleitungsschwierigkeiten überwunden waren, Störungen an den Relaiskontakten beobachtet. Die Erscheinung war deshalb besonders unangenehm, weil die Störung meistens nur vorübergehend auftrat. Prüfte man einen gestörten Wähler und grenzte man den Fehler ein, so war dieser, wenn man glaubte, den gestörten Kontakt gefunden zu haben, plötzlich wieder verschwunden. Die geringste Erschütterung oder Berührung der Federn beseitigte in den meisten Fällen die Störung. So ging eine geraume Zeit dahin mit dem Eingrenzen von Fehlern, die von selbst wieder verschwanden. Da nun der Zustand trotz der eifrigsten Prüfung nicht besser, sondern eher schlimmer wurde und sich immer mehr Kontakte an dem neckischen Spiel beteiligten, wurden schließlich Zweifel an der Güte des Kontaktwerkstoffes geäußert. Es wurde daraufhin eine Untersuchung dieses Werkstoffes bei einem Chemiker eingeleitet. Dieser war mit den paar winzigen Kontakten, die ihm zur Verfügung gestellt werden konnten, durchaus nicht zufrieden, sondern forderte erhebliche Mengen, die praktisch ohne Beeinträchtigung des Amtes nicht zur Verfügung gestellt werden konnten. Endlich wurde eine Einigung dahin erzielt, daß er versuchen wollte, mit einer möglichst kleinen Menge auszukommen. Die Untersuchung dauerte geraume Zeit, in der der Zustand des Amtes und damit die Meinung über den Kontaktwerkstoff nicht besser wurden. Nach vielem Drängen wurde endlich ein vorläufiges Ergebnis mitgeteilt; dieses lautete: „Es ist ein Werkstoff, der noch nicht feststeht, mit einem Überzug aus Platin." Nun schien allen Beteiligten die Ursache der Störungen vollkommen klar zu sein, denn man glaubte platinierte Kontakte vor sich zu haben, die natürlich nicht gut sein konnten. Der Zustand wurde unhaltbar. Das Drängen nach einem endgültigen Urteil steigerte sich, und energisch wurde das Ergebnis angefordert, das nach weiteren acht recht unangenehmen Tagen auch eintraf. Darin wurde festgestellt, daß es sich bei dem Werkstoff um eine Legierung aus Platin und Iridium handelte. Damit war wohl die Güte der Kontakte grundsätzlich geklärt, nicht aber die Ursache der vielen Störungen. Mittlerweile hatte eine genaue Untersuchung der Kontakte und Federn stattgefunden, die Spuren von schmierigem Staub auf den Federn nachwies. Eine gründliche Reinigung nicht nur der Kontakte, sondern auch der Federn, nach einem besonderen Verfahren, brachte endlich die ersehnte Besserung. Es waren aufregende Zeiten, in denen die gewagtesten Theorien über das Verhalten von Kontakten, abhängig von Strom, Spannung, Staub, Feuchtigkeit usw., aufgestellt wurden.

Diese Erfahrung war die Ursache, daß Doppelkontakte entwickelt wurden, die sich bekanntlich außerordentlich bewährten, weil sie sich gegenseitig über Schwierigkeiten hinweghalfen, und die die Fehlerzahl gegenüber den Einfachkontakten bei den gleichen Betriebsbedingungen auf $1/_{40}$ herabsetzten.

b) Bei einer anderen Einschaltung traten nach einiger Zeit wieder einmal Kontaktstörungen auf, jedoch von anderer Art als die unter a) beobachteten. Im Gegensatz hierzu blieb die Störung bestehen, so daß sie leicht gefunden und die Ursache einwandfrei festgestellt werden konnte. Es waren keine elektrisch gestörten Kontakte, d. h. Kontakte, die fest aufeinanderliegen, aber z. B. infolge Staubbildung an den Berührungsstellen keinen Kontakt geben, sondern mechanisch gestörte, d. h. solche, bei denen sich die Justierung der Kontakte verändert hatte. Da bisher derartige Erscheinungen mit Veränderung der Kontaktjustierung nie beobachtet worden waren und jetzt plötzlich eine große Zahl derartig gestörter Kontakte gefunden wurde, mußten besondere Gründe dafür vorliegen. Eine genaue Untersuchung zeigte, daß die Relaisfedersätze zum Teil etwas lose waren, was durch Schrumpfen des Isolationswerkstoffes, verursacht durch die natürliche Erwärmung und Abkühlung der Relais, entstanden war. Ein Nachziehen sämtlicher Federsätze war zur Beseitigung der Störungen erforderlich. In der Fertigung wurde diese Erscheinung künftig dadurch berücksichtigt, daß man alle Federsätze mehrmals erwärmte und dann fest zusammenschraubte. Ein wärmebeständiger, nicht hygroskopischer Isolationswerkstoff ist für die Federsätze von der allergrößten Bedeutung.

c) Ein anderes Mal traten nach der Überleitung wiederum Kontaktversager auf, wie sie soeben unter b) geschildert worden sind, wobei sich auch hier anscheinend die Justierung verändert hatte. Eine sofortige Untersuchung ergab jedoch, daß dieses Mal die Federn fest zusammengeschraubt waren, daß also eine andere Ursache vorliegen mußte. Zunächst konnte man diese Erscheinung nicht erklären; denn ein Nachlassen der Federvorspannung — wie das Amtspersonal zur Erklärung dieser Erscheinung behauptete — war bisher noch nie beobachtet worden, zumal die Federn nicht überlastet waren. Endlich wurde die Ursache in den Isolationspimpeln der Relaisanker gefunden. Ein neues verbessertes Herstellungsverfahren der Ankerpimpel in Form der sogenannten Quellpimpel war angewendet worden, das aber keine wärmebeständige Form geliefert hatte. Die Pimpel änderten sich nach der jeweiligen Erwärmung der Relais und damit auch ihr Einfluß auf die Federsätze, so daß bald hier, bald dort Störungen auftraten. Eine Nachjustierung der beeinflußten Federn hatte natürlich keinen dauernden Erfolg; es mußten vielmehr alle Pimpel gegen wärmebeständige ausgewechselt werden, was eine erhebliche Arbeit bedeutete. Die Quellpimpel haben sich später sehr bewährt und sind in ausgedehntem Maße verwendet worden, nachdem der Fertigungsgang der Eigenart des Verfahrens angepaßt worden war und so wärmebeständige Pimpel entstanden.

d) Nach einer anderen Überleitung änderten sich die Relaiszeiten, besonders die Abfallzeiten, mit zunehmender Betriebsdauer. Diese Erscheinung wurde zunächst nicht bemerkt; denn das System arbeitete im allgemeinen noch ganz gut, nur die Sicherheiten wurden an einzelnen Stellen kleiner und kleiner. Nachdem aber die Störungsmeldungen immer mehr zunahmen und trotz sorgfältiger Prüfungen nie etwas Rechtes gefunden wurde, schritt man zu einer eingehenden allgemeinen Untersuchung. Diese ergab, daß sich die Klebstifte der Relais, die aus einem zu weichen Werkstoff angefertigt worden waren, verändert hatten. Die Klebstifte wurden beim Arbeiten der Relais immer breiter und breiter geschlagen, wodurch sie niedriger und die Abfallzeiten der Relais erheblich vergrößert wurden. Eine dauernde Besserung konnte auch hier nur durch eine allgemeine Auswechslung aller Klebstifte erreicht werden, was wieder eine erhebliche Arbeit verursachte.

e) Um diese Erfahrungen reicher, wurden nun die Klebstifte aus einem recht harten Werkstoff, jedoch sparsam in der Stärke, hergestellt. Aber auch diese Maßnahme sollte nicht befriedigen; denn nun war der Werkstoff der Klebstifte viel härter als das weiche Kerneisen, und in der Folge schlugen sich nun die Klebstifte wegen ihrer zu geringen Stärke in das Eisen ein, wodurch wieder erhebliche Schwierigkeiten infolge Änderung der Relaiszeiten eintraten. Auch hierbei mußte eine allgemeine, recht teure Auswechslung aller Klebstifte vorgenommen werden. Auf Grund dieser Erfahrung sind später die Klebstifte durch Klebbleche ersetzt worden.

f) Einen verbesserten Korrosionsschutz sollte das Abbrennen der Eisenteile der Relais mit Öl ergeben. Wohl wurde der beabsichtigte Zweck erreicht, doch blieben auf den Relaiskernen noch so viele Ölrückstände zurück, daß sich zusammen mit dem Staub eine feste Schmiere bilden konnte, die das Abfallen der Relaisanker verhinderte. Eine gründliche Reinigung der Relaiskerne war zur Beseitigung dieser Schwierigkeiten erforderlich. Das Verfahren wurde daraufhin wieder verlassen.

2. Erfahrungen an Wählern.

a) Bei einer Überleitung versagten mitunter die Reibungskontakte der Wähler selbst. Dieser Fall war zunächst recht geheimnisvoll; denn bei Prüfungen stellte man stets ordnungsmäßig arbeitende Wähler mit guter Kontaktgabe fest. Erst nach einer Zeit der gewissenhaftesten Prüfung wurde gefunden, daß die Kontaktarme an einigen wenigen Stellen die Kontakte nicht berührten, sondern gegen die Isolation der Kontaktbänke anlagen. Es ist klar, daß, wenn von 100 a/b-Kontakten eines Hebdrehwählers z. B. 99 gut sind und nur einer mitunter versagt, die untersuchten Wähler stets bei der Prüfung gut waren, weil hierbei gewöhnlich nicht die fehlerhaften, sondern die einwandfreien Kontakte geprüft wurden. Erst eine Untersuchung aller Kontakte jedes einzelnen Wählers und Beseitigung der Berührung behob die Erscheinung. Später wurden die Isolation und die Kontaktarme gekürzt.

b) Einmal wurden Stoßklinkenbrüche beobachtet. Eine Untersuchung der gebrochenen Klinken ergab, daß der Bruch stets an der Stelle entstanden war, an der die Klinken auf richtige Härte geprüft wurden. Da man jede einzelne Klinke gewissenhaft prüfte, wurde bei jeder Klinke der zukünftige Bruch durch die Art der Prüfung unmittelbar vorbereitet. Eine Änderung des Prüfverfahrens beseitigte die Erscheinung.

c) Wähler haben bewegte Teile, die der Abnutzung unterworfen sind. Die Abnutzung hängt außer vom Werkstoff von der guten Pflege und der Schmierung ab. Es ist merkwürdigerweise vorgekommen, daß das Amtspersonal die Schmierung der Wählermechanik verweigerte und verlangte, die Wähler müßten bei gutem Werkstoff ungeschmiert arbeiten. Das ist natürlich einwandfrei nicht möglich und hätte wie bei jeder anderen Maschine zwangläufig eine erhöhte Abnutzung zur Folge. Schmierung ist erforderlich und gehört zur guten Pflege. Es muß gutes säurefreies Mineralöl oder Fett dafür verwendet werden. Teilweise wurden tierische Fette verwendet, die im Betrieb erhärteten, wodurch die Bewegung der Wähler gehemmt wurde und Fehlverbindungen entstanden. Nur richtiges Öl oder Fett gewährleisten guten Betrieb.

d) Der gute Betrieb eines Amtes hängt natürlich auch von der ordentlichen Justierung der Wähler ab. Schlecht justierte Wähler ergeben Fehlverbindungen. Die Justierung war in der Praxis mitunter nicht recht zufriedenstellend, weil die Ausbildung des Amtspersonals nicht immer ausreichte. Auf das gründliche Ausbilden des Personals muß der größte Wert gelegt werden, sonst ist ein einwandfreier Betrieb nicht zu erzielen. Das Amtspersonal sollte daher schon beim Aufbau des Amtes tüchtig mitarbeiten.

3. Erfahrungen in der Pflege.

a) Bei einer Überleitung wurde ein Amtsmechaniker mit einer eigenartigen Störung nicht fertig, die folgendermaßen in Erscheinung trat. Bei den Kontrollen wurde ein Teilnehmer mit einer gestörten Außenleitung gefunden. Eine Störungsmeldung mit der Nummer des Teilnehmers wurde ordnungsmäßig ausgeschrieben, und die Nummer wurde gesperrt. Der Anschluß wurde dann am Prüfschrank geprüft, als gut befunden, und seine Freigabe wurde wieder veranlaßt. Kurze Zeit später wurde der gleiche Teilnehmer wieder mit gestörter Außenleitung gefunden. Wieder wurde ein Störungszettel ausgeschrieben, der zum Prüfschrank wanderte. Bei der Prüfung wurde der Anschluß wieder gut befunden und freigegeben. So wiederholte sich das Spiel in wenigen Stunden mehrere Male, bis der Mechaniker aufmerksam wurde und besondere Meldung machte. Eine eingehende Untersuchung ergab folgendes. Am Zwischenverteiler, der zwischen VW und LW eingeschaltet ist, waren die VW mehrerer Teilnehmer umrangiert worden, ohne daß die Nummern als umrangiert im Buch vermerkt waren. Bei einem dieser Teilnehmer trat eine Leitungsstörung auf, die bei den Prüfungen gefunden wurde. Auf dem Störungszettel wurde nun die Nummer des VW, die in diesem Falle nicht mehr mit der Nummer des Teilnehmers übereinstimmte, eingetragen. Am Prüfschrank wurde dann darauf der Teilnehmer geprüft, dessen Nummer auf dem Störungszettel stand und dessen Leitung in Ordnung war, worauf freigegeben wurde. Da aber die Störung noch bestand, wurde der fehlerhafte Anschluß nach kurzer Zeit wiedergefunden; so ging das Spiel fort, bis der Mechaniker aufmerksam wurde. Es ist sogar vorgekommen, daß VW umrangierter und nicht entsprechend vermerkter

Teilnehmer nur mit großer Mühe wiedergefunden worden sind. Also Vorsicht beim Umrangieren am Zwischenverteiler und gute Führung der entsprechenden Rangierbücher. Es empfiehlt sich, zur Vermeidung derartiger Irrtümer auf den Zwischenverteiler ganz zu verzichten und gelegentliche Umrangierungen in anderer Form vorzunehmen.

b) Teilnehmer mit Mehrfachanschlüssen beklagten sich einmal, daß sie mitunter fehlerhaft angerufen würden. Prüfungen ergaben, daß ihre Anschlüsse in Ordnung waren. Da aber die Klagen nicht verstummen wollten, wurde eine gründlichere Prüfung vorgenommen, die ergab, daß die letzten Leitungen zweier Mehrfachanschlüsse miteinander vertauscht waren. Der Verkehr verlief im allgemeinen ordnungsmäßig über die ersten Leitungen; nur der gelegentliche Spitzenverkehr benutzte die letzten Leitungen, die dann natürlich zu dem falschen Teilnehmer führten. Gewöhnliche Prüfungen in schwachen Verkehrszeiten führten daher immer zu ordnungsmäßigen Verbindungen. Der Fehler war in diesem Falle besonders deshalb recht unangenehm, weil die Teilnehmer der Mehrfachanschlüsse Konkurrenten waren.

c) Nach einer Umschaltung war ein Teilnehmer mit seinem Anschluß durchaus nicht zufrieden; er meldete Störung auf Störung, worauf seine Anlage — es handelte sich um einen Anschluß mit mehreren Nebenstellen — stets untersucht wurde. Besserung trat trotz häufiger Untersuchungen nicht ein, was um so mißlicher war, als der Teilnehmer einen großen Teil seines Geschäfts über Fernsprecher erledigte. Er behauptete aufgeregt, durch den schlechten Betrieb schon erheblich geschädigt worden zu sein. Der Teilnehmer war mittlerweile schon allgemein im Amt bekannt geworden, als Nörgler verrufen und sogar gefürchtet, und das Amtspersonal wurde bei seinen Störungsmeldungen immer unruhiger. Da trat eines Sonntags ein Ereignis ein, das zur Katastrophe führte: Es trat wieder eine Störung auf, der Teilnehmer schimpfte wieder fürchterlich und verlangte sofortige Ausbesserung seines Anschlusses, da er ein wichtiges Gespräch führen wolle. Der Beamte, eingeschüchtert durch die Erregung des Teilnehmers, sagte zu, die Störung sofort beseitigen zu lassen, trotzdem sonntags keine Störungssucher tätig sind. Der Teilnehmer wartete und wartete, aber kein Beamter kam, um seinen Anschluß zu untersuchen; er versuchte wiederholt erregt das Amt zu erreichen und erhielt endlich wieder den Kontrollbeamten. Dieser teilte zur Beruhigung des Teilnehmers mit, daß der Störungssucher unterwegs sei, er möchte sich nur noch ein wenig gedulden. Die Störung wurde natürlich an diesem Tage nicht beseitigt, worauf die Empörung des Teilnehmers ins Ungemessene stieg. Es war klar, daß dieser Fall mit den üblichen Mitteln am Montag nicht mehr in Ordnung zu bringen war. Aus diesem Grunde wurde eine Untersuchung durch höhere Beamte eingeleitet, die folgendes ergab: Der Hauptanschluß und alle Nebenstellen des Geschäftes waren in Ordnung; nun gab es aber noch eine Nebenstelle in der Wohnung des Teilnehmers, mehrere Straßen vom Geschäft entfernt. Auch diese Nebenstelle wurde untersucht, und es wurde gefunden, daß der Nummernschalter dieser Stelle noch nie richtig gearbeitet haben konnte. Man konnte wohl mit den eigenen Geschäftsstellen und mit dem öffentlichen Amt in ankommender Richtung verkehren, in abgehender Richtung dagegen ließ der vollkommen gestörte Nummernschalter keinen Verkehr zu. Nun erinnerte sich der Teilnehmer, daß die Geschäftsanschlüsse stets richtig gearbeitet hatten, nicht aber der nur gelegentlich benutzte Wohnungsanschluß, daß die Störungssucher wohl stets die Geschäftsanschlüsse, nie aber den Wohnungsanschluß untersucht hätten. Man sieht, daß Erregung einerseits und unrichtige Auskünfte andererseits weder die Lösung von Aufgaben noch das gute Einvernehmen fördern.

d) Gelegentlich wurde durch die Unvorsichtigkeit eines Mechanikers die Hauptsicherung der Unterbrechermaschine des Amtes, die den Unterbrecherstrom für die Drehmagnete aller Wähler lieferte, zerstört. In großer Hast, da das ganze Amt in einem solchen Fall in Mitleidenschaft gezogen wird, wurde eine neue Sicherung eingesetzt. Diese hielt aber auch nicht, sondern ging ebenfalls sofort durch, obgleich ein unmittelbarer Kurzschluß gar nicht mehr bestand. Sicherung auf Sicherung wurde nun ohne großes Überlegen eingeschraubt, aber keine wollte halten. In der Hast, mit der gearbeitet wurde, ging alle ruhige Überlegung vollkommen verloren. Dieser eigenartige Vorgang findet folgende Erklärung: Je länger der Unterbrecherstrom fehlte, um so mehr Teilnehmer hatten gewählt und Wähler eingestellt, die dann vor der Kontaktreihe stehenblieben und auf den Unterbrecherstrom warteten. Wurde jetzt eine Sicherung eingesetzt, so drehten plötzlich sämtliche eingestellten Wähler, so daß die Sicherung natürlich überlastet wurde und nicht halten konnte. Auf diese Weise, Einschrauben der Hauptsicherung, ist der Betrieb in einem solchen Falle nicht wieder in Gang zu bringen. Es müssen vielmehr, was jetzt selbstverständlich erscheint, alle Gestelle ausgeschaltet und nach Einsetzen der Hauptsicherung nacheinander wieder eingeschaltet werden. Das wurde dann auch nach dieser Begebenheit durch Vorgesetzte veranlaßt. Es zeigt sich hier deutlich, daß Ruhe, besonders in außergewöhnlichen Fällen, bewahrt werden muß.

e) Für die Entstaubung eines Amtes war einmal Preßluft und Saugluft vorgesehen. Die Preßluft sollte den Staub aufwirbeln, die Saugluft ihn abführen. Wohl wirbelte die Preßluft den Staub kräftig auf, doch wurde nur ein Teil des Staubes von der Saugluft abgeführt, so daß sich der andere Teil an anderen Stellen wieder niederschlagen konnte. Da auch die Preßluft selbst nicht sauber war, sondern Öl- und Schmutzteilchen enthielt, traten durch diese Art der Entstaubung viele Störungen auf. Es empfiehlt sich, für die Entstaubung nur Saugluft zu verwenden.

4. Erfahrungen in der Organisation.

a) Nach einer Überleitung waren die wichtigen Dienststellen, Auskunfts-, Störungs- und Prüfstellen, mit jungen Beamtinnen besetzt, die schlecht und recht den Dienst versahen. Da an diesen wichtigen Stellen nur die besten Kräfte mit der vorzüglichsten Ausbildung eingesetzt werden sollten und die Ausbildung zu wünschen übrig ließ, wurde in besonderer Weise mit besonderen Personen eine eingehende, tagelange Ausbildung der Beamtinnen vorgenommen. Als sich die Beamtinnen nun einigermaßen eingearbeitet hatten und den Dienst zufriedenstellend versahen, wurden sie plötzlich versetzt und durch andere Beamtinnen ersetzt. Eine Nachfrage ergab, daß der Dienst dies so erforderte. Neue Ausbildungsarbeit mußte geleistet werden, die nach einiger Zeit wieder vergeblich war, weil die Beamtinnen wieder planmäßig ausgetauscht werden mußten. Bei Überleitungen sollte man mit dem Austausch von Beamtinnen recht vorsichtig sein, u. U. nur einzelne, nicht aber den ganzen Stamm eingearbeiteter Beamtinnen austauschen.

b) In einem halbselbsttätigen Amt gab es Schwierigkeiten, anscheinend durch zu starken Verkehr. In Wirklichkeit reichten die Verkehrsmittel vollkommen aus, nur der Dienstantritt der Beamtinnen war unzweckmäßig. Die Beamtinnen wurden nicht nach dem Verkehrsbedürfnis, sondern nach der jeweiligen gerade bestehenden Dienstzeit eingesetzt, so daß Verkehrsklemmungen unvermeidlich waren. Wähler und Verbindungsleitungen waren in genügender Anzahl vorhanden; trotzdem mußten die Teilnehmer warten, weil nicht genügend Beamtinnen zur Verfügung standen. Je länger nun dieser Zustand dauerte, um so mehr Teilnehmer warteten, um so größere Mühe machte es, diese Anhäufung von wartenden Teilnehmern durch erhöhte Dienstleistung zu beseitigen.

c) In einem Amt traten nach der Überleitung in einer Gruppe erhebliche Verkehrsklemmungen ein. Eine Nachprüfung ergab, daß 50 Anschlüsse eines einzigen Mehrfachanschlusses mit sehr starkem Verkehr in einer 100er-Gruppe eingeschaltet waren. Die Gruppe mußte daher stark überlastet sein. Für die Verteilung des Verkehrs gibt es zwei Arten. Entweder man verteilt die Anschlüsse willkürlich, paßt die Wählerzahl jeder einzelnen Gruppe an und kommt damit zu sehr verschiedenen Gruppen, oder aber die Anschlüsse werden auf die Gruppen so verteilt, daß ein möglichst gleichmäßiger Verkehr in den Gruppen erzielt wird. Die letzte Art wird allgemein wegen ihrer Einfachheit und Wirtschaftlichkeit vorgezogen. Sie erfordert aber eine gleichmäßige Verkehrsverteilung, die in dem geschilderten Falle versäumt worden war.

d) Die Anweisungen an das Personal sollen natürlich möglichst eindeutig und klar sein, sonst können Mißverständnisse vorkommen. Es ereignete sich einmal, daß Ölung eines Amtes angeordnet wurde, worauf sogar die Relaiskontakte geölt wurden, was unzulässig ist.

e) Die Umschaltung der Teilnehmer vom alten auf das neue Amt in einer Nacht sollte bei großen Anlagen nicht durch Umlöten am Hauptverteiler stattfinden, weil das Personal auf engem Raum in großer Hast arbeiten muß. Sie sollte vielmehr nur durch Herausnahme der alten und Einsetzen der neuen Sicherungen am alten und neuen Hauptverteiler vorgenommen werden. Das hastige und unbequeme Arbeiten des Personals am Hauptverteiler verursacht sonst, wie es sich vielfach gezeigt hat, so viele Fehler, daß wochenlanges Arbeiten dazu gehört, diese Fehler wieder zu beseitigen.

5. Erfahrungen bei den Teilnehmern.

a) Bei der Überleitung werden entweder neue Geräte bei den Teilneh-mern neben den alten Geräten aufgestellt und angeschlossen, aber zunächst noch plombiert; oder aber, die neuen Geräte sind schon mit dem alten Amt in Betrieb und nur die Fingerscheibe ist plombiert. Werden nun die Teil-nehmer auf das neue Amt umgeschaltet, so erhalten sie Mitteilung, daß ent-weder die Zuführung zum alten Fernsprecher oder aber die Plombe der Finger-scheibe durchgeschnitten werden soll. Es ist nun schon häufig vorgekommen, daß in diesem Falle die Teilnehmer die Schnur zu dem Handapparat oder die Zuführungsschnur zu dem neuen Gerät durchgeschnitten haben. In bei-den Fällen ist das Gerät zerstört und ein Fernsprechverkehr nicht mehr mög-lich. Eine recht genaue Bezeichnung der Schnittstelle ist unbedingt erfor-derlich.

b) Weiter ist es vorgekommen, daß Teilnehmer die Fingerscheibe nicht bedienen konnten. Zum Wählen einer vierstelligen Zahl wurden z. B. alle 4 Finger gleichzeitig in die entsprechenden Öffnungen der Fingerscheibe ge-steckt; es wurde versucht, auf diese Weise die Verbindung herzustellen. An-dere Teilnehmer ziehen die Fingerscheibe zuerst mit der niedrigsten Zahl auf, lassen dann die Scheibe nicht los, sondern drehen sie weiter bis zur nächsthöheren Zahl und so fort, bis sie endlich die höchste Zahl erreicht haben. Dann erst lassen sie die Scheibe sich in die Ruhelage zurückdrehen. Weiter werden in der ersten Zeit Zehner und Einer häufig verwechselt. Von solchen Beispielen über fehlerhafte Bedienung der Fingerscheibe läßt sich noch eine ganze Reihe aufzählen.

c) Fehlerhafte Bedienung der Nebenstellenschränke, verursacht durch nicht ausreichende Aufklärung der Vermittlungspersonen, sind ebenfalls häufig genug vorgekommen. Das ist besonders mißlich, weil an den Neben-stellenschränken der größte und wichtigste Teil des Verkehrs vermittelt wird.

d) Auch die Hörzeichen des Amtes machen in der ersten Zeit Schwie-rigkeiten und werden oft nicht verstanden. Das rechtzeitige Vertrautwerden der Teilnehmer mit der richtigen Handhabung der neuen Einrichtungen und das Verständnis der Hörzeichen können nicht ausführlich und gründlich genug gefördert werden. Zweckmäßige Bedienungsanleitungen für die Teil-nehmer und Nebenstellenbeamtinnen sind daher unbedingt erforderlich. Im anderen Falle treten Unannehmlichkeiten auf, die sich zum größten Teil vermeiden lassen.

6. Erfahrungen beim Aufbau.

Nach einer Überleitung wurden viele Störungen gemeldet, ohne daß etwas gefunden wurde. Nachdem sich der Zustand trotz der besten Pflege nicht besserte, schritt man wieder zu einer allgemeinen gründlichen Unter-suchung. Diese ergab, daß die Verkabelung im Amt beim Aufbau zum Teil schlecht gelötet war und kalte Lötstellen aufwies. Derartige „kalte" Löt-stellen sind sehr schwer zu finden, weil eine solche Lötstelle einmal gut, dann aber wieder schlecht ist. Bleibt sie einige Zeit in Ruhe, wird sie schlecht; kommt man nur leicht dagegen, wird sie wieder gut. Mit dem Auge kann man eine solche schlechte Lötstelle nicht finden, weil das Zinn anscheinend gut um alle Teile geflossen ist, trotzdem aber nicht gebunden hat. Ist eine Störung gemeldet, wird die Ursache gesucht und der Fehler eingegrenzt, so genügt mitunter die kleinste Erschütterung, um die Lötstelle zunächst wieder für einige Zeit in Ordnung zu bringen; der Fehler ist verschwunden und kann nicht mehr gefunden werden. Derartige Fehler, die zeitweise auftreten und dann wieder verschwinden, sind für eine Anlage am allerschlimmsten. Die Fehler bleiben bestehen, die Ursache wird nicht beseitigt, und in der nächsten Zeit sind die Fehler wieder da, um das Personal ruhelos zu beschäftigen. Hier hilft auch nur sorgfältige Prüfung und gutes Nachlöten aller Fehlerstellen. Auch der Aufbau kann ein sonst gut hergestelltes Amt recht ungünstig beeinflussen.

Erfahrungen in der Schaltungstechnik.

Außer den bisher besprochenen Erfahrungen in der Fertigung, Pflege und Organisation liegen aber noch viele Erfahrungen schaltungstechnischer Art vor, die teilweise ebenfalls recht kostspielig waren und damit wertvoll geworden sind. Allerdings lassen sich ungünstige schaltungstechnische Erfahrungen größtenteils in einfacher Weise mit einem Lötkolben beseitigen, im Gegensatz zu ungünstigen konstruktiven Erfahrungen, die u. U. Änderungen in der Fertigung und vielfach Auswechslung von Teilen notwendig machen. Andererseits lassen sich die Konstruktionen im Dauerversuch, bei dem möglichst getreu alle Bedingungen der Praxis nachgebildet werden, ziemlich gut prüfen; die Schaltungen dagegen können wohl einzeln im Laboratorium genau geprüft werden, das willkürliche Zusammenarbeiten aller Stromkreise untereinander jedoch, wie es in der Praxis bei starkem Betrieb vorkommt, kann nicht nachgebildet und deshalb auch nicht geprüft werden. Daher entscheidet erst der praktische Betrieb über die Brauchbarkeit der Schaltungen, natürlich auch über die der Konstruktionen. Die Sammlung der schaltungstechnischen Erfahrungen und ihre spätere Berücksichtigung bei der weiteren Entwicklung ist daher ebenfalls außerordentlich wichtig.

Die nachfolgend aufgeführten Erfahrungen schaltungstechnischer Art werden in einer anderen als der bisherigen Form behandelt, weil vielfach die gleichen Erfahrungen in den verschiedensten Ämtern gesammelt werden mußten. Sie werden deshalb in Gruppen mit gleichartigen Ursachen zusammengefaßt. Weiter ist eine Unterteilung in Ursachen der Schwierigkeiten und in deren Folgen in der Praxis vorgenommen.

7. Ursachen von Schwierigkeiten.

a) Stromstoßübertragung und Verzerrung.

Die Stromstoßübertragungen, die die Grundlage der gesamten Selbstanschlußtechnik bilden, machten in der ersten Zeit durch viele ungünstige, zum Teil unbekannte Einflüsse der Praxis erhebliche Schwierigkeiten. Diese schädlichen Einflüsse wurden zunächst von den verschiedenartigsten Freileitungen, bestehend aus Bronze oder Eisen mit unterschiedlichem Aderdurchmesser, und von Kabelleitungen ausgeübt, deren Zustand zudem außerordentlich verschieden war. Besonders die Hauseinführungen bei Teilnehmerleitungen ließen viel zu wünschen übrig. Teilweise waren recht schlechte und sogar sehr veränderliche Werte für die Charakteristik der Leitungen, die durch Widerstand, Induktivität, Kapazität und Ableitung gekennzeichnet wird, vorhanden, die vielfach nicht einmal bekannt waren. Man verlangte, daß die Stromstoßgabe bei den größten vorkommenden Widerständen und bei den kleinsten Nebenschlüssen arbeiten sollte. Z. B. wurden vielfach mehrere tausend Ohm in Schleife und nahezu der gleiche Wert als zulässiger Nebenschluß verlangt. Leitungen mit derartig schlechten Werten wurden tatsächlich nach Überleitungen gefunden, besonders, wenn das alte Amt, das außer Betrieb gesetzt und durch ein Selbstanschlußamt ersetzt wurde, Ortsbatteriebetrieb gehabt hatte. Immer wieder wurde gefordert, daß das Selbstanschlußamt mit derartig schlechten Leitungen arbeiten sollte, was natürlich vollkommen unmöglich ist. Erst sehr zögernd setzte sich die Erkenntnis durch, daß die Naturgesetze auch in der Selbstanschlußtechnik anzuerkennen sind und berücksichtigt werden müssen. Natürlich können selbsttätige Ämter nur mit bestimmten Grenzwerten der Leitungen für Widerstand, Induktivität, Kapazität und Nebenschluß einwandfrei arbeiten, und die angeschlossenen Teilnehmer- und Verbindungsleitungen müssen diesen Werten genügen.

Zu den Eigenarten der Leitungen traten die Schwankungen in der Stromstoßgabe durch die verschiedenen Nummernschalter hinzu, die sowohl in der Geschwindigkeit als auch im Stromstoßverhältnis unterschiedlich sein konnten. Auch hier war es zunächst schwierig, die Pflege so einzurichten, daß die Nummernschalter mit ihren Werten innerhalb der zulässigen Abweichungen lagen. Alle Nummernschalter sollen über die Leitungen mit allen Stromstoßrelais arbeiten, die ihrerseits alle mit gewissen zulässigen Abweichungen behaftet sind. Alle diese Abweichungen müssen untereinander abgestimmt sein, sonst ist ein ordnungsmäßiger Betrieb nicht möglich.

Weiter kommen noch die Verzerrungen durch die Stromstoßrelais selbst hinzu. Da die Ansprech- und Abfallzeiten für die verschiedenen Stromwerte nicht einander gleich, sondern verschieden sind, ist damit eine Stromstoßverzerrung ohne weiteres gegeben. Bei starkem Strom, also großer Erregung des Relais, ist die Ansprechzeit kurz und die Abfallzeit lang; bei schwachem Strom, also kleiner Erregung, ist die Ansprechzeit lang und die Abfallzeit kurz. Dieser Einfluß ist besonders dann recht groß, wenn eine mehrfache Übertragung der Stromstöße über Verbindungsleitungen mit ihren verschiedenen Eigenschaften erforderlich ist, weil sich dann gewöhnlich die Verzerrungen der Relais addieren. Die Stromstoßrelais haben deshalb besonders schwierige Bedingungen zu erfüllen; denn sie sollen mit den verschiedensten Leitungseinflüssen ordnungsgemäß arbeiten. Sie sollen einmal bei großem, dann bei kleinem Leitungswiderstand arbeiten, einmal bei großem, dann bei kleinem Nebenschluß, ebenso bei veränderlicher Kapazität und Induktivität. Um für sie die beste Justierung, die unter all den verschiedenen Umständen die geringste Verzerrung verursacht, zu finden, bedarf es langwieriger und gewissenhafter Laboratoriumsuntersuchungen. Da früher alle diese Einflüsse nicht so vollkommen bekannt waren, ist es verständlich, daß mitunter die Justierung der Stromstoßrelais, besonders ihr Klebstift, in der Praxis angepaßt wurde; denn regelbar sind, wenn die Erregung festliegt, nur die Belastung und der magnetische Kreis, der durch den Klebstift beherrscht wird. Später wurden für die größeren Anforderungen der neuzeitlichen Technik, Ausdehnung der Wahl auf immer größere Entfernungen und damit auch Steigerung der Zahl der Stromstoßübertragungen, Stromstoßentzerrer entwickelt und eingeführt.

b) Reststromstöße.

Reststromstöße sind unbeabsichtigte kurze Stromstöße, die Fehleinstellung von Wählern verursachen können. Sie machten nicht allein in der ersten Zeit viele Schwierigkeiten, weil sie größtenteils nur bei starkem Verkehr im praktischen Betrieb auftreten und dann mit den gewöhnlichen im Amt zur Verfügung stehenden Mitteln nicht zu erkennen sind. Nur mit einem Oszillographen, der wohl im Laboratorium aber nicht im Amt vorhanden ist, können Reststromstöße erkannt werden. Aber selbst mit einem Oszillographen lassen sie sich nur sehr schwierig nachweisen, weil sie gewöhnlich nur beim Zusammenarbeiten vieler Stromkreise unter ganz bestimmten Betriebsbedingungen auftreten, die natürlich zunächst nicht bekannt sind und erst erforscht werden müssen.

Die Ursachen der Reststromstöße sind bei Relais zu suchen, die unter bestimmten Betriebsbedingungen, besonders an Leitungen mit ihren veränderlichen Werten, nicht einwandfrei arbeiten. Relaisanker oder Relaisfedern können beim Anzug oder Abfall prellen, oder aber die Arbeitszeiten der Relais können ungünstig beeinflußt werden, wenn z. B. Prüfrelais über Leitungen mit hohem, besonders induktivem Widerstand bei niedriger Batteriespannung zu langsam ansprechen. Die Beeinflussungen der Relais durch die unvorhergesehenen Einflüsse der Praxis sind deshalb recht unangenehm, weil sie unter Umständen sehr schwierig zu beseitigen sind. Man muß daher vom Laboratorium fordern, daß bei der Entwicklung alle vorkommenden Einflüsse der Praxis berücksichtigt werden, was natürlich recht schwierig ist. Von der Fertigung muß man Relais mit unveränderlichen Relaiszeiten und mit möglichst kleinen Abweichungen dieser Zeiten untereinander fordern. Reststromstöße können ferner durch induktive und kapazitive Entladungen verursacht werden, die noch eingehend in Abschnitt 7d behandelt werden.

c) Freiprüfung und Sperrung.

Alle Prüfrelais sollen in bestimmten unveränderlichen Zeiten ihre Schaltungen ausführen; sie sollen nicht zu schnell, aber auch nicht zu langsam ansprechen. Sie sollen die Wähler mit Sicherheit auf der belegten Leitung stillsetzen und diese Leitung so schnell wie möglich sperren. Die Zeiten gründen sich auf die elektrischen Eigenschaften der Wähler. Arbeiten die Prüfrelais zu schnell, so erhalten die Wähler einen zu kurzen Stromstoß und schleudern unter Umständen; arbeiten sie zu langsam, so bekommen die Wähler einen weiteren Reststromstoß und schleudern ebenfalls; außerdem werden die belegten Leitungen sehr spät gesperrt. In allen solchen Fällen entstehen größtenteils Fehlverbindungen. Die Zeiten der Prüfrelais werden in der Praxis von den Stromverbrauchern in den Prüfstromkreisen besonders der Leitungen beeinflußt, die teilweise sehr verschieden und veränderlich sind. Bleibt die vom Wähler belegte Leitung im eigenen Amt, so sind keine besonderen zusätzlichen Leitungseinflüsse vorhanden, so daß Schwierigkeiten nicht auftreten können; führt sie aber nach einem fremden Amt, so kommen hier wieder die verschiedensten Leitungseinflüsse zur Auswirkung, wie sie schon im Abschnitt 7a behandelt worden sind. Man ersieht, daß die Arbeitsbedingungen der Prüfrelais durch die vielen verschiedenen Leitungseinflüsse recht verschieden sind und deshalb auch die Arbeitszeiten verschieden sein können. Es ist klar, daß an dieser wichtigen Stelle durch die Einflüsse der Leitungen erhebliche Schwierigkeiten entstehen können und auch entstanden sind. Auch die Amtsverbindungsleitungen müssen bestimmte Bedingungen erfüllen und dürfen in ihren Werten nicht die zulässigen Abweichungen überschreiten. Die Zeiten der Prüfrelais können bei ordentlichen Leitungen, die nur die zulässigen Abweichungen aufweisen, ausreichend genau bestimmt werden.

d) Induktive und kapazitive Entladungen.

Induktive und kapazitive Entladungen sind die Ursachen von unbeabsichtigten Schaltvorgängen in der Selbstanschlußtechnik und von unangenehmen Knackgeräuschen in den Fernhörern. Sie sind besonders deshalb sehr unangenehm, weil sie beim Entwerfen der Schaltung nicht erfaßt und bei deren Durchprüfung im Laboratorium nicht immer gefunden werden. Erst die Praxis bringt auch sie an den Tag. Ihre Beseitigung ist meistens recht unbequem, weil sie gewöhnlich nicht mit einfachen Mitteln möglich ist. Vielfach kann nicht die Ursache, sondern nur die Wirkung bekämpft werden. Eine charakteristische Ladung oder Entladung eines Kondensators, die in der Praxis häufig recht viel Schwierigkeiten bereitete, ist diejenige des Kondensators des Teilnehmergerätes nach dem Rufen. Je nach der Phase des Rufstromes bei seiner Abschaltung tritt eine mehr oder weniger starke Ladung oder Entladung des teilweise sehr verschieden großen Kondensators über das Linienrelais des Leitungswählers ein, das dann mitunter anzieht, den Rufstrom unterbricht und den Leitungswähler durchschaltet. Zur Abhilfe wurde auch hier die Wirkung bekämpft, indem eine Dämpfung des Linienrelais vorgesehen wurde. Ladungen und Entladungen der Kondensatoren im Sprechkreis machen sich durch Knackgeräusche bemerkbar, die durch Änderung der Schaltvorgänge gemildert werden können. Charakteristische induktive

Entladungen sind diejenigen der Stromstoßrelais, die aber trotz ihrer Größe gewöhnlich unschädlich sind. Zur Herabsetzung ihrer verhältnismäßig großen Induktivspannung können kleine Löschkondensatoren, z. B. am Stromstoßkontakt des Teilnehmergeräts, vorgesehen werden. Werden durch irgendwelche Ladungen oder Entladungen Schaltvorgänge ausgelöst, so muß gewöhnlich eine Änderung der Schaltung, die mitunter nicht einfach ist, vorgenommen werden.

e) Stromverzweigungen.

Stromverzweigungen sind, besonders wenn sie sich über das ganze Amt erstrecken, wegen ihrer schwierigen Fehlereingrenzung möglichst zu vermeiden, was aber nicht immer möglich ist. Die Batterie-, Rufstrom-, Hörzeichen- und Zeichenleitungen sowie die Leitungen zu den sogenannten Abschaltungen bilden derartige ausgedehnte Stromverzweigungen. Alle Leitungen, die zu solchen Stromverzweigungen gehören, müssen von den Sprechleitungen getrennt und besonders sorgfältig geführt und gesichert werden. Für die Fehlereingrenzung sind Trennstellen in genügender Zahl vorzusehen.

Batterie-, Rufstrom- und Hörzeichenleitungen bilden gewissermaßen Netze für die Energieverteilung. Die Zeichenleitungen dagegen fassen die einzelnen Zeichen an einer Stelle zusammen. In ihnen liegen Zeichenrelais, die schwierige Bedingungen zu erfüllen haben, weil sie mit schwachem, aber auch mit sehr starkem Strom arbeiten sollen, ohne sich besonders stark zu erwärmen.

Die Bedeutung der Energieverteilungs- und der Zeichennetze geht aus folgender Begebenheit hervor. In einem Amt entstand plötzlich ein riesiger Verkehr, dessen Ursache zunächst nicht zu erklären war. Später stellte man fest, daß die Rufstromverteilung versagte, weil die Maschine stillstand. Die Teilnehmer konnten daher nicht angerufen werden. Darauf wurde das Zeichen „fehlender Rufstrom" eingeführt.

Die Abschaltung soll das unnütze Laufen der I. und II. VW verhindern. Ihre Stromkreise erstreckten sich früher über eine große Zahl von Wählern, die zum Teil in verschiedenen Rahmen angeordnet waren, so daß die Abschaltung sehr ausgedehnt, schwierig zu überblicken und zu prüfen war. Vorkommende Fehler machten sich durch unnützes Laufen der Vorwähler bemerkbar, wodurch eine Unruhe im Amt entstand, die die nicht einfache Fehlereingrenzung und -beseitigung ungünstig beeinflußte. Aus diesem Grunde wurde später eine vereinfachte Abschaltung eingeführt.

Fehler in allen diesen Stromverzweigungen gehören mit zu den unangenehmsten der gesamten Selbstanschlußanlage, wie es sich bei den früheren Überleitungen gezeigt hat. Ihre Eingrenzung und Beseitigung sollte nach Möglichkeit erleichtert werden.

f) Schaltzeiten.

Die Schaltzeiten, besonders die der Relais, spielen in der Selbstanschlußtechnik eine wichtige Rolle; denn von ihnen hängt der richtige Aufbau der Verbindungen ab. Eine Veränderung dieser Zeiten ergibt größtenteils Fehlverbindungen. Die Relaiszeiten müssen im Laboratorium richtig bestimmt

und auch so in der Praxis aufrechterhalten werden. Relaiszeiten ändern sich
in der Praxis bei guter Fertigung der Relais unter Verwendung richtiger
Werkstoffe, bei denen aber auch die Alterung berücksichtigt werden muß,
nicht, wenn ändernde äußere Einflüsse von der Pflege ferngehalten werden.
Veränderungen der Wählerzeiten sind niemals, der Relaiszeiten mitunter
beobachtet worden. Erfahrungen über derartige Änderungen wurden im ersten
Teil dieser Arbeit schon mitgeteilt.

g) Bemessung der Verkehrsmittel.

Die richtige Bemessung der Verkehrsmittel machte in der ersten Zeit
große Schwierigkeiten, weil weder eine ordentliche Berechnungsart noch der
der Rechnung zugrunde zu legende Verkehr genügend bekannt waren. Für
die Leistung vollkommner Bündel lagen nur wenige, voneinander sogar
abweichende Werte vor, die aus der Handamtstechnik stammten. Irgendwelche Angaben über den Wirkungsgrad waren nicht vorhanden. Unvollkommene Bündel, über deren Leistung viel gestritten wurde, steckten noch
in den Anfängen der Entwicklung. Da weiter über die Wirksamkeit gewisser
Wähleranordnungen, z. B. der II. VW, ebenfalls verschiedene Meinungen
bestanden, war die Art der Bemessung der Verkehrsmittel recht unsicher.
Andererseits war der Verkehr, den ein neues Selbstanschlußamt bewältigen
sollte, auch nicht recht bekannt, weil der bestehende Verkehr in den alten
Handämtern nicht gemessen, sondern nur beobachtet wurde und die Beobachtungen mit vielen persönlichen Fehlern behaftet waren. Man beobachtete
höchstens die Gespräche, ohne auf die gesamten Belegungen zu achten. Zu
diesen unsicheren beobachteten Werten wurden dann noch mehr oder weniger
große Sicherheitszuschläge gemacht, wodurch die Unterlagen für die Bemessung
der Verkehrsmittel noch unsicherer wurden. Ebenso wie die Größe waren
auch Richtung und Eigenarten des Verkehrs nicht bekannt. Weiter bestanden Unsicherheiten in der Verteilung der Teilnehmer und damit des Verkehrs
in den neuen Selbstanschlußämtern. Es wurde aus Gründen der Einfachheit,
Übersichtlichkeit und Wirtschaftlichkeit angestrebt, möglichst alle Gruppen
gleichmäßig zu belasten. Da aber der Verkehr wenig bekannt war, kamen
Ungleichmäßigkeiten vor, die erst ganz allmählich beseitigt werden konnten.
Später wurden deshalb die einzelnen Gruppen zunächst nicht voll belegt
und im Laufe der Zeit mit Teilnehmern aufgefüllt, die einen den Gruppen
entsprechenden Verkehr aufwiesen. Das heißt, die anfänglichen Reserven
wurden nicht in einer Gruppe angeordnet, sondern auf alle Gruppen verteilt.
Es ist klar, daß aus allen diesen Gründen anfänglich manche Verkehrsklemmungen auftraten, die Verbindungen nicht zustandekommen ließen.

8. Folgen in der Praxis.

a) Schleudern der Wähler.

Wähler schleudern, wenn sie entweder schlecht eingestellt sind, was
schon behandelt wurde, oder aber zu kurze Stromstöße, u. U. Reststromstöße,

erhalten. Es gibt viele Ursachen zu kurzer Stromstöße: Zunächst mangelhafte Stromstoßübertragung, verursacht durch Nummernschalter mit der zugeordneten Leitung, durch Stromstoßrelais vorgeschalteter Übertragungen und schließlich durch das Stromstoßrelais des eigenen Wählers. Die Ursachen mangelhafter Stromstoßübertragung sind schon in Abschnitt 7a behandelt. Dann Reststromstöße, über deren zahlreiche Ursachen ebenfalls schon in Abschnitt 7b berichtet worden ist. Weiter können mangelhafte Prüfung und Sperrung die Ursache sein, die schon unter Abschnitt 7c, und Veränderung der Schaltzeiten, die schon im Abschnitt 7f untersucht worden sind. Andere Ursachen, die vorstehend nicht schon behandelt sind, kommen nicht in Betracht.

b) Fehlverbindungen.

Fehlverbindungen sind Verbindungen, die bei richtiger Bedienung des Teilnehmergerätes und bei richtiger Nummernwahl zu keiner ordentlichen Verbindung führen; dabei sind Verbindungen zu besetzten Teilnehmern zu den ordentlichen Verbindungen zu rechnen. Da alle Mängel des Amtes sich größtenteils in Fehlverbindungen auswirken, führen auch alle auf Grund der Erfahrungen besprochenen Mängel unter 7a bis d, f und g zu derartigen Fehlverbindungen. Bei ordnungsgemäßer Pflege und einwandfreiem Netz ist die Zahl der Fehlverbindungen recht klein. In solchen Fällen werden weit weniger als 1% Fehlverbindungen beobachtet.

c) Doppelverbindungen.

Doppelverbindungen sind eine besondere Art von Fehlverbindungen, die es wegen ihres unheilvollen Einflusses auf den Betrieb berechtigt erscheinen lassen, sie besonders zu behandeln. Sie sind in der Praxis mitunter beobachtet worden und haben die verschiedensten Ursachen. Zunächst ist das Schleudern der Wähler, das im Abschnitt 8a behandelt worden ist, die am häufigsten vorkommende Ursache. Eine weitere Ursache ist eine nicht ordentliche Prüfung und zu späte Sperrung, die in Abschnitt 7c besprochen wurden. In früheren Zeiten war weiter ein Zurückfallen der Wähler beobachtet worden, das auf zu kurze Stromstöße, gemäß Abschnitt 7b, zurückzuführen war. Doppelverbindungen haben daher keine besonderen, sondern nur solche Ursachen, die in den früheren Abschnitten schon behandelt worden sind. Ihre Zahl ist bei ordentlicher Pflege und einwandfreiem Netz gleich Null.

Schlußbetrachtung.

Aus allen diesen verhältnismäßig wenigen, aber charakteristischen und zum Teil recht kostspieligen Erfahrungen geht klar die große Wichtigkeit einer guten Fertigung unter Verwendung des besten Werkstoffes in richtiger Verformung, einer gründlichen Laboratoriumsuntersuchung sowie einer guten Pflege und Organisation der Ämter hervor. Alles das hat sich wiederum auf die schon früher gesammelten Erfahrungen zu stützen. Neben einer recht großen Erfahrung gehört zur Fertigung eine gute Werkstoffprüfstelle, die die verwendeten Werkstoffe ständig und gründlich auf ihre Brauchbarkeit für den jeweiligen Zweck prüfen muß. Gleichzeitig ersieht man aber auch die große Bedeutung der Laboratoriumsuntersuchungen, die alle Einflüsse der Praxis in den beliebigsten Zusammenstellungen erfassen sollen. Es gibt in der Selbstanschlußtechnik infolge der Vielzahl der verwendeten Teile keine Kleinigkeiten. Hier gilt ganz besonders: „Kleine Ursachen, große Wirkungen." Um welche Vielzahl von Teilen es sich handelt, zeigt die nachfolgende Aufstellung, die die Teile in einem Selbstanschlußamt für 10000 Teilnehmer im 5-Ziffern-System mit gewöhnlichem Verkehr angibt. In einem derartigen Amt sind etwa vorhanden:

$$
\begin{array}{rl}
3\,300 & \text{Hebdrehwähler,} \\
11\,000 & \text{Drehwähler,} \\
38\,000 & \text{Relais,} \\
210\,000 & \text{Federkontakte und} \\
1\,400\,000 & \text{Schleifkontakte.}
\end{array}
$$

Daraus kann deutlich der große Einfluß ersehen werden, den derartige Teile haben können, wenn sie nicht in Ordnung sind und auf Grund von neuen Erfahrungen entweder verändert oder sogar ausgewechselt werden müssen. Eine sorgfältige Sammlung aller Betriebserfahrungen und ihre Berücksichtigung bei künftigen Entwicklungen ist daher unbedingt erforderlich. Nur auf Grund einer großen Erfahrung, die alle Eigenarten der Praxis erfaßt, können zufriedenstellende Selbstanschlußsysteme geschaffen werden. Nur derjenige wird in der Praxis die meisten Erfolge mit den wenigsten Rückschlägen erzielen können, der die früher gesammelten Erfahrungen eingehend studiert, im Gedächtnis behält und später zweckmäßig verwertet.

Zusammenfassung.

Die allgemeine Einführung der Wählertechnik in den Ortsverkehr war ein großer technischer, wirtschaftlicher und betrieblicher Erfolg, der durch den weiteren Ausbau und die weitere Ausdehnung der Selbstanschlußtechnik mit ihren vielen Möglichkeiten noch erheblich gesteigert werden kann. Ein gutes Beispiel dafür bilden die verschiedenen Arten der Nebenstellenanlagen, die durch die Einführung diesem Betrieb besonders angepaßter selbsttätiger Einrichtungen zu einer überraschenden Vollkommenheit entwickelt worden sind. Weitere Entwicklungsmöglichkeiten sind die volkstümlichere Ausgestaltung des Fernsprechers auf breitester Grundlage zu einem billigen Anschluß durch Einführung von Gemeinschaftsumschaltern mit erheblich gesenkter Grundgebühr und die Steigerung der Anwendungsmöglichkeiten des Fernsprechers durch Einführung von Einrichtungen zur Beantwortung aller im täglichen Leben auftretenden Fragen. Das Teilnehmergerät und seine Übertragungsmittel wurden erheblich verbessert, Schalt- und Steuermittel sowie die Erkenntnisse über die Wählerleistungsschwankungen und die Bedeutung der Gruppenzuschläge erweitert.

Grundsätzliche Entwicklurgsstudien und planmäßiges Arbeiten ermöglichen den Aufbau der Fernsprechanlagen mit den geringsten Mitteln, wobei durch selbsttätige Betriebsverfahren, besonders mit Schrittwählersystemen, sich alle Aufgaben in einfacher und wirtschaftlicher Weise lösen lassen. Eingehende Untersuchungen aller bekannten Schaltmöglichkeiten für den Verbindungsaufbau in den Schrittwählersystemen führten zu dem Ergebnis, daß das einfachste und verständlichste System mit unmittelbarer Wählereinstellung, ohne jede Verwicklung, mit Erfüllung nur zweckmäßiger Forderungen, mit großer Ausnutzung der Wähler durch Bündelung am wirtschaftlichsten und zweckmäßigsten ist, besonders auch mit Rücksicht auf die praktisch unbegrenzte Erweiterungsmöglichkeit, wobei das Schrittwählersystem allen, auch unvorhergesehenen Verkehrsentwicklungen leicht angepaßt werden kann.

Literatur vom Verfasser.

Die Leistung der Leitungen in großen unvollkommenen Leitungsbündeln gebildet aus gemischten und gestaffelten 10er-Bündel. TFT. 36, Heft 8.

Geräusche in den Verbindungen selbsttätiger Fernsprechämtern. TFT. 37, Heft 4.

Betriebserfahrungen in Selbstanschlußämtern. Siemens Tech. Mitt. d. Fernmeldewerks 37, Bd. Fg 2, Heft 1.

Die Schwankungen des Fernsprechverkehrs und die Leistung der Betriebsmittel in den Wählerämtern. Siemens Tech. Mitt. d. Fernmeldewerks 30, Band Fg 2, Heft 10; Band Fg 3, Heft 1.

Sachregister.